土石混合体非连续岩土力学特性及应用

狄圣杰　张　莹　姬　阳　等著

中国建筑工业出版社

图书在版编目（CIP）数据

土石混合体非连续岩土力学特性及应用 / 狄圣杰等
著. -- 北京：中国建筑工业出版社, 2025.6. -- ISBN
978-7-112-31173-6

Ⅰ. TU4

中国国家版本馆 CIP 数据核字第 2025S2B595 号

责任编辑：杨　允
责任校对：李美娜

土石混合体非连续岩土力学特性及应用

狄圣杰　张　莹　姬　阳　等著

*

中国建筑工业出版社出版、发行（北京海淀三里河路 9 号）

各地新华书店、建筑书店经销

国排高科（北京）人工智能科技有限公司制版

建工社（河北）印刷有限公司印刷

*

开本：787 毫米×1092 毫米　1/16　印张：16　字数：367 千字

2025 年 8 月第一版　　2025 年 8 月第一次印刷

定价：**78.00** 元

ISBN 978-7-112-31173-6

（44806）

在当今城市建设蓬勃发展的时代，地下空间开发规模不断扩大，各类市政工程如地铁、隧道、深基坑等大量涌现，这些工程常常遭遇复杂的土石混合体地层。土石混合体作为一种特殊地质材料，其性质介于均质土体和碎裂岩体之间，具有不均匀、非连续的特性，给工程建设带来了诸多难题。传统的勘察和评价技术方法在面对此类地层时，暴露出诸多不足，难以满足工程建设的需求。因此，深入研究土石混合体地层的相关特性及应对技术，对保障工程安全、降低建设风险具有重要的现实意义，这也正是本书编写的初衷。

本书聚焦于土石混合体相关问题，将众多科研人员与工程技术人员在该领域的理论研究、实践经验和技术创新进行了系统总结。旨在为土石混合体地层相关工程的设计、施工与管理搭建一个科学的分析体系，并提供切实可行的应对策略。本书通过大量现场试验与室内试验，深入探究了土石混合体的物理力学特性，完善了相关试验技术体系；构建了先进的非均匀连续混合介质细观建模理论，为数值模拟分析奠定了坚实基础；进行了深入的数值模拟分析，并将成果应用于实际工程；同时，揭示了土石混合体渗流应力耦合特性与控制计算方法，有效解决了诸如盾构法施工、深基坑施工中遇到的诸多工程难题，极大地推动了工程勘察、分析、设计与施工技术的发展，具有显著的工程实践价值与学术意义。在理论上，本书在土石混合体的物理力学特性、细观建模、数值模拟、渗流应力耦合特性及其控制计算方法等方面取得了系统性、创新性的研究成果，填补了部分理论空白，加深了对土石混合体地层在复杂环境下力学特性的认识。在实践中，本书的研究成果能够为城市市政工程建设提供可靠的技术支持，提高勘察评价的精度和准确性，降低后期设计、施工因不可预见问题产生的安全和投资风险，对推动我国城市建设的高质量发展具有重要的指导作用。

本书凝聚了中国电建集团西北勘测设计研究院有限公司建设一线行业专家和技术人员的心血，各章节主要编写人员及分工如下：第1章由狄圣杰编写；第2章由李树武、张莹编写；第3章由狄圣杰、石崇编写；第4章由张莹、胡向阳、徐高编写；第5章由姬阳、严耿升、何小亮编写；第6章由狄圣杰、姬阳、黄鹏编写。全书由狄圣杰、张莹、姬阳统稿。

CONTENTS 目录

绪 论

1.1 土石混合体地层工程面临的主要问题

在广泛的岩土工程与地质工程中,如边坡(滑坡)治理、基坑工程及路基、桥基等工程中,第四纪松散堆积体是广泛存在的一种土体与块石的混合物,其物质组成以砾石、块石与砂土、黏土等为主。对于这种由于自然变迁所形成的地质体,工程中往往按照特殊土体来对待,如现行国家标准《岩土工程勘察规范》GB 50021、《工程地质手册》等将其称之为碎石土。这种地质材料由于含有不同大小、不同数量和不同分布形式的砾石或块石,具有与一般土体迥然不同的性质:①组成颗粒物理力学性质差异很大,即岩石和土的差异;而土体中只是不同土颗粒之间的差异。②结构上既有土颗粒之间的细观结构,又有岩石与土颗粒之间的宏观结构。③土力学的常规试验方法和本构模型均很难适用于这种特殊介质。因此,为了突出其物质组成和结构特性,王思敬、李晓等将其命名为"土石混合体"(Rock and soil aggregate)。

土石混合体是由一定数量的卵石、砾石和土体混合而成的一种土石混合物,具有不均匀、非连续的特性,它既不同于一般的碎裂岩体,又别于一般的均质土体,是一种介于岩体和土体之间的特殊地质材料。砂卵石地层作为地基,具有较高的承载能力和较强的抗变形能力,是良好的地基持力层。但是在市政工程的隧洞围岩和基坑边坡中,其属于典型的力学不稳定地层,其物理力学特性与一般黏性土、黄土、软土以及复合地层等存在较大差别。

土石混合体地层主要特点为胶结较差、结构松散、自稳能力差、卵石颗粒点对点传力、单个卵石强度高、颗粒间空隙大、渗透系数大、黏聚力小、内摩擦角大等。特别是在江河的河床或岸边,在高压水和强透水的作用下,给地铁建设工程带来了较大困难,其受扰动后极易自行崩塌,稳定性低于多裂隙岩层。作为深大基坑边坡及暗挖隧道围岩,易发生坍塌、涌水、喷涌、地震液化等诸多问题,也给市政工程建设带来了巨大威胁。例如,北京地铁 9 号线区间隧道穿越大粒径土石混合体地层,在盾构推进过程中,盾构上土压力控制值偏小、波动范围大,局部出现地表沉降超限和地面塌方等事故,导致盾构施工方案多次更改调整,成为我国地下工程界关心的热点之一。成都地铁 10 号线工程隧道施工过程中,由于该地区土石混合体地层含砂率高,地下水丰富,而且汇水速度快,盾构开仓后,降水效果不好,加固效果不佳,水和砂融于一起,极其容易坍塌,造成掌子面坍塌,危险性极高,人员无法进入土仓内作业,给开仓换刀带来了极大的安全风险;在采取合理布置降水井位置和深度，研究有针对性的加固方案等综合治理措施后，其在土石混合体地层换刀作业，盾构推进困难仍是制约该工程的不稳定因素。

勘察成果作为后期设计、施工，甚至部分研究、模型建立、理论计算的基础，勘察成果的误差可能会造成截然相反的结论。

由于砂卵石地层具有结构松散、自稳能力差、卵石强度高、地下水丰富、颗粒级配不均匀、地层相变复杂等特点，常规的钻探方法钻进困难、容易塌孔、岩芯采取率低、极易漏失砂层透镜体等关键地层；取样困难，无法取得原状样，受钻孔孔径的限制，扰动样往往代表性不强；室内试验方法只能针对扰动样或单个卵石颗粒，无法取得原状砂卵石体的物理力学参数等。常规的勘察和评价技术方法很难满足查明城市市政工程对河床砂土石混合体特征的要求。

根据砂土石混合体地层的特点，考虑其胶结程度和细观特征，并结合加载作用下土石混合体的力学特性，揭示土石混合体地层隧道变形破坏机理，不仅有利于城市地铁盾构隧道施工的安全，同时可加深对土石混合体地层在复杂环境下力学特性的认识，具有较强的工程应用前景和理论价值。提高勘察评价的精度和准确性，提供可靠度更高的岩土参数，可降低后期设计、施工因不可预见问题产生的安全和投资风险。因此，对河床砂土石混合体的勘察与评价关键技术研究及应用具有非常重要的工程意义和社会价值。

1.2　国内外研究现状

随着城市发展，市政工程建设迅猛增长，很多工程要下穿城市中的河流、湖泊等地表水体，修建或规划于河床砂卵石地层的市政地下工程越来越多，这些工程会遇到穿越水域砂卵石地层问题，设计和施工难度大。

河床土石混合体地层是一种特殊介质，由于组成成分中包含砂石、卵石和砾石，其性质既不同于均质土体的性质，又不同于破碎岩体的性质。其工程性质与沉积过程或后期构造运动过程有关，不同粒径的骨料分布具有强烈的随机性和不均匀性，在土石混合体地层形成的过程中，往往会形成土岩交界面、断层破碎带、节理裂隙破碎带、风化破碎带等宏观结构面。因此，土石混合体地层具有宏观上的不连续性和微观、细观上的不连续性，其变形大和不稳定，已经成为我国部分地区进行工程施工的新难题。

1.2.1　土石混合体勘察技术和评价研究

目前，国内关于城市建设和市政工程河床砂卵石地层的研究多着眼于设计和施工期的技术问题，如"卵石含量高、粒径大的河床砂卵石地层中盾构选型研究""河床砂卵石地层深基坑设计与施工""河床大粒径卵石地层盾构施工技术"等，但对前期作为基础性工作的勘察技术和评价研究较少。

在土石混合体勘察技术和评价方面，李新华、张宏伟等采用钻探取芯、标准贯入试验、动力触探N_{120}试验、室内试验、钻孔 PS 波速测试、浅层平板载荷试验、电法工程物探测试等多种手段评价了卵石地层的承载力、波速特性、地层分界及厚度变化等工程性质，勘探手段完备。代国忠、徐志在大直径钻孔灌注桩中采用筒钻法、潜孔锤、岩芯聚能爆破以及筒钻回转切石等多种施工工艺，积累了在大漂石和卵石地层钻进成孔的工程经验。孙宇、王建设等以北京阜石路高架桥人工挖孔桩为例，深入分析了砂卵石地层人工挖孔桩施工特点，并提出了成孔施工关键技术措施和施工安全技术措施。石金良等总结了砂砾石地基工程实践，对砂砾石地基的勘探、试验、工程地质评价、地基处理与观测等进行了深入全面的总结归纳。西北勘测设计研究院系统研究了河床深厚覆盖层勘察与评价关键技术，对钻探方法和工艺、物探测试新技术的应用和选择、物理力学性质试验方法等进行了系统研究。

国外对土石混合体的研究，主要集中在水电工程。如巴基斯坦 147m 高的塔贝拉土斜墙堆石坝，建于厚达 230m 的覆盖层上；蓄水后，坝基渗透量大，1974 年蓄水后曾发生100 多个塌坑，经抛土处理，1978 年后趋于稳定。埃及的阿斯旺土斜墙坝，最大坝高 122m，覆盖层厚 225～250m，采用悬挂式灌浆帷幕，上游设铺盖，下游设减压井等综合渗控措施；帷幕灌浆最大深度达 170m，帷幕厚 20～40m。加拿大的马尼克 3 号黏土心墙坝，砂卵石覆盖层最大深度 126m，并有较大范围的细砂层，采用两道净距为 2.4m、厚 61cm 混凝土防渗墙，墙顶伸入冰碛土心墙 12m，墙深 105m；其上支承高度为 3.1m 的观测灌浆廊道和钢板隔水层；建成后，槽孔段观测结果表明，两道墙削减的水头约为 90%。坝高113m 的智利圣塔扬娜面板砂砾石坝，是较早在深厚覆盖层上修建的高度 100m 以上混凝土面板坝。

市政工程勘察中，不仅要查明砂卵石地层作为地基持力层的承载特性、桩基参数等，更重要的是需要查明作为地下工程基坑边坡和隧道围岩的地层结构、不利夹层、抗剪强度指标、变形指标、基床系数、静止侧压力系数、渗透稳定性、热物理指标、电阻率特性、地温特性、场地内地表、地下水与拟建城市市政地下工程的水力联系，以及作为盾构施工对象的粒径、强度、渗透性等，评价明挖法基坑坑壁稳定性、桩基施工特性、暗挖法围岩稳定性、地下水渗透稳定性和盾构法施工特性等。上述研究大多从地基基础的角度研究卵石地层的勘察和评价方法，没有针对地下市政工程的特点，对砂卵石地层的结构和颗粒分布、基坑坑壁稳定性、围岩稳定、桩基和盾构施工特性、渗透稳定性、物理力学特性等的勘察评价的关键技术进行系统、深入的研究。

综上可知，现今国内外对市政工程砂卵石地层的设计方案、工程处理措施研究得较多，对其勘察、评价等方面的研究甚少，工程实例较多而理论的凝练与提升内容较少，科技论文成果也缺乏系统性和基本理论支撑。针对上述问题，本书重点研究市政工程建设中河床砂卵石地层的勘察技术与评价应用方法，以期得到基础理论的提升。

1.2.2 土石混合体地层物理力学特性研究

针对土石混合体地层的物理力学特性，研究人员通过室内压缩、剪切试验，围绕土石混合体进行了一系列研究，主要采用大、中型三轴压缩仪器、剪切仪，同时开展现场大型原位直剪试验，在试验基础上进行数值模拟研究。通过试验，研究分析土石混合体变形破坏与颗粒大小、粒径组成、粗糙程度、充填物的胶结程度和密实程度的关系。研究成果表明土石混合体地层在破坏时具有典型的随机性和不均匀性。董云通过室内试验研究了土石混合体力学特性，随岩性、含石率、密实度及颗粒最大粒径等影响因素的变化规律，分析了土石混合体的剪胀性能、剪切面的起伏特征和分形特征、土石混合体的剪切变形破坏方式。对散体岩土体的力学试验研究表明，散体岩土体的应力-应变关系为非线性硬化型，材料的应力-应变关系基本符合邓肯-张模型的双曲线假设。通过分析砂卵石混合体中不同条件块石对砂卵石混合体力学特性的影响，砂卵石混合体应力-应变曲线与均质土体相比产生了较为显著的变化，主要表现为初始弹性模量增大、曲线变陡，所有试样的应力-应变曲线在峰值前后较大的范围基本呈水平状发展；其变形破坏方式表现为材料剪切破坏，块石的排列方式、形状及数量都会对剪切面的形成产生影响；块石的数量以及磨圆度对其强度有影响，磨圆度越好其强度值也就相应越低。Tatsuoka、Shibuya 根据三轴试验局部位移计的测试结果，认为砂砾石和软岩在轴向应变小于 10^{-5} 量级时均具有线弹性性质，此时静力和动力荷载下的变形参数是一致的。Yasuda 等比较了均匀系数相等，最大（小）颗粒直径和最大（小）孔隙比不同的两组堆石料的剪切模量特性，指出在同样的剪应变下，其模量相差约为 20%，但大致保持平行关系。可见，颗粒粒径越小，级配越差，剪切模量值越低。

现有研究并未考虑土石混合体颗粒间胶结作用，土石混合体微细观特征对于其物理力学特性影响如何，并未见相关研究成果。

土石混合体地层由于具有高度非均质、非连续、非线性等特点，其力学试验研究受到一定局限，当前已有的试验系统并不能真实反映土石混合体颗粒间的胶结作用，只能将这一问题均匀化；而随着计算机技术的发展，土石混合体的数值分析则可以从不同角度探讨其变形破坏机理、强度特征等力学特性。吴东旭等以三维颗粒流程序工具，建立了砂卵石土直剪试验数值模型，研究了砂卵石土直剪试验的剪切破坏现象。赵志涛等基于北京地下典型砂卵石地层试样的大型三轴排水试验结果，对复合土样三轴试验的破坏过程进行了数值模拟，再现了土样三轴试验的偏应力-应变关系，探究了砂层对复合试样强度和破坏规律的影响。罗振林采用湍流模型并通过商用数值软件模拟了砂卵石地层隧道勘探中反循环钻进过程，计算了不同岩屑大小、不同钻杆位置和不同排量条件下钻杆中岩屑体积分数分布及内钻杆流速。马腾采用颗粒流离散元软件 EDEM，研究了不同刀盘形式和覆土厚度下盾构机刀具磨损特性。刘新建等建立了三维数值模型，研究了砂卵石地层中管幕施工对地层扰动变形的影响。结果表明，管幕施工对上部地层的扰动以沉降为主；砂卵石地层中管幕预支护体系能够减小隧道施工对上部土层的扰动；在管幕预支护体系作用下进行新建隧道的施工，能够将既有结构的沉降变形控制在允许范围内。高明忠等通过数值试验研究了卵石几何特性对卵石地层等效弹性模量的影响，结果表明，随着卵石面积百分含量的增加，等效弹性模量增加；随着卵石主轴与水平面夹角的增加，等效弹性模量增加；随着卵石扁平度的增加，等效弹性模量减小。

从已有研究成果来看，多针对土石混合体进行宏观力学分析，未能考虑颗粒构成与细观特征之间的相互影响，未将土石混合体的细观特征与宏观参数相对应。同时，未能考虑荷载施加过程中土石混合体的渐进破坏过程。

1.2.3 土石混合体在荷载作用下分析模型

文献检索发现，未见针对土石混合体地层的力学本构模型，与之类似的研究成果主要是针对岩石、混凝土以及粗粒土的分析。研究人员采用断裂力学和损伤力学，建立了基于滑移型裂纹模型的岩石动力学本构关系。周家文等结合岩石内部微裂纹的细观力学分析，对脆性岩石单轴循环加卸载的应力-应变曲线特征、峰值强度及断裂损伤力学特性等进行了研究，给出了一种根据应力-应变曲线计算损伤变量的方法，损伤变量计算结果和声发射测试数据变化规律较为一致。赵延林等考虑分支裂纹相互作用，建立了压剪应力场和渗流场共同作用下岩石裂纹体的损伤断裂力学模型和考虑岩桥损伤所引起的附加应力强度因子演化方程，提出了分支裂纹达到临界长度时，裂纹尖端虚拟应力强度因子作为压剪岩石裂纹的损伤断裂贯通的破坏准则。其他学者也针对不同材料，提出了相关的分析模型。

针对粗粒土的力学特性研究，目前初步形成了简单情况下的力学分析模型。如贾宇峰根据三轴试验数据建立了考虑颗粒破碎耗能的应力-应变关系，采用相关联流动法则推导考虑颗粒破碎的粗粒土剪胀性"统一本构模型"，并建立了初始状态变量与模型参数之间的关系。孙海忠提出了考虑颗粒破碎的粗粒土临界状态弹塑性本构模型；张嘎等提出了粗粒土与结构接触面统一本构模型；潘家军的粗粒土非线性剪胀模型；褚福永的粗粒土初始各向异性弹塑性模型等。前述研究主要侧重于宏观模型，研究粗粒土的峰值强度、剪胀性、应变硬化或软化规律，未研究土石混合体复杂细观结构对其力学特性的影响，特别是高水位超厚土石混合体，在盾构加载切削效应下的破坏准则与本构关系方面，尚未有比较深入的研究成果。

在土石混合体微观结构力学研究方面，其在荷载作用下结构破坏过程相当复杂，是一个伴随裂隙衍生、发展直至结构破坏的过程，土石混合体的宏观力学特性的复杂性源于其细观结构的复杂性。由于土石混合体由不同形状、不同大小的颗粒随机堆聚而成，且受力变形过程伴随着颗粒破碎、滑移、转动变化，其微观力学特性也表现出强烈的离散特征。而这些现象往往采用颗粒破碎理论，以模拟材料的裂隙发展及结构破坏过程。目前，随着均质化理论的运用，可以在应变协调的假定基础上，将土石混合体地层进行均质化，结合横观各向同性材料的本构方程，给出均质化后土石混合体地层弹性模量以及泊松比的求解方法，该方法在模拟与裂隙有关的物理力学特性方面取得了一些成果。但是微观结构数值模拟的稳定性及可靠性问题尚未得到解决。目前的微观本构模型主要针对简单的剪切试验，对于高水位超厚土石混合体介质来说，由于颗粒组成、粗糙程度、渗透性等因素的影响，如何采用均质化理论对胶结介质进行概化，需要针对不同的情况进行深入研究。

1.2.4 高水位超厚土石混合体地层变形破坏机理

土石混合体地层作为一种颗粒胶结系统，研究其在剪切破坏时不同参数之间的关系，是分析其变形破坏机理的关键，通常是在室内外试验基础上分析判定，或者借助于数值模拟方法。在土石混合体细观特征的影响下，其剪切破坏与一般介质材料不同，而是具有很大的起伏度，起伏度与含石率成正比关系，且具有明显的绕石特性。此外根据试验发现，土石混合体地层破坏往往伴随着塑性变形和流变，是一个存在滑移、转动的过程，无论在宏观上还是微观上，都有极大的不连续性和不确定性。因此，要揭示高水位环境下该类介质的变形破坏机理和宏观演化规律需要从微细观-细观-宏观角度逐渐过渡进行。

在土石混合体细观材料的破坏与演化机制数值模拟方面，目前主要采用块体离散元方法、颗粒离散元方法等。如李世海等模拟砂卵石混合体单轴压缩试验、现场大型剪切试验，计算结果揭示了砂卵石混合体非均匀、非连续介质新的力学现象，同时还给出了三维离散元随机结构面力学模型，研究可用于砂卵石混合体非连通结构面。然而砂卵石混合体的渗透系数却难以确定，主要原因是，取样困难，难以进行常规的渗透试验，大尺度的渗透试验不仅造价高，准确性差而且试验离散度大，难以掌握其规律性。徐天有等通过理论分析给出了堆石体渗透规律的统一表达关系式，着重研究了孔隙率及颗粒几何尺寸和流态的关系。

现有的研究往往采用简化的材料本构模型，缺乏对于细观结构及其演化信息的考虑，无法反映小尺度下的介质在加卸载情况下的应力-应变特征。在进行土石混合体材料的多尺度数值分析时，首先对土石混合体介质进行宏观尺度上建模和模拟，然后在确定最先发生破坏的区域的情况下，再对发生破坏的区域进行微观上的局部化处理，采用处于局部区域的离散化颗粒取代原本连续的区域，依据细观-宏观参数所确定的局部化方法进行介质平均化，就能模拟出破坏区域的演化过程。但是，在建立宏观破坏指标过程中，需要采用微、细观颗粒的多尺度分析方法，而土石混合体地层宏细观尺度间的局部化、平均化以及各种力学参数的对应关系往往是研究的难点，也是有限元-离散元耦合计算方法的重要内容。

1.2.5 土石混合体地层市政工程施工控制

市政工程车站的区间隧道一般需穿越城市核心区，交通繁忙、建筑物密集、地下管网密布，施工条件又受到许多限制。如成都地铁 5 号线一、二期工程区间隧道，仅下（侧）穿重要建筑物数量百余处，其中一级与特级风险源就达到 30 余处，包括火车北站铁路咽喉区、成灌铁路、铁路局家属院老旧危房建筑群、一环路老旧拱桥（西北桥）、已运营地铁线路、城市高架桥与下立交、府南河与锦城湖、（超）高层建筑等，同时也存在国家级文物望江楼与四川大学早期建筑群的避让与保护要求。这些地方，对盾构施工引起的地表沉降及地层位移的控制极其严格。故对于市政工程区间隧道、基坑等工程，如何控制其施工对周围环境的影响，是必须重点关注的问题。

近年来，随着各大城市市政工程建设的迅速发展，在北京、成都、南宁以及西安等地，河床卵石土地层（卵石体积比含量在 40%～70%）中盾构法隧道工程遇到的问题越来越突出，比如刀盘刀具磨损严重与掘进效率低下、掘进超挖与地层空洞现象普遍、刀具检修引起开挖面地层失稳、盾尾后方隧道上浮严重、成型隧道偏离设计轴线、管片碎裂与渗漏情况亦是常态等，可能导致周边建（构）筑物产生沉降或裂缝，隧道贯通后需要进行大范围调线调坡，大量管片需要进行修补等不利后果，在一定程度上无法满足建设环境友好型社会的要求。

盾构法隧道施工技术经过一百多年的发展，虽然已经有了很大的进步，但纵观全国各地河床卵石土地层中的盾构法隧道工程，针对河床卵石土这一特殊的地质条件，盾构保压掘进与地层超挖控制仍是制约微扰动施工的主要因素，这也是目前河床卵石土地层盾构法隧道亟待改善的现状。

1.3 本书主要研究成果

结合土石混合体多元结构的主要特性，以及工程中存在的主要问题，依托数个相关工程资料，在前人研究成果基础上，本书主要研究成果有：

第 2 章 土石混合体多元结构物理力学特性分析

（1）多元结构识别与分类：提出了基于图像识别与统计学的土石混合体多元结构分类方法，明确了不同组分（土颗粒、岩石块体等）的分布特征、形状参数及空间排列规律。

（2）物理力学参数测定：通过试验手段系统地测定了土石混合体的密度、孔隙率、压缩性、抗剪强度等关键物理力学参数，揭示了其随组分比例、颗粒大小及分布变化的规律。

（3）结构效应分析：深入分析了土石混合体多元结构对其整体力学性能的影响机制，建立了结构参数与宏观力学特性之间的定量关系模型。

第 3 章 非均匀连续混合介质细观建模理论

（1）细观结构表征：构建了基于随机理论和非均质材料力学的土石混合体细观结构模型，实现了对复杂内部结构的精确描述。

（2）多尺度建模方法：提出了多尺度耦合的建模框架，将宏观力学行为与细观结构特征相联系，为深入研究土石混合体的力学行为提供了理论支撑。

（3）模型验证与优化：通过对比试验数据与模型预测结果，验证了细观建模理论的可靠性，并不断优化模型参数以提高预测精度。

第 4 章 土石混合介质数值模拟分析及应用

（1）数值模拟技术：开发了适用于土石混合体的离散元、有限元及多场耦合数值模拟方法，实现了对其复杂力学行为的高效模拟。

（2）工程应用案例：将数值模拟技术应用于边坡稳定、地基处理、隧道开挖等实际工程问题中，验证了其有效性和实用性。

（3）敏感性分析：通过数值模拟对影响土石混合体力学行为的各因素进行了敏感性分析，为工程设计提供了科学依据。

第 5 章 土石混合体渗流应力耦合特性与控制计算方法

（1）渗流应力耦合机制：揭示了土石混合体中流体流动与固体变形之间的相互作用机制，建立了渗流应力耦合的数学模型。

（2）控制计算方法：提出了考虑渗流应力耦合效应的土石混合体稳定性分析与控制计

算方法，为工程防灾减灾提供了技术支持。

（3）工程实践验证：通过工程实践验证了渗流应力耦合控制计算方法的有效性和可靠性，为类似工程提供了参考。

第6章 土石混合体非饱和等效连续渗流分析

（1）非饱和渗流理论：建立了土石混合体非饱和状态下的等效连续渗流模型，考虑了基质吸力对渗流特性的影响。

（2）渗流特性研究：深入分析了非饱和土石混合体的渗流特性，包括渗透系数、持水曲线等关键参数的变化规律。

（3）工程应用策略：提出了基于非饱和渗流分析的土石混合体工程设计优化策略，为改善工程性能、提高工程安全性提供了新思路。

综上所述，本书在土石混合体的物理力学特性、细观建模、数值模拟、渗流应力耦合特性及其控制计算方法等方面取得了系统性、创新性的研究成果，为相关领域的研究和工程实践提供了重要的理论支持和技术参考。

第 2 章

土石混合体多元结构物理力学特性分析

　　土石混合体地层往往是工程安全与稳定控制的关键因素。课题组基于典型工程开展了大量的物理、力学特性试验研究，相对准确地反映土石混合体的变形特性、强度特性、渗透特性，分析这些特性与细观结构间的关系，开发、设计适用的试验新技术，为后续研究土石混合体变形破坏机理、非线性本构关系奠定基础。

2.1　土石混合体地层物理力学性质试验方法

　　对于岩土工程勘察，试验方法一般分为室内试验和现场原位测试。

　　土体原位测试一般是指在岩土工程勘察现场，在不扰动或基本不扰动土层的情况下对土层进行测试及划分，以获得所测土层的物理力学性质指标。它是一项自成体系的试验科学，在岩土工程勘察中占有重要位置。

　　土石混合体地层作为典型的粗粒土，其物理力学性质测试不同于细粒土。

　　（1）由于土石混合体地层经过了漫长的地质年代作用和复杂的应力应变历史，土体具有很强的原位结构性，这种原位结构性的影响，使得对于相同土样，密度相同的原状样与重塑样的力学性质有时差别很大。

　　（2）由于土石混合体地层等无黏性土，结构性强，很容易受到扰动，取样十分困难，很难取得真正意义上的"原状样"。

　　（3）进行室内力学性质试验，需要采用土体的原位天然密度进行制样控制，而对于土石混合体地层，原位天然密度的可靠确定一直是未能很好解决的难题。

　　（4）对于含有漂（块）、卵（碎）石等粗大粒径的土石混合体土层，除了原位密度不容易确定外，土体的天然级配亦很难确定，再加上室内试验由于仪器尺寸的限制，需要对土料的天然级配进行缩尺，使得室内试验采用的模拟级配与土层天然级配亦可能存在差别，含粗大粒径的土石料变形特性的室内模拟试验方法（包括制样密度控制标准、模拟级配缩尺极限尺寸确定方法和试验结果整理方法等）是目前尚不成熟且迫切需要解决的疑难问题。

　　由于上述这些困难和原因，使得单纯依靠取样进行室内试验，很难可靠把握土石混合体的工程力学特性。因此其物理力学指标的测试成果以现场试验和室内试验相结合，侧重原位试验。表 2.1-1 为土石混合体物理力学指标的测试方法。

土石混合体物理力学指标的测试方法　　　　表 2.1-1

序号	试验类型		试验项目	备注
1	物理性质	密度	灌水法、灌砂法	原位
2		含水率	烘干法	室内
3		颗粒分析	现场大型筛分（全颗粒分析）	原位
4		矿物成分	粉晶 X 衍射定性半定量分析、磨片鉴定	室内
5		放射性指标	综合测井	原位
6		热物理指标	稳态法及瞬态法，根据热源的几何形状又可分为热线法、热条法及平面热源法	室内
7	力学性质	剪切指标	原位大型剪切试验、室内大型剪切试验	原位
8		压缩指标、基床系数	静载试验	原位
9		颗粒饱和单轴抗压强度	点荷载试验、压力试验机单轴抗压强度试验	室内

颗粒分析是土石混合体物理性质分析的重要方法，对于一般的粗粒土颗粒分析采用筛分法，见表 2.1-2。公路、铁路和工业民用建筑工程土工筛分法适用范围为粒径 0.075～60mm 的土颗粒。对于粒径大于 60mm 的土样，筛分法一般不适用。因此对于土石混合体地层，特别是存在大于 200mm 的颗粒时，很难列入颗粒分析成果中。此外，取样代表性直接决定了颗粒分析成果的准确性。

粗粒土筛分法　　　　表 2.1-2

序号	内容	试验概况
1	目的	判定土的粒径大小和级配状况，为土的分类、定名和工程应用提供依据，指导工程施工
2	原理	通过筛分，得到分计筛余、累计筛余、累计通过率，计算不均匀系数与曲率系数
3	主要设备	振筛机；土壤筛；电子天平；干燥箱等
4	环境条件	无特殊要求
5	取样制样	无黏粒土：按最大粒径取样数量不同，风干，四分至规定数量
6	试验步骤	1）按规定取样试样分批过 2mm 筛。 2）将大于 2mm 的试样过大于 2mm 的粗筛，分别称量筛余质量。 3）小于 2mm 试样从大到小的顺序通过小于 2mm 的筛，数量过多可四分法缩分，用摇筛机振摇 10～15min 并分别手筛，称量筛余质量
7	记录、报告及结论	含水率计算结果精确至 0.1%，平行试验，结果精确至 0.1%

针对土石混合体地层以上特点，土石混合体地层的颗粒分析试验应遵循以下原则：

（1）在勘察过程中，应在现场进行原位全颗粒分析试验，试验场地应沿盾构区间线路及相邻车站分布，可采取利用既有建筑基坑和为轨道交通原位大型试验特别开挖基坑相结合的策略，布置若干组（6组以上）筛分试验。

（2）针对不同深度的卵石、漂石含量进行统计、分层，对漂石水平和垂直分布进行统计分析，统计项目包括漂石长边长度、短边长度、最大粒径、岩性等。

（3）根据漂石的深度分布变化，对比隧道埋深范围内漂石出现概率。

此处以某工程为例，如图 2.1-1 所示，土石混合体普遍分布粒径大于 20cm 的漂石，分布随机性较强，并无明显的成层规律，据钻孔资料及附近基坑开挖资料，最大粒径为 55cm，漂石含量不均匀，卵石母岩成分为花岗岩、石英岩等。

图 2.1-1　场地附近大粒径卵石

表 2.1-3 和表 2.1-4 为某盾构区间卵石颗粒分析成果，该卵石试样是在钻孔岩芯中取样，常规地质钻孔孔径较小，对岩芯切削、扰动较大，对漂、卵石取芯困难，难以准确揭示漂石的分布、含量等工程地质特征。由于钻探的局限性，卵石的颗粒分析成果不能充分反映土石混合体实际颗粒粒径组成。

类似的地质勘察在条件许可时，宜直接开挖或利用已有基坑相结合的综合勘察方法。该方法可直观、准确揭示漂石分布、含量、粒径、强度等工程特性，还能测得土石混合体的天然密度、机床系数、水文地质特性等特征。同时可进行K_{30}基床系数试验、密度试验、原位剪切试验、水文试验等测试试验。

表 2.1-5 为现场地基土颗粒分析成果。另外颗粒分析统计表明，进行土石混合体的大型筛分试验，可以较全面地反映土石混合体颗粒粒径组成。为了进一步消除试验点代表性问题，应增加盾构区间沿线筛分试验点和颗粒粒径调查。

某盾构区间卵石颗分成果 1

表 2.1-3

岩土编号	岩土名称	统计指标	颗粒组成 颗粒大小/mm								不均匀系数 C_u	曲率系数 C_c	有效粒径 d_{10} mm	中间粒径 d_{30} mm	平均粒径 d_{50} mm	限制粒径 d_{60} mm	土样定名分类 [GB 50021—2001 (2009年版)]
			>60	40~60	20~40	2~20	0.5~2	0.25~0.5	0.075~0.25	0.005~0.075							
②₁₀	卵石	最小值	0.00	8.80	9.40	2.10	0.60	0.50	0.20	0.00	2.21	0.10	0.05	0.76	12.69	24.22	卵石
		最大值	42.30	68.30	32.70	25.70	12.90	12.50	9.40	12.00	310.73	38.28	21.43	38.12	51.16	61.66	
		平均值	11.63	30.84	22.11	15.19	7.09	5.36	4.87	2.91	112.10	10.29	1.23	12.84	34.04	41.92	
		标准差	12.890	11.166	5.820	4.905	2.506	2.033	2.458	2.763	66.129	8.624	2.565	8.626	8.334	8.130	
		变异系数	1.109	0.362	0.263	0.323	0.494	0.566	0.504	0.949	0.585	0.838	2.909	0.623	0.245	0.194	
		统计个数	37	37	37	37	37	37	37	37	34	34	37	37	37	37	
③₁₁	卵石	最小值	0.00	12.40	7.50	2.30	0.50	1.00	0.80	0.01	9.18	0.56	0.04	2.22	21.90	28.46	卵石
		最大值	34.50	72.10	38.70	21.2	12.7	11.80	8.50	12.60	1072.1	389.7	4.50	47.3	72.55	76.25	
		平均值	6.44	32.73	24.65	12.87	7.70	5.65	4.09	4.86	212.06	40.80	0.50	12.11	32.57	40.51	
		标准差	8.60	12.90	6.33	5.39	4.10	2.89	1.69	2.71	239.56	92.16	0.89	11.20	10.78	9.77	
		变异系数	1.335	0.394	0.257	0.389	0.533	0.511	0.412	0.762	1.124	2.284	1.79	0.85	0.321	0.241	
		统计个数	24	24	24	24	24	24	24	24	24	24	24	24	24	24	

表 2.1-4

某盾构区间卵石颗分成果 2

岩土编号	岩土名称	统计指标	颗粒组成								不均匀系数 C_u	曲率系数 C_c	土样定名
			颗粒大小/mm（%）										
			>60	40~60	20~40	2~20	0.5~2	0.25~0.5	0.075~0.25	<0.075			
②₁₀	卵石	最大值	50.30	50.10	44.80	27.30	15.70	11.80	12.40	9.72	324.68	158.70	卵石
		最小值	0.00	8.60	9.40	1.00	0.60	0.50	2.60	0.20	49.75	0.11	
		平均值	11.94	28.24	22.32	12.40	7.77	6.07	5.99	4.27	159.04	19.34	
		标准差	16.959	10.389	8.265	7.808	4.624	2.129	2.833	2.990	72.260	38.139	
		变异系数	1.420	0.368	0.354	0.630	0.595	0.515	0.473	0.701	0.454	1.972	
		统计个数	23	23	23	23	23	23	23	23	18	18	
③₁₁	卵石	最大值	31.40	58.10	32.40	25.70	18.90	10.30	12.20	12.00	264.55	44.80	卵石
		最小值	0.00	22.20	11.30	5.70	0.60	0.50	0.80	0.03	9.45	0.13	
		平均值	5.61	35.64	22.28	14.82	6.35	5.36	5.06	2.88	131.67	14.64	
		标准差	9.715	8.884	6.656	5.308	4.715	2.837	2.611	2.208	61.383	14.034	
		变异系数	1.732	0.249	0.286	0.358	0.742	0.530	0.516	0.827	0.466	0.958	
		统计个数	23	23	23	23	23	23	23	23	21	21	

表 2.1-5

现场地基土颗粒分析成果

编号	取样深度	天然状态						相对密度	颗粒大小/mm									不均匀系数 C_u	曲率系数 C_c	土样定名
	m	含水率	密度	干密度	孔隙比	孔隙率	饱和度		>200	60~200	20~60	5~20	2~5	0.5~2	0.25~0.5	0.075~0.25	<0.075			
		%	g/cm³	g/cm³		%	%		%	%	%	%	%	%	%	%	%			
r1组	7.2	2.8	2.18	2.10	0.295	22.2	35.0	2.70	0.0	6.1	24.1	22.0	1.7	1.4	6.0	26.2	11.6	0.025	172.8	卵石
r2组	14.5	8.0	2.28	2.11	0.288	21.8	75.4	2.70	2.5	12.0	38.8	24.4	4.5	2.1	2.7	8.1	2.0	19.355	154.140	卵石

在成都、北京的轨道交通勘察过程中发现了类似的地层。在土石混合体地层中，漂石含量为5.9%～24.5%，平均为15.85%。其中粒径为20～30cm的漂石含量为2.71%～19.21%，平均为11.53%；粒径为30～40cm的漂石含量为0.21%～6.47%，平均为2.53%；粒径为40～50cm的漂石含量为0.07%～2.30%，平均为0.80%；粒径大于50cm的漂石含量为0～1.09%，平均为0.44%。粒径为20～40cm的漂石占漂石总量的90%～97%，粒径大于40cm的漂石占漂卵石体积比的0.4%～1.7%，占漂石总量的3%～7%。漂石随深度的分布情况，深度为0～5m的漂石含量为4.4%，深度为5～10m的漂石含量为7.75%，深度为10～15m的漂石含量为8.10%，深度为15～20m的漂石含量为8.84%，深度为20～25m的漂石含量为8.36%，深度为5～25m的漂石含量相对稳定在7.75%～8.84%。

2.2　典型土石混合体地层大型原位试验研究

土石混合体地层物理力学参数的选择对于工程中基坑支护、盾构施工设计、投资预算具有决定性的作用，为了获取土石混合体地层准确的"土体"和"颗粒"参数，原位试验具有其不可替代性。特别是对于深基坑支护设计重要的土石混合体土体抗剪强度指标和基床系数，对于盾构施工重要的卵石颗粒粒径、饱和单轴抗压强度和石英含量。

在没有现成可利用的可揭露土石混合体地层断面的基坑的情况下，为了配合完成有关大型试验项目，实施基坑开挖有一定必要性。基坑开挖的基本要求：（1）基坑开挖后，可以在不同深度、地层完成原位大型剪切试验和基床系数试验。（2）基坑开挖的断面可以完全揭露土石混合体地层的颗粒组成，为下一步进行的原位全颗粒分析提供了有利条件。（3）基坑开挖过程中，配合基坑施工的降水井，可以与抽水试验、地下水流向测定配合完成，节约试验成本。

2.2.1　试验目的和工作量

1）试验目的

（1）测求研究区内不同地貌单元各层土石混合体的水平及垂直基床系数，为工程提供可靠的基床系数，同时取得各试验土层的准确分层信息、直观性状和室内试验指标，为后续工程勘察、设计积累经验。

（2）测求研究区内不同地貌单元土石混合体的原位剪切强度指标，为工程提供可靠的c、φ值等抗剪强度参数，同时现场测求土石混合体的主要物理指标（颗分级配、天然密度、含水率等指标）；取样进行重塑样室内大型剪切试验。对两种方法取得的抗剪参数成果进行对比分析，为后续工程勘察、设计积累经验。

2）原位剪切和基床系数试验工作量

根据沿线地貌单元类型、地层条件、场地条件和工程特点，研究试验工作量布置如下：

（1）共布设三个场地，分别位于车站附近的黄河二级阶地、一级阶地和河漫滩。对该三处试验场地地基土进行现场基床系数和剪切试验。

（2）根据资料，本次确定基床系数静载荷试验的布置数量为 16 组，其中水平、垂直试验各 8 组，详见表 2.2-1。

现场载荷试验和剪切试验设计工作量汇总表　　　　表 2.2-1

编号	试验点位置	试验井设计尺寸/m	主要地层	基床系数试验深度/m	原位剪切试验深度/m
Y1	CGY 车站	井深 15 井径 3×6	黄土状土 Q₄ 土石混合体 泥岩	5.0，9.0，15.0	8.0，14.0
Y2	ATZX 车站	井深 15 井径 3×6	Q₄ 土石混合体 Q₁ 土石混合体	8.0，15.0	7.0，14.0
Y3	SJDD 车站	井深 15 井径 3×6	黄土状土 Q₄ 土石混合体 Q₁ 土石混合体	2.0，8.0，15.0	7.0，14.0

（3）为完成现场试验，需开挖 2.0m（宽）×6.0m（长）×15m（深）竖井，井壁采用钢筋混凝土支护。

（4）由于深部试验位于地下水位以下，因此需采取降低地下水的措施。在每个竖井的周围按长方形布置降水井，在试验前应进行降水工作。

（5）现场进行土层描述及地质编录工作，同时测试物理指标（颗粒级配、天然密度、含水率等）。

（6）试验井、降水井的回填和场地的平整工作。

（7）试验井、降水井的设计参数

试验井深 15～17m，地下水位埋深 7.0～9.0m，为了保证施工和试验的进行，必须采取人工降低地下水位措施。

每口试验井周围布设 4 口降水井，井深 30m，井间距按 10m，等边三角形或长方形布设，降水井的设计参数见表 2.2-2。

降水井设计参数表　　　　表 2.2-2

井深/m	井径（内/外）/mm	水泥管长度/m	无砂滤水管长度/m	沉砂管/m	成孔直径/mm
30	500/600	6	22	2	700

2.2.2　现场大型试验平面布置图

1）CGY 车站试验点

位于 CGY 车站东侧，距离附近有排水渠道 40～50m，属于黄河一级阶地，地层上部为杂填土，其下为土石混合体地层，再下部为新近系泥岩。场地地形开阔平坦，邻近无大型建筑物，近东侧为在建高层住宅楼，大型试验对建筑物基础无影响。如图 2.2-1 所示。

2）ATZX 车站试验点

位于 ATZX 车站西侧，场地地貌属于河漫滩，地层表部为杂填土、其下为土石混合体地层。邻近无大型建筑物，抽水试验及基坑降水可排放于较远处低洼砂坑，大型试验对附近建筑物基础无影响。如图 2.2-2 所示。

3）SJDD 车站试验点

位于 SJDD 车站，场地地貌属于黄河二级阶段，地层表部为杂填土，其下为黄土状土，下部为土石混合体。场地地形开阔平坦，邻近无大型建筑物，仅有少数民房，抽水试验及基坑降水可排放于附近公路排水渠，大型试验对附近建筑物基础无影响。如图 2.2-3 所示。

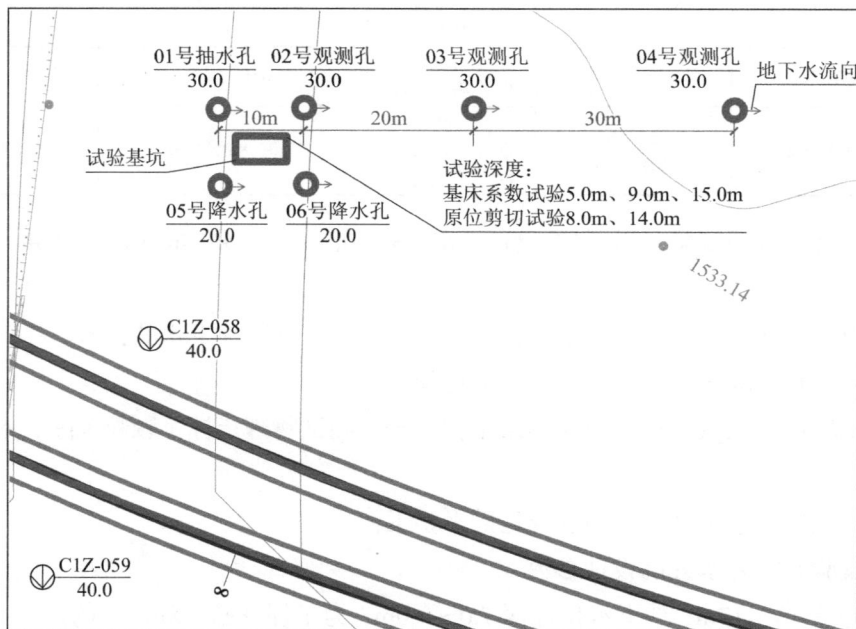

图例：⊙抽水/观测/降水孔 ▭试验基坑 ⊘勘探钻孔

图 2.2-1 CGY 车站大型试验点

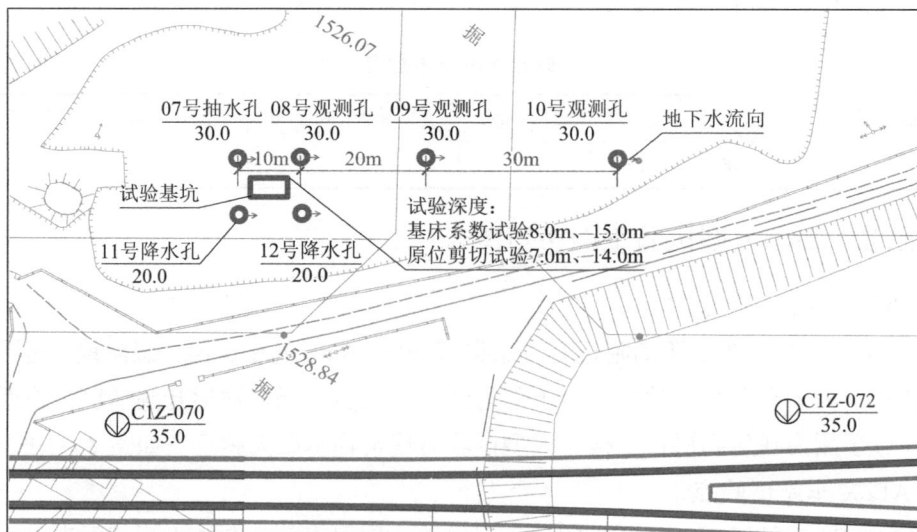

图例：⊙抽水/观测/降水孔 ▭试验基坑 ⊘勘探钻孔

图 2.2-2 ATZX 车站大型试验点

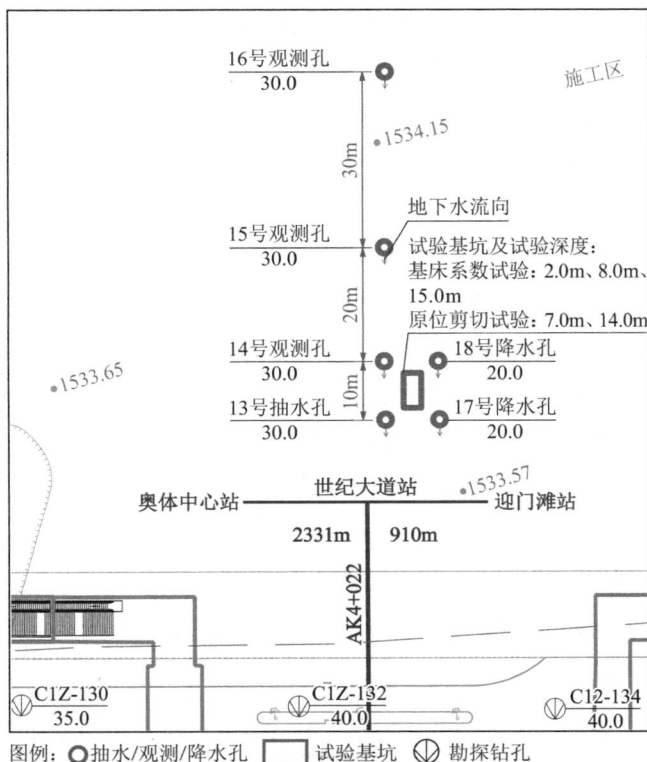

图 2.2-3　SJDD 车站大型试验点

2.2.3　试验基坑施工方案设计

1）试验基坑概况

试验基坑四周放坡坡比为 1：0.1，1 号开挖深度 12m，2 号开挖深度 15m，底部尺寸为 3m × 6m。

2）试验场地工程地质概况

（1）1 号试验点

地貌单元为黄河一级阶地。0.00～4.35m 为杂填土，以人工回填的粉土为主，夹有卵石、砖块、塑料、淤泥等，未经过碾压处理，结构松散，强度较低，易于坍塌。4.35～12.00m 为上更新统土石混合体，未胶结，结构密实，易于坍塌，地下水位以下局部有流砂。12.0m 以下为第三系泥岩，砖红色，中风化，以黏粒为主，结构密实，裂隙较发育，透水性差，为相对隔水层。地下水位埋深约 6.0m。

（2）2 号试验点

地貌单元为黄河漫滩。0.0～12.8m 为上更新统土石混合体，未胶结，结构密实，易于坍塌，地下水位以下局部有流砂。12.8m 以下为下更新统土石混合体，弱胶结至中等胶结。地下水位埋深约 4.2m。

3）试验基坑支护工程

因其具有突出的整体性和抗渗漏性等优点，试验基坑的围护结构选用"内撑式倒挂壁法"。在试验基坑开挖过程中,开挖面的卸荷引起了倒挂壁两侧的压力差,形成了作用在倒挂壁上的土压力。土压力是作用在试验基坑围护结构上的主要荷载,为了确保试验基坑工程的顺利进行,试验基坑开挖支护适合有内撑的护壁挡土结构,倒挂壁的施工采用"分层逆作法"。分层逆作法主要是针对四周围护结构,不是一次整体施工完成,而是采用分层逆作,从上往下边开挖边支护,逐层完成围护结构的施工。

试验基坑支护分 3 部分完成:

(1)锁口部分:在坑口设钢筋混凝土倒挂壁;

(2)坑壁部分:四周放坡坡比为 1:0.1,试验基坑四壁为钢筋混凝土护壁;

(3)内撑部分:墙体内分层架设钢支撑。

试验基坑支护过程中,分层逆作有内撑倒挂壁应注意:

(1)结构体由上向下施作,注意上下两层之间衔接及预留钢筋长度;

(2)在进行下一层开挖之前,必须完成钢支撑工作;

(3)某一地层开挖完成后应尽快完成混凝土浇筑和支护;

(4)分层开挖的深度根据现场土层的强度和自稳能力确定。

施工示意图见图 2.2-4、图 2.2-5。

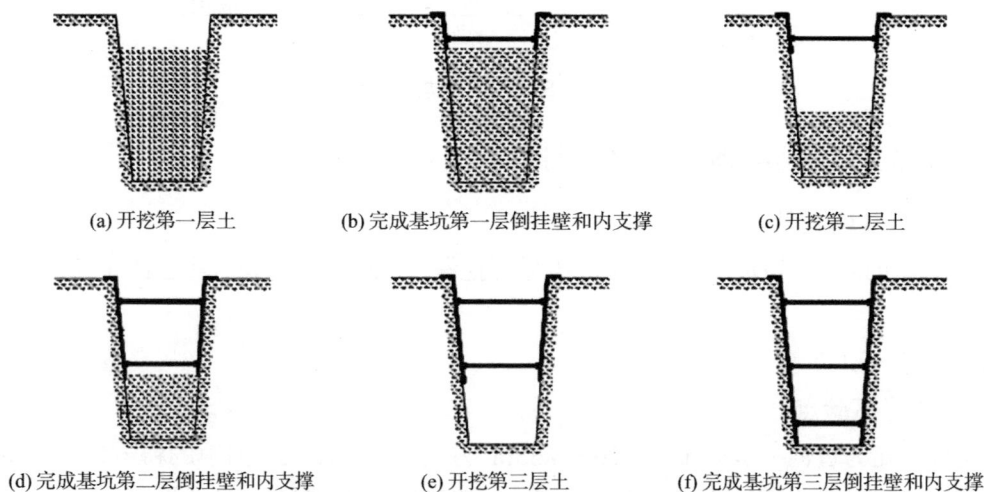

(a) 开挖第一层土   (b) 完成基坑第一层倒挂壁和内支撑   (c) 开挖第二层土

(d) 完成基坑第二层倒挂壁和内支撑   (e) 开挖第三层土   (f) 完成基坑第三层倒挂壁和内支撑

图 2.2-4　试验基坑的分层逆作法施工示意图

图 2.2-5　试验基坑的分层逆作法施工现场照片

4）试验基坑降水工程

降水采用基坑外降水井降水，分别于试验基坑四角各设一眼降水井，水位降至试验基坑开挖底面以下 1m。降水井可以用来进行抽水试验、地下水流向测定等工作。

5）试验基坑稳定性计算参数

试验基坑地层主要有杂填土、土石混合体（Q_4）、土石混合体（Q_1）和泥岩层（N）。根据查表并结合当地经验，土体物理力学性质均匀，物理力学性质见表 2.2-3。

试验基坑土样物理力学性质　　　　　　　表 2.2-3

岩土编号	岩土名称	抗剪强度		密度/（g/cm³）
		黏聚力 c/kPa	内摩擦角 φ/°	
①$_1$	杂填土	0	12	1.70
②$_{10}$	卵石	0	40	2.30
③$_{11}$	卵石	20	43	2.30
④$_1$	泥岩	90	31.9	2.22

6）计算模型建立和结算结果

用 Slide 滑坡计算软件对试验基坑边坡进行稳定性计算，算法为 Bishop 法。Slide 滑坡计算软件计算过程中采用垂直条块极限平衡分析方法来分析滑动面的稳定性，使用自动搜索方法来搜寻给定边坡的临界滑动面。如图 2.2-6、图 2.2-7 所示。

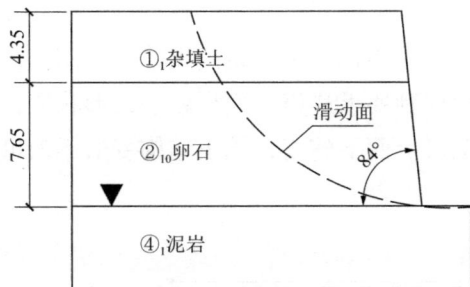

图 2.2-6　1 号试验基坑潜在滑坡画面示意图　　　图 2.2-7　2 号试验基坑潜在滑坡画面示意图

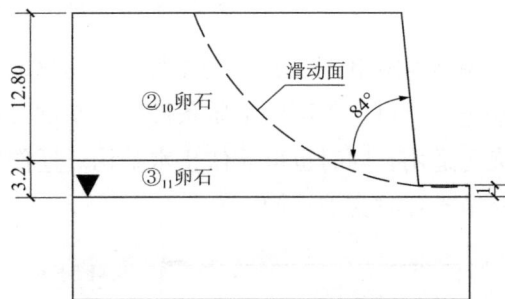

如图 2.2-8 和图 2.2-9 所示，试验基坑在未支护条件下是不稳定的。由于杂填土以人工回填的粉土为主，夹有卵石、砖块、塑料、淤泥等，未经过碾压处理，结构松散，强度较低。在没有侧限的条件下，由于坡脚较大，杂填土自身很难达到稳定。土石混合体其本身抗压强度较高，但是由于 Q_4 的卵石地层未胶结，土石混合体的强度以及抗变形等力学特性随着土体开挖卸荷而变化，随开挖深度加大，土体抗滑稳定性指标减小幅度加大，如果不处理，试验基坑随时会发生滑坡而坍塌。

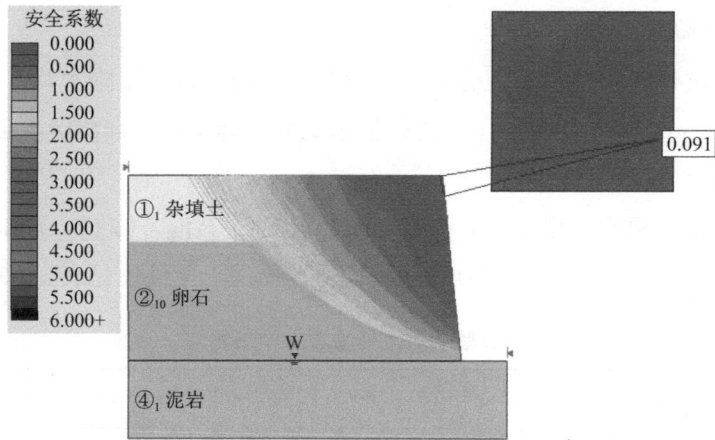

图 2.2-8　1 号试验基坑支护前稳定性计算云图

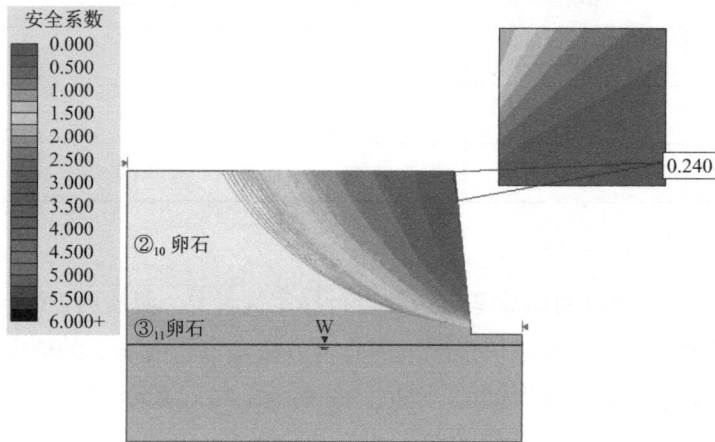

图 2.2-9　2 号试验基坑支护前稳定性计算云图

图 2.2-10 和图 2.2-11 为 1 号和 2 号试验基坑支护示意图。工字钢内支撑配合倒挂壁逆作法施工，可用于不同土质条件下深基坑。对变形控制要求严格，面积较小或形状狭长基坑尤为适用，同时也可兼作止水结构。逆作法施工自上而下施工，挡土结构变形小，可以大量节省临时支护结构。

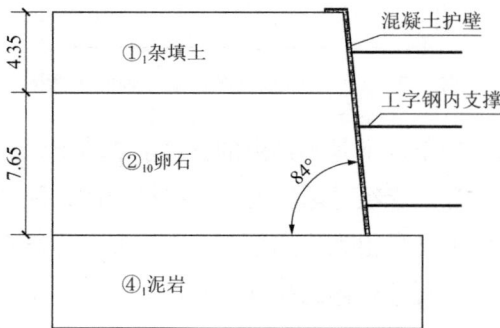

图 2.2-10　1 号试验基坑支护示意图

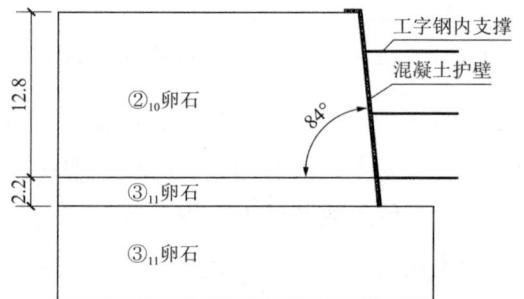

图 2.2-11　2 号试验基坑支护示意图

如图 2.2-12 所示，由总应力法得到：

$$K = \frac{抗滑力矩}{滑动力矩} = \frac{\tan\varphi\left(\sum_{i=1}^{n} W_i \cos\alpha_i + F_N\right) + cl + F_T}{\sum_{i=1}^{n} W_i \sin\alpha_i} \quad (2.2\text{-}1)$$

式中：W_i——第i条土块的重量；

　　α——土条i滑动面的法线（即半径）与竖直线的夹角；

　　c、φ——滑动面上土体的黏聚力以及内摩擦角；

　　l——滑动面AC的弧长。

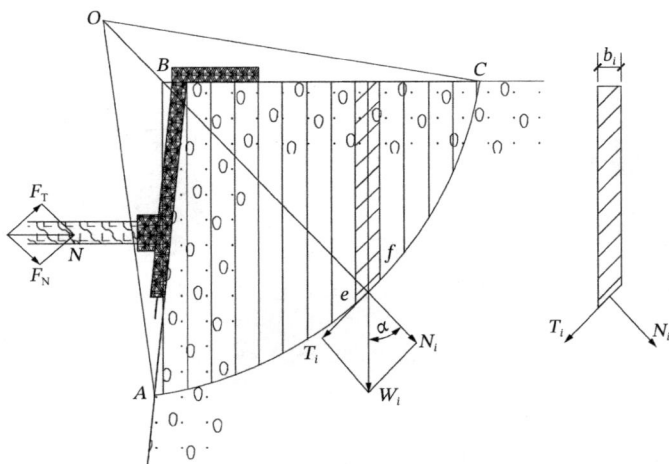

图 2.2-12　试验基坑支护后稳定性受力分析

当支护结构的提供的支撑力F及由F产生的抗滑力矩$\tan\varphi\left(\sum_{i=1}^{n} W_i \cos\alpha_i + F_N\right) + cl + F_T$大于等于滑体整个产生的下滑力矩$\sum_{i=1}^{n} W_i \sin\alpha_i$时，即安全系数$K$值大于等于 1 时，可保持滑体的稳定。

图 2.2-13 和图 2.2-14 为 1 号和 2 号试验基坑支护后稳定性计算云图。试验基坑四壁采用钢筋混凝土护壁（钢筋混凝土挡土墙），混凝土强度等级 C30，厚度为 20cm，重度为 25kN/m³；内支撑采用 H200mm×100mm 型钢。计算过程中，将混凝土的荷载简化为试验基坑顶部边沿垂向荷载；工字钢内支撑预加轴力通过计算简化为垂直坑壁的力，取为 90kN。采用工字钢内支撑倒挂壁，对任意潜在滑动面进行试算的结果显示安全系数均大于 1。因此，分层逆作施工内支撑倒挂壁用于深基坑开挖时，可以保证基坑的稳定。

7）讨论

由于支护结构倒挂壁无法深入土层，当坑底土层强度较低时，可能导致坑底隆起失稳。基坑坑底地层主要为卵石地层和砂泥地层，强度较高。但是，在基坑开挖过程中坑底遇到低强度土层时，水平方向可采取短进尺分段开挖，开挖一段用倒挂壁和内支撑立即支护，完成后再进行下一段开挖。

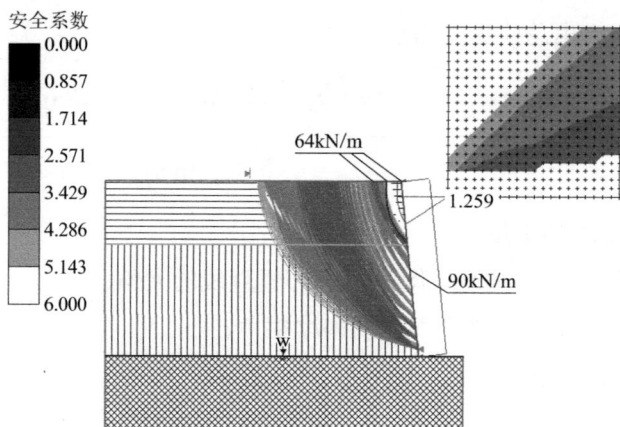

图 2.2-13　1 号试验基坑支护后稳定性计算云图

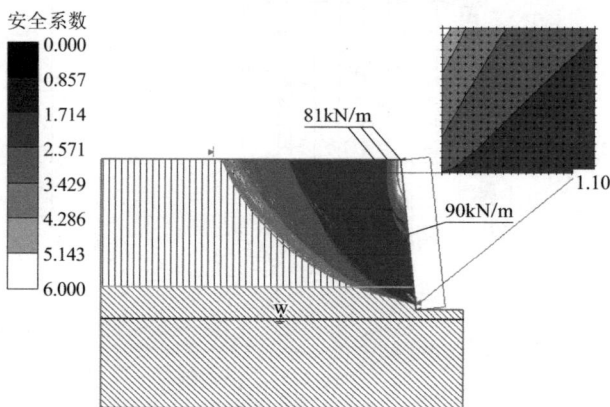

图 2.2-14　2 号试验基坑支护后稳定性计算云图

2.3　原位大型剪切试验研究

土石混合体的抗剪强度指标与其物理特性、应力状态、测试方法及强度理论等相关。由于介质具有物质组成的多样性、颗粒结构的不规则性以及试样的难以采集性等，要确定其强度指标较为困难。野外大尺度原位试验是揭示粗粒土这类非均质复杂地质介质力学特性的一种有效办法。

通过土石混合体原位剪切试验研究，从粗粒土抵抗剪切变形机理出发，并结合不同深度土石混合体地层进行了粗粒土的剪切试验。试验获得了在不同应力状态下土石混合体地层的剪应力-应变曲线、剪切强度曲线以及相应的抗剪强度参数；揭示了土石混合体在推剪状态下的变形与破坏规律，为进一步研究粗粒土力学特性提供了科学数据。

2.3.1　原位试验描述

1）试验地层

（1）全新统土石混合体（Q_4），杂色，泥质微胶结，结构密实，局部夹有薄层或透镜状砂层，该层漂石和卵石含量占 50%～65%，一般粒径为 3～7cm，漂石含量较少；圆砾含量占 10%～20%，中粗砂充填。卵石、圆砾母岩成分主要为砂岩、花岗岩、石英岩、硅质岩、燧石等。级配不良，磨圆度较好、分选性较差。

（2）下更新统土石混合体（Q_1），杂色，泥质微胶结，结构密实，局部夹薄层或透镜状砂层，该层漂石和卵石含量占 50%～62%，一般粒径 3～7cm，漂石含量较少；圆砾含量占 10%～25%；中粗砂充填。卵石、圆砾母岩成分主要为砂岩、花岗岩、石英岩、硅质岩、钙质泥岩、燧石等。级配不良，磨圆度较好、分选性较差。

土石混合体抗剪强度试验采用平推直剪法（图 2.3-1），即剪切荷载平行于剪切面施加的方法。在每组的 4 个试样上分别施加不同的竖直荷载，等变形稳定开始施加水平荷载，水平荷载的施加按照预估最大剪切荷载的 8%～10%分级均匀等量施加，当所加荷载引起的水平变形为前一级荷载引起变形的 1.5 倍以上时，减荷按 4%～5%施加，直至试验结束。在全部剪切过程中，垂直荷载应始终保持为常数。加力系统采用油泵（装有压力表）和千斤顶，位移用百分表测量。通过加力系统压力表和安装在试样上的测表分别记录相应的应力和位移，图 2.3-2 为原位剪切试验仪器布置图。

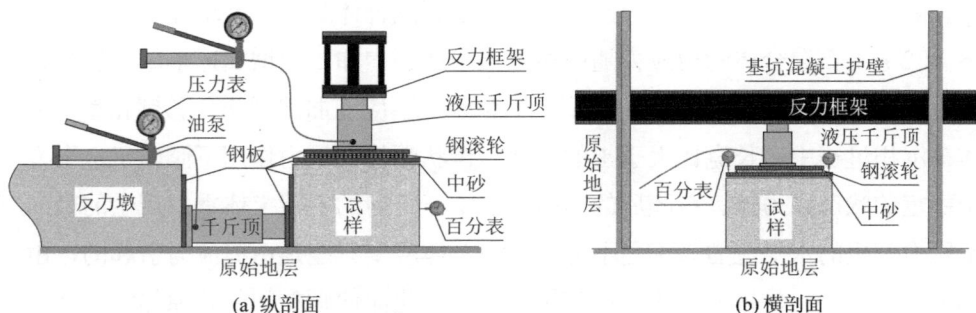

(a) 纵剖面　　　　　　　　　　　(b) 横剖面

图 2.3-1　原位剪切试验示意图

(a) 千斤顶布置　　　　　　　　　(b) 油泵布置

图 2.3-2　原位剪切试验仪器布置

2）试验步骤

（1）试样制备：开挖加工新鲜试样，试样尺寸为 50cm × 50cm × 30cm，其上浇筑规格为 60cm×60cm×35cm 的加筋混凝土保护套。同一组试样的地质条件应尽量一致。

（2）仪器安装及试验：首先安装垂直加荷系统，之后安装水平加荷系统，最后布置安装测量系统。检查各系统安装妥当即可开始试验，记录各个阶段的应力及位移量。

（3）试验成果整理：试验完成后根据剪应力τ及剪应变ε绘制τ-ε曲线，再根据曲线确定抗剪试验的比例极限（直线段）、屈服极限（屈服值）、峰值，然后分别按照各点的正应力σ绘制各阶段的τ-σ曲线，最后由库仑公式：

$$\tau = f \cdot \sigma + c \tag{2.3-1}$$

确定出土体抗剪过程中各阶段的内摩擦系数f及黏聚力c。

2.3.2　试验揭示的变形与强度特性

1）应力-应变特性

对土石混合体进行了不同深度原位剪切试验，试验剪应力-剪切位移曲线如图 2.3-3 所示，可以看出：（1）随着试验深度的增加，土石混合体发生屈服破坏时，剪切位移逐渐减小。这是由于土体发生破坏前所能产生位移的空间随深度增加而减小，即随着深度增加，土体的孔隙减小，密实度增加。由此推断出，土石混合体随着深度增加，更易发生塑性变形破坏。（2）土石混合体的剪应力随剪切位移增加而增加，但增加速率越来越慢，最后逼近一渐近线。在塑性理论中，试验土石混合体的应力-应变曲线属于位移硬化型。由于土石混合体在沉积过程中，长宽比大于 1 的片状、棒状颗粒在重力作用下倾向于水平方向排列而处于稳定的状态；另外，在随后的固结过程中，竖向的上覆土体重力产生的竖向应力与水平土压力产生的水平应力大小是不等的。（3）体应变只能是由剪应力引起的，由于剪应力引起土颗粒间相互位置的变化，使其排列发生变化而使颗粒间的孔隙加大，从而发生了剪胀。而平均主应力增量Δp在加载过程中总是正的，土颗粒趋于恢复到原来的最小能量的水平状态，剪切过程中剪应力要克服土石混合体的原始状态，在达到峰值强度后，剪应力未发生随应变增加而下降。

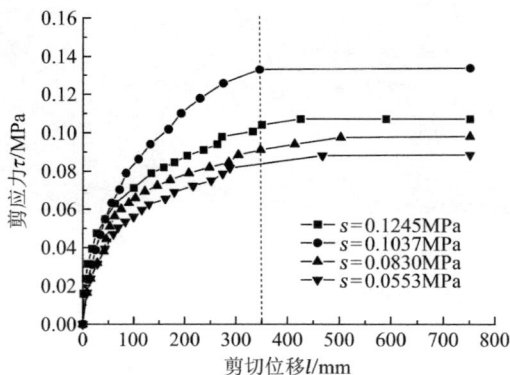

(a) 4m 深度τ_1组

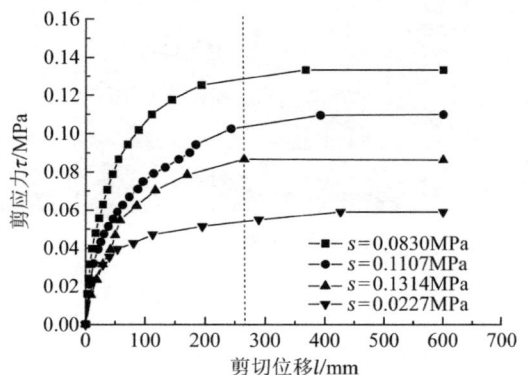

(b) 7.2m 深度τ_2组

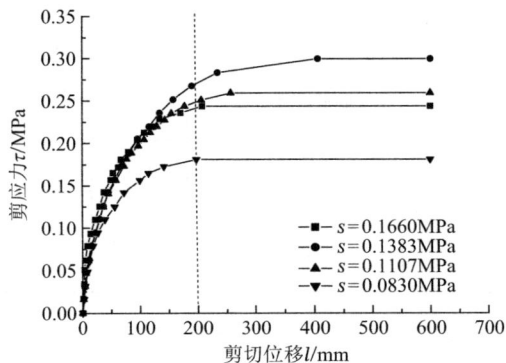

(c) 14.5m 深度τ_3组

图 2.3-3   不同深度土石混合体抗剪试验τ-l曲线（s为垂直压力）

2）抗剪强度特性

土石混合体中粗颗粒作为骨架，细颗粒填充。当其受到剪切应力的时候，土石混合体沿着剪应力的方向相互挤压、错动，在剪应力达到一定程度时，其原有土体结构遭到破坏。图 2.3-4 为 3 组土石混合体剪切试验τ-σ曲线，通过曲线可以获得 3 组试验的抗剪强度参数，见表 2.3-1。

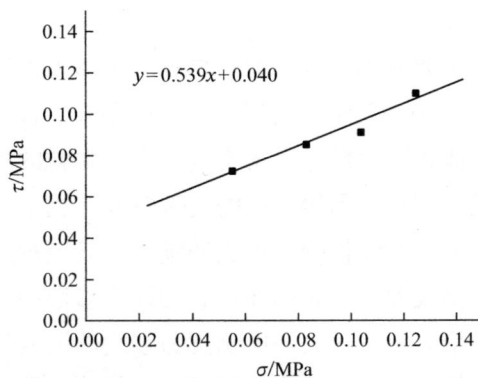

(a) 4m 深度τ_1组

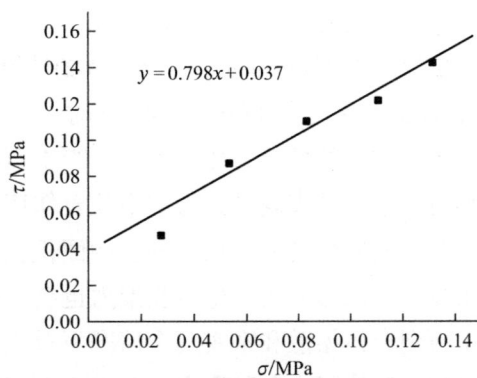

(b) 7.2m 深度τ_2组

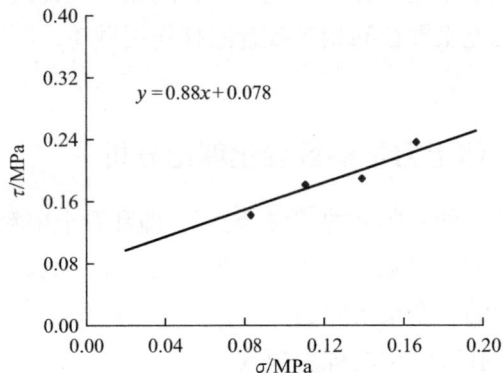

(c) 14.5m 深度τ_3组

图 2.3-4   不同深度土石混合体抗剪试验τ-σ曲线

抗剪强度试验成果汇总表 表 2.3-1

试验编号	试验深度/m	含水率 w/%	天然密度ρ/（g/cm³）	干密度ρ_d/（g/cm³）	孔隙比 e	饱和度 S_r/%	定名	抗剪参数		初始剪切应力 τ_0/kPa
								f	c/kPa	
τ_1	4.0	2.1	2.19	2.12	0.274	30.5	卵石	0.54	40.0	25.6
τ_2	7.2	2.0	2.17	2.11	0.282	28.9	卵石	0.80	37.0	36.7
τ_3	14.5	8.0	2.28	2.11	0.279	77.4	卵石	0.88	78.0	36.2

一般散体材料都有一定的粘结性，由于土体表观黏聚力，即由吸附强度或土颗粒之间的咬合作用形成的不稳定黏聚力，本身就具有一个初始的剪切应力 τ_0。在理想的散体材料中，τ_0 等于 0 时，抗剪角等于内摩擦角。在一般土体中，根据具有粘结性的散体材料应力图，可以求得初始剪切应力 τ_0。

$$\tau_0 = \frac{h_0 \rho g}{2} \tan\left(45° - \frac{\varphi}{2}\right) = \frac{h_0 \rho g}{2\left(f + \sqrt{1 + f^2}\right)} \tag{2.3-2}$$

式中：h_0——材料垂直壁的最大高度，反映材料黏性；

ρ——堆积密度；

φ——内摩擦角；

f——抗剪系数。

表 2.3-1 中的数据显示，公式(2.3-2)计算出的 τ_0 明显小于由图解法得到的土体表观黏聚力 c 值，且试验深度在 4.0m 和 14.5m 时，明显小于 c 值。假定土石混合体中的黏粒、含水率一定时，土体中的黏聚力变化不大，当土石混合体离地面越近，密实度越小，颗粒的接触面积相对较小，其表观黏聚力中由咬合作用形成的不稳定黏聚力占的比例较大；当土层深度较大时，密实度越大，颗粒的接触面积相对较大，但颗粒咬合得更加紧密，其表观黏聚力中由咬合作用形成的不稳定黏聚力也会占得比例较大。这表明在抗剪切强度参数中咬合力在土石混合体松散和密实两个情况下对表观黏聚力影响较大。影响抗剪强度的因素包括颗粒之间的摩擦阻力和黏聚力。对于土石混合体等粗粒土的黏聚力问题，一般认为颗粒间无粘结力。但由于颗粒大小相差悬殊，充填中颗粒间相互咬合嵌挂，在剪切过程中外力既要克服摩擦力做功，又要克服颗粒间相互咬合嵌挂作用做功，所以无黏性粗粒土在剪切过程中存在咬合力。

2.3.3 土石混合体土力学参数变化理论分析

土石混合体实际上是一种非典型的"混合土"，即乱石土中粒径小于 0.075mm 颗粒含量小于 25%，但其部分中间粒径缺乏的土。作为类混合土，其岩土试验方法及力学参数取值是土力学和工程领域中的一个重要问题。

（1）粗粒土与细粒土孔隙结构的理想模式

粗粒土有其不同于细粒土的结构特征：粗粒径的卵、砾石形成骨架；细粒径的砂和粉粒、黏粒充填在粗粒孔隙中，形成基质。卵、砾石和砂主要提供摩擦力；粉粒、黏粒主要提供黏聚力，摩擦力很小。两种粒径范围不同的颗粒混合时，细颗粒充填在粗颗粒孔隙之中。

图 2.3-5 为不同含量粗粒土与细粒土孔隙结构的理想模式图。当混合土完全由粗粒组成时，颗粒直接接触，颗粒之间为空气孔隙 [图 2.3-5 (a)]，此时混合土的抗剪强度为粗粒土颗粒的摩擦强度。当细粒土含量达到某一临界值时，细粒土全部充填在粗粒土颗粒之间的大孔隙中，粗粒土颗粒处于准接触状态，接触点上存在局部细粒土膜，该土膜得到强烈压实 [图 2.3-5 (b)]，此时，混合物的抗剪强度受到粗粒土和细粒土的共同控制。继续增大细粒土含量，细粒土会占据粗粒土颗粒接触点之间的空间，粗粒土颗粒将彼此膨胀分离，处于"悬浮"状态 [图 2.3-5 (c)]，此时混合物的强度主要由细粒土控制，粗粒土颗粒间因为不接触，几乎不提供摩擦力。

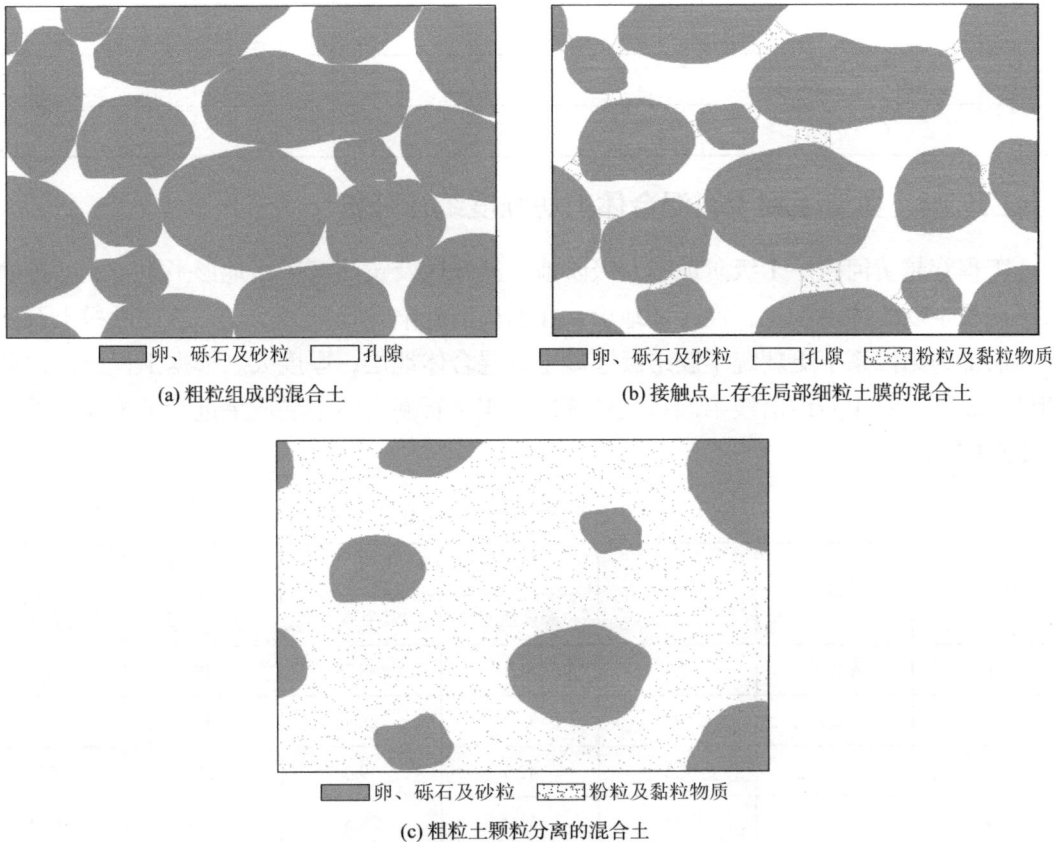

(a) 粗粒组成的混合土

(b) 接触点上存在局部细粒土膜的混合土

(c) 粗粒土颗粒分离的混合土

图 2.3-5　不同含量粗粒土与细粒土孔隙结构的理想模式图

（2）粗颗粒含量对混合土强度的影响

已有的抗剪强度试验结果表明，混合土强度控制因素变化不是一个阈值，而是一个区间，见表 2.3-2。粗颗粒含量对混合土强度的影响反映了混合土结构形式对强度指标的影响，随着粗颗粒含量的增长，混合土的结构从典型的悬浮密实结构逐步转变为骨架密实结构，并最终变为骨架孔隙结构。不同结构形式的混合土强度存在明显的差异。许多学者的研究指出，在同等条件下，强度指标随大粒径颗粒所占的比例增大而增大。当粗粒含量小于 30% 时，混合土处于图 2.3-5（c）的悬浮密实结构状态，即使有少量的大颗粒，对强度指标的影响也不大；当粗粒含量在 30%～70% 时，混合土处于图 2.3-5（b）的骨架密实结构状态，混合土的强度指标随大颗粒含量增长而增长；当粗粒含量大于 70% 时，混合土的抗剪强度主要由粗颗粒的摩擦强度提供。

影响抗剪强度指标变化的粗颗粒含量界限值　　　　　　　　表 2.3-2

序号	粗颗粒含量低值	粗颗粒含量高值
1	30%	60%
2	30%	70%
3	50%	70%
4	40%	—
5	—	65%～70%
6	20%	60%

2.3.4　典型工程土石混合体剪切强度统计分析

工程穿越黄河两岸Ⅰ级阶地、Ⅱ级阶地、漫滩区及黄河河床，地形平坦，上部普遍分布第四系全新统冲洪积土石混合体地层；在七里河断陷盆地第四系全新统冲洪积土石混合体地层下为第四系下更新统半胶结巨厚砂土石混合体地层，厚度大。根据工程原位大型剪切试验成果，对 1 号线沿线第四系全新统冲洪积土石混合体地层成果进行了统计，具体见表 2.3-3 和表 2.3-4。

沿线 Q_4^{al+pl} 土石混合体抗剪强度统计成果　　　　　　　　表 2.3-3

试验编号	场地	试验深度/m	内摩擦角φ/°		类黏聚力c/kPa	
			峰值强度	残余强度	峰值强度	残余强度
1	陈官营	7.2	41.3	38.7	48	37
2	大滩	4	32.2	28.4	49	40
3	世纪大道	7.2	42.5	39.0	32	52
4	西关十字	10	32.9	29.6	49.6	32.9
5		10	34.1	24.6	27.3	22.6
6		11	32.3	30.5	41.3	1.9
7		11	35.3	32.8	22.5	12.2
8	南关十字	12	35.3	32.8	50	34
9		13	38.2	26.9	21	16
10		14	44.5	37	20	4

续表

试验编号	场地	试验深度/m	内摩擦角 $\varphi/°$		类黏聚力 c/kPa	
			峰值强度	残余强度	峰值强度	残余强度
11	南关十字	15	35.4	32.2	35	10
统计个数			11.0	11.0	11.0	11.0
最小值			32.20	24.60	20.00	1.90
最大值			44.50	39.00	50.00	52.00
平均值			36.73	32.05	35.97	23.87
标准差			4.293	4.832	12.157	16.244
变异系数			0.117	0.151	0.338	0.680
标准值			34.58	29.63	29.89	15.75

某工程 Q_1^{al+pl} 土石合体抗剪强度统计成果　　表 2.3-4

试验编号	场地	试验深度/m	内摩擦角 $\varphi/°$		类黏聚力 c/kPa		备注
			峰值强度	残余强度	峰值强度	残余强度	
1	大滩	4	54.46	50.43	89	72	胶结卵石
2	世纪大道	14.5	48.7	41.3	105	78	
3	马滩	24	34.45	30.2	24.75	0.65	
4		26	36.51	28.82	16.9	0.5	
5		24	41.65	37.84	7.92	0.5	
6		26	36.95	30.76	17.47	1.72	
7	西站	20	35.48	31.24	9.74	0.47	
8		22	36.51	28.82	15.85	0.5	
9		20	41.65	37.84	8.37	0.45	
10		22	36.95	30.76	12.6	0.85	
统计个数			9.0	9.0	9.0	9.0	
最小值			34.45	28.82	7.92	0.45	
最大值			48.70	41.30	105.00	78.00	
平均值			38.76	33.06	24.40	9.29	
标准差			4.493	4.412	30.735	25.768	
变异系数			0.116	0.133	1.259	2.773	
标准值			35.51	30.85	9.03	3.594	

根据统计结果显示，Q_4 土石混合体的摩擦角略小于 Q_1 土石混合体，Q_4 土石混合体的类黏聚力略大于 Q_1 土石混合体。

2.4 土石混合体地层原位基床系数测试研究

2.4.1 原位基床系数

基床系数主要用于模拟地基土与结构物的相互作用，计算结构物内力及位移。基床系数是地下工程、道路和建筑地基基础工程中一个非常重要的参数。地基土基床系数是指地基土在外力下产生单位变位时所需要的压力，也称弹性抗力系数或地基反力系数，分为水平基床系数K_h和垂直基床系数K_v。用于模拟地基土与结构物的相互作用，计算结构物的内力与变位、地基沉降等。为此，国内外学者进行了大量的室内试验和现场原位试验，提出了若干个计算地基土基床系数K的经验公式，但仍然存在诸多不确定因素，还需要科研技术人员作进一步的研究。

国内外普遍采用的测试方法是原位载荷板试验（或K_{30}试验）。

（1）优点：计算结果能更好地反映土体真实情况。

（2）缺点：载荷试验一般适用于浅部地基土，且试验周期较长、成本较高，在勘察过程中更不易实施。

在勘察过程中，也采用其他原位间接测试方法（如扁铲侧胀试验、旁压试验）或室内试验方法（如固结试验法、三轴试验法）。

（1）优点：试验周期短、成本较低，操作相对便于实施。

（2）缺点：室内试验和原位间接测试方法得到的基床系数数据往往与土体实际不一致，与规范提供的经验值也偏差较大，是否修正、如何修正的问题上也未统一。

基床系数的影响因素较多，确定方法也比较复杂。特别对于土石混合体地层等粗粒土，原位间接测试方法和室内试验难以得到准确的基床系数。

2.4.2 试验仪器和试验方法

基床系数在现场测试时宜采用K_{30}方法，采用直径 30cm 的方形承压板垂直或水平加载试验，取载荷试验曲线上 1.25mm 变形点的力与变形的比值，分别计算得到地基土的水平基床系数（K_h）和垂直基床系数（K_v）。

1）试验仪器设备

（1）载荷板：直径 30cm，面积 $0.07m^2$ 的钢板；

（2）加荷系统：油压千斤顶，高压油管，加压泵，压力表；

（3）反力系统：利用井壁及反力梁；

（4）沉降观测系统：百分表 2 块，基准梁等；

（5）砂石筛(60mm、40mm、20mm、5mm、2mm、1mm、0.5mm、0.25mm、0.1mm、0.075mm)；

（6）杆秤、天平。

2）试验方法

（1）加荷级差

试验土层主要为卵石。因其强度不高，加荷从 0.01MPa 开始，按 0.01MPa 的级差逐级加荷，保证沉降量 $s = 1.25$mm 前后各不少于 4 级，以后按 0.04MPa 的级差逐级加荷，直至结束。

加荷压力：0.01MPa，0.02MPa，0.03MPa，0.04MPa，0.05MPa，0.06MPa，0.07MPa，0.08MPa，0.09MPa，0.13MPa，0.17MPa，0.21MPa，根据 p-s 曲线的具体情况，优化调整加荷级数。

（2）加荷及观测

采用逐级维持荷载快速法加荷。可施加一级荷载后，按间隔 15min 观测一次沉降量，累计观测 2h，可施加下一级荷载，当 1min 的沉降量不大于该级荷载产生沉降量的 1%时，可施加下一级荷载。

（3）试验终止条件

当出现下列条件之一时可终止试验：

①沉降量大于 1.25mm 时；

②承压板周围土体明显侧向挤出；

③某级荷载下沉量急剧增大，p-s 曲线出现明显的陡降段；

④虽未达到上述条件，但加荷级差不小于 12 级，沉降量 $s = 1.25$mm 前后各不少于 4 个点，p-s 曲线完美，解读、计算基床系数 K_{30} 准确。

（4）试验步骤

①首先在选定的试验区域进行竖井的开挖，当挖至试验标高后，对测试面应使用水准尺进行平整。当开挖深度较大时应有通风保证，当所需测试的土层位于水位以下时，应首先进行降水，保证地下水降至试验面以下至少 1.0m，以确保施工的顺利进行及施工安全。

②载荷板放置于测试试验面上，为使载荷板与试验面良好接触，在载荷板下铺设 2～3mm 厚的细砂层；当需要时，在载荷板下设 2～3mm 的石膏腻子。

③将反力梁安置于载荷板上方，并加以固定。

④将千斤顶放置于反力梁下面的载荷板上，利用加长杆进行调节，使千斤顶顶端球铰座紧贴在反力装置部位上，组装时应保证千斤顶不出现倾斜。

⑤安装基准梁，在载荷板上，十字交叉对称的位置上安装 4 块百分表，安装调试观测系统和加荷系统。

⑥加荷与沉降观测

为了安全文明生产，测试尽可能采用先进的手段，加荷及观测拟在地表完成。

①为稳固载荷板，预先加 0.01MPa 约 30s，待稳定后，卸除荷载，将百分表读数调零或百分表读数作为下沉量的起始读数，并采用 4 个百分表进行沉降观测。

②以 0.01MPa 的增量，逐级加载。加荷采用快法，每增加一级荷载后，隔 15min 观测一次，累计观测达 2h 时施加下一级荷载或每分钟的沉降量不大于该级荷载产生的沉降量

的 1%，读取荷载强度和下沉量读数，然后施加下一级荷载，从沉降量大于 1.25mm 以后的第 5 级荷载，按荷载级差 0.04MPa 加荷，直至试验终止。试验装备详见图 2.4-1～图 2.4-3。

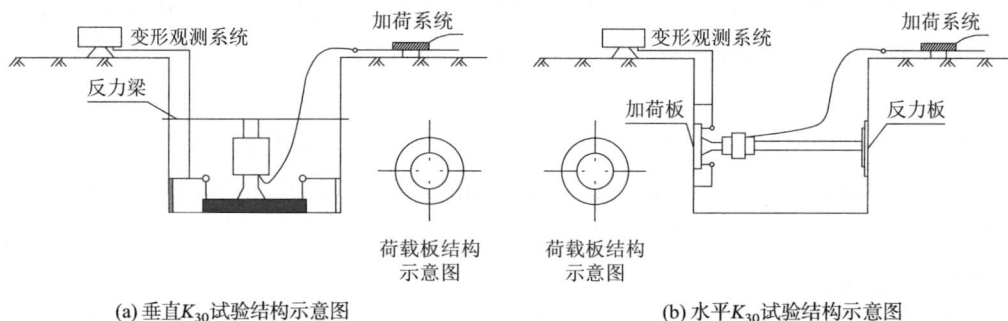

(a) 垂直 K_{30} 试验结构示意图 (b) 水平 K_{30} 试验结构示意图

图 2.4-1　试验装备结构示意图

图 2.4-2　土石混合体水平 K_{30} 试验设备安装　　图 2.4-3　土石混合体垂直 K_{30} 试验

（5）试验结果计算

根据试验结果绘制出荷载强度与下沉量关系曲线。从荷载强度与下沉量关系曲线得出下沉量基准值时的荷载强度，并按下式计算出地基基床系数：

$$K_{30} = \sigma_s / s_s \tag{2.4-1}$$

式中：K_{30}——由直径 30cm 的载荷板测得的地基基床系数（MPa/m），计算取整数；

　　　σ_s——σ-s 曲线中 $s = 1.25$mm 相对应的荷载强度（MPa）；

　　　s_s——下沉量基准值（mm），为 1.25mm。

由被测土体表面状态影响所出现的随机误差可通过作图法进行校正。当 σ-s 曲线通过坐标原点可不校正，如出现上、下漂动，则应按规范要求进行校正。具体校正办法如下：

在 σ-s 曲线中，当曲线出现明显拐点的位置沿正长曲线延伸，交 s 轴，交点位于 0 点以下，交点与 0 点的距离为 D_s，标准下沉量应为 $s_1 = s_s + D_s$，并由此对应的荷载强度 σ_1 计算出 K_s 值。

在 σ-s 曲线中，当曲线出现明显拐点的位置沿正长曲线延伸，交 s 轴，交点位于 0 点以上，交点与 0 点的距离为 D_s，标准下沉量应为 $s_1 = s_s + D_s$，并由此对应的荷载强度 σ_3 计算出 K_s 值。

2.4.3 试验成果

K_{30} 试验共在 Q_1 和 Q_4 土石混合体中进行了 10 组，试验成果见图 2.4-4～图 2.4-6、表 2.4-1。Q_4 土石混合体水平和垂直方向的 K_{30} 值分别为 106～118MPa/m 和 112～136MPa/m。Q_1 胶结砂砾石水平和垂直方向的 K_{30} 值分别为 224MPa/m 和 296MPa/m；Q_1 冻结砂砾石水平和垂直方向的 K_{30} 分别为 407MPa/m 和 426MPa/m。从试验结果可见，垂直方向 K_{30} 一般大于水平方向，基床系数的数值与试验深度密切相关。冻结砂砾石的 K_{30} 值受冻结影响，其 K_{30} 值明显偏大，其值只能代表砂砾石在特殊赋存状态下的基床系数。

K_{30} 试验成果汇总表　　　　　　　　　　　　　　表 2.4-1

序号	试验编号	试验深度 /m	推力方向	K_{30} 参数指标			备注
				沉降基准值 /m	对应荷载 /MPa	K_{30} / （MPa/m）	
1	K30-3C	6.0	垂直	0.00125	0.170	136	Q_4 土石混合体
2	K30-4C	7.0	水平	0.00125	0.148	118	
3	K30-1A	4.0	垂直	0.00125	0.144	115	Q_4 土石混合体
4	K30-2a	2.0	水平	0.00125	0.135	108	
5	K30-3S	7.0	垂直	0.00125	0.140	112	Q_4 土石混合体
6	K30-4S	6.5	水平	0.00125	0.132	106	
7	K30-3A	11.5	垂直	0.00125	0.370	296	Q_1 胶结砂砾石
8	K30-4A	11.5	水平	0.00125	0.280	224	
9	K30-5S	14.2	垂直	0.00125	0.533	426	Q_1 冻结砂砾石
10	K30-6S	14.2	水平	0.00125	0.509	407	

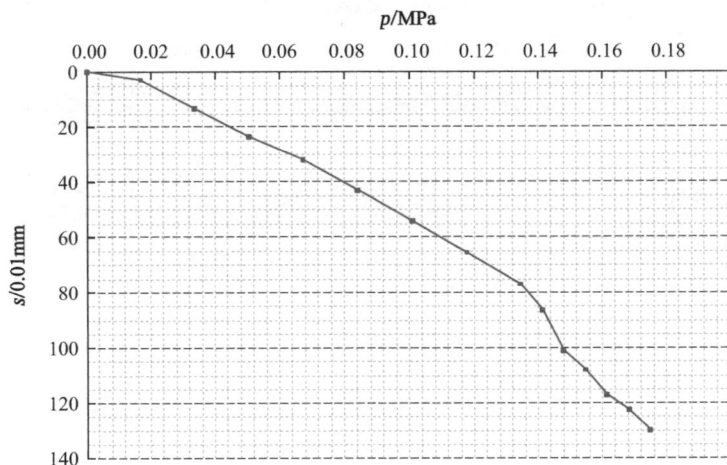

(a) 深度 6m，推力垂直，$K_{30} = 136$MPa/m

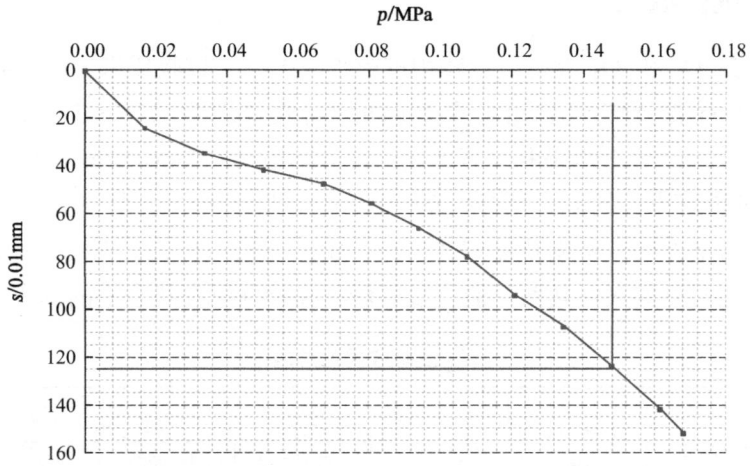

(b) 深度 7m，推力水平，$K_{30} = 118$MPa/m

图 2.4-4　CGY 车站 K_{30} 试验 p-s 关系曲线

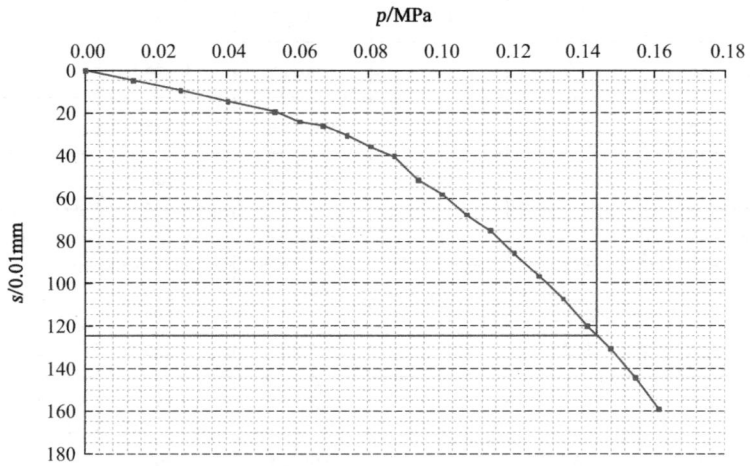

(a) 深度 4m，推力垂直，$K_{30} = 115$MPa/m

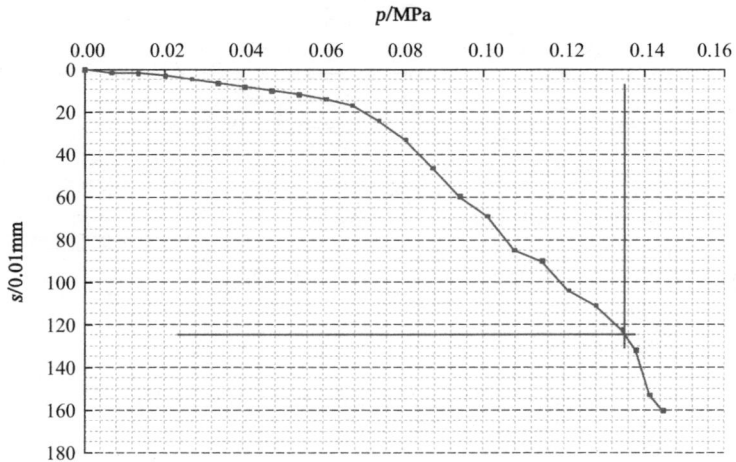

(b) 深度 2m，推力水平，$K_{30} = 108$MPa/m

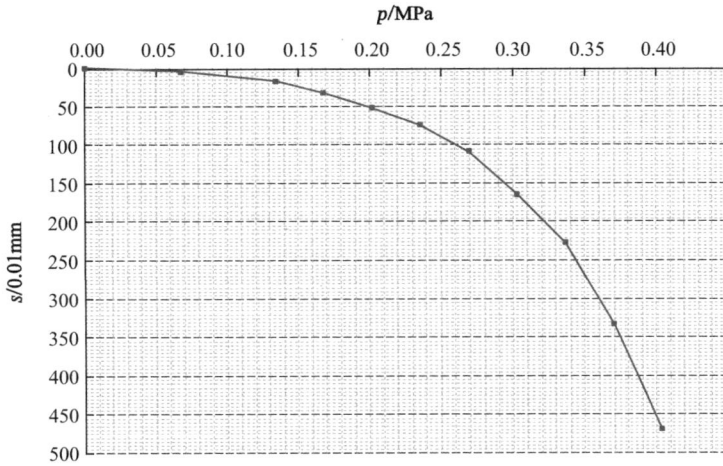

(c) 深度 11.5m，推力水平，$K_{30} = 224$MPa/m

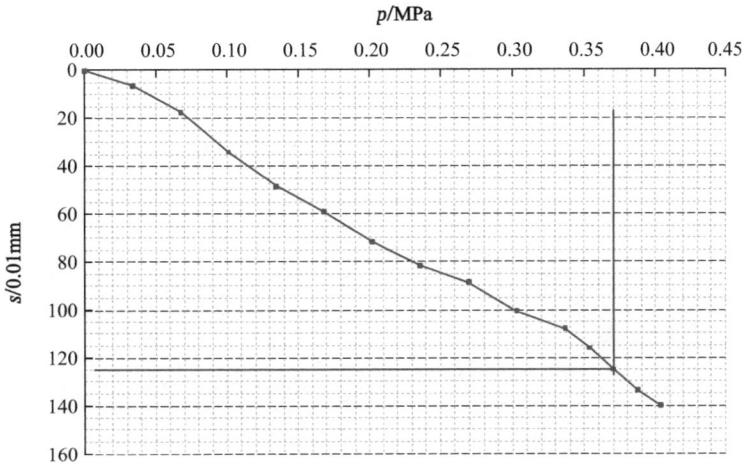

(d) 深度 11.5m，推力垂直，$K_{30} = 296$MPa/m

图 2.4-5　ATZX 车站 K_{30} 试验 p-s 关系曲线

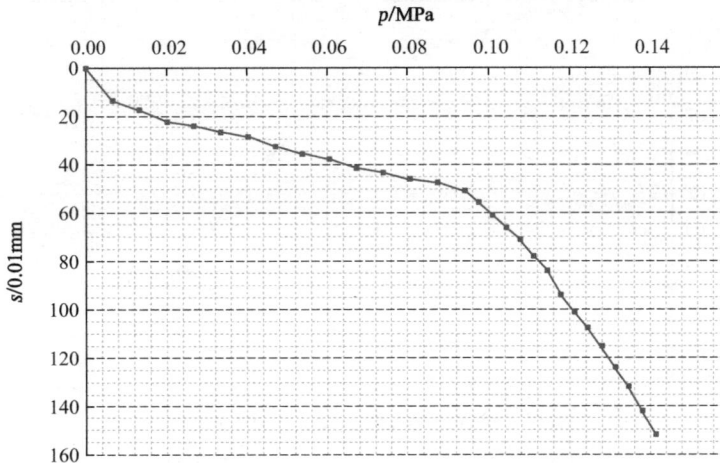

(a) 深度 6.5m，推力水平，$K_{30} = 106$MPa/m

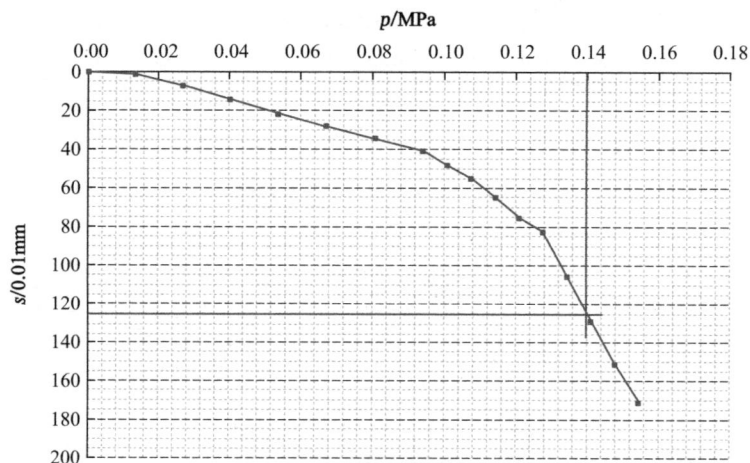

(b) 深度 7m，推力垂直，$K_{30} = 112MPa/m$

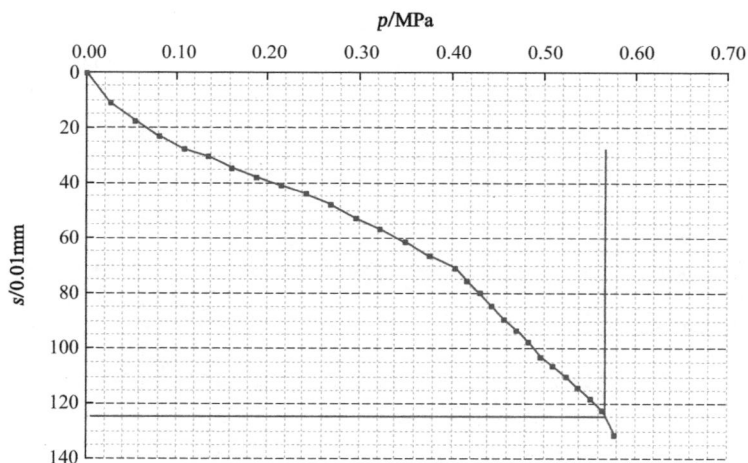

(c) 深度 14.2m，推力垂直，$K_{30} = 426MPa/m$

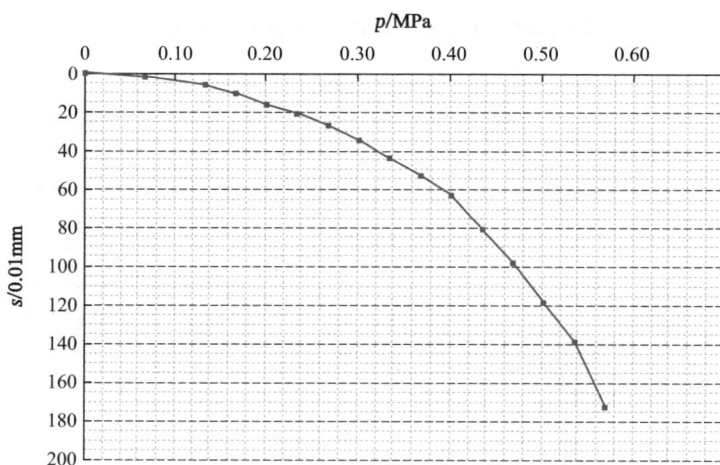

(d) 深度 14.2m，推力水平，$K_{30} = 407MPa/m$

图 2.4-6　SJDD 车站 K_{30} 试验 p-s 关系曲线

2.4.4　影响因素分析

（1）土性的影响

土的类别、含水率、稠度状态、密实程度是土体本身对压缩变形影响最大的因素。

细粒土孔隙体积的大小一定程度上决定了，抵抗变形的能力增加，基床系数相应增加。粗粒土含水率越小，密实程度越高，土颗粒之间的可压缩的孔隙越小，在外力的作用下排出的液体、气体相对越少，基床系数就越大。

对于土石混合体地层，其密实程度是基床系数大小的主要决定因素。此外，级配较好的土石混合体，孔隙之间填充较好，抗压缩能力较高，基床系数较高。

（2）时间效应

在实际工程设计施工过程中，基床系数在确定后，基本上将它作为一个固定不变的值进行应用。在土的本构关系中，不仅仅是应力、应变两者的关系，而是应力、应变和时间三者的关系，即土体应该作为弹塑性体来研究。在静力载荷试验过程中，土体未破坏前，某一级压力作用下，位移逐渐减小并趋于稳定。

土层的分层及各向非均质性，施工中特别是不同的开挖施工顺序和土体暴露时间引起的土体流变系数难以确定。可以通过改变基床系数的值来模拟不同时刻的挡土结构的实测位移，得到基床系数与时间的关系，即基床系数的时间效应。在土石混合体地层开挖过程中，可以建立一个结构与地质体之间相互作用的动态模型，模拟支护结构的变形受力过程，从经济、安全方面增加对工程的控制。

（3）地下水的影响

地下水对基床系数的影响十分明显。从微观的、土体的变形机理角度来说，地下水对土的强度参数有弱化作用，水和土之间的相互作用削弱了颗粒之间的作用力，从而增加了土的变形性和压缩性，基床系数减小；从宏观的、土与结构物的相互作用的角度看，地下水和土共同对结构物产生直接的力学作用。

在计算挡土结构物的荷载的时候，除了土压力以外，还必须考虑地下水位以下的水压力。地下水对基床系数的影响程度随着地下水的排泄、补给量的变化，施工降水的速度和施工方法的变化而变化。

（4）基础尺寸的影响

基床系数与基础尺寸密切相关，基础尺寸越大，基床系数就相应减小。有关试验研究表明，因土的复杂性，基床系数与基础尺寸的关系不一定是线性关系。Terzaghi 和 Peck 曾经在砂土和黏性土中用不同宽度的载荷板进行试验，得出了砂土的变形与基础宽度的非线性关系：

$$\frac{s}{s_s} = \frac{4B^2}{(B+0.305)^2} \tag{2.4-2}$$

对黏性土，变形与基础宽度基本上呈线性关系：

$$\frac{s}{s_s} = \frac{B}{B+0.305} \tag{2.4-3}$$

式中：s——土体的变形量（mm）；

s_s——基础宽度为 0.305m 时土体的变形量（mm）;

B——基础直径或边长（m）。

2.5 旁压试验研究

2.5.1 试验仪器和试验方法

1）试验仪器

采用梅纳 G 型旁压仪（预钻式），由旁压器、注水系统、压力与变形测量系统、压力施加装置及箱体支撑部件等组成。最大压力为 10MPa，探头直径 58mm，探头测量腔长 210mm，加护腔总长 420mm。试验采用直径 58mm 的旁压探头或加直径 74mm 的护管，探头最大膨胀量约 600cm³。试验时读数间隔为 1min、2min、3min，以 3min 的读数为准进行整理。

2）测试方案

旁压试验主要布置在地下车站和地下区间，每个车站、区间在同一地质单元内，其主要土层旁压试验数据每层不应少于 2 个。测试应深入地下线路基底结构以下 6m。试验前须对旁压仪进行率定，包括旁压器弹性膜约束力和旁压器的综合变形，目的是校正弹性膜和管路系统所引起的压力损失或体积损失。

3）旁压试验要求

（1）钻孔要求：用钻机成孔，应在试验段以上不小于 1m 处采用 $\phi75$ 金刚石钻头及 $\phi75$ 的岩芯管作为试验钻进工具，钻进过程中应进行泥浆护壁。试验段孔壁直径应比旁压器外径大 2～6mm，且孔壁应竖直、平顺，呈圆筒形。

（2）试验顺序及时间：同一试验孔内，应由上向下逐步试验，并且每个试验段成孔后应立即进行试验，时间间隔不宜大于 15min。

（3）加载压力及加载等级：加压采用高压氮气加压，加压等级可采用预期临塑压力的 1/10～1/5 进行加载，或者每级 100～300kPa 进行加载，且气瓶压力必须大于试验压力 0.5MPa 以上。

（4）每级压力持续时间：每级压力应持续 1min 后，进行下一级压力的施加，维持 1min 时，在 15s、30s、60s 测读变形量。

4）试验步骤

先用较大口径的钻头钻孔至试验土层顶部，再用合适口径的钻头进行旁压试验钻孔，进尺 1.2～1.5m。如未遇大块石，则用旁压探头进行旁压试验。否则，对已进尺部位进行扩孔至先前进尺位置，再钻旁压试验孔。如此逐次钻进，直到基岩。

2.5.2 试验成果及分析

旁压试验的主要成果是根据现场旁压试验绘制的压力 P 与体积 V 变化曲线，此曲线是旁压器周围一定范围内土体应力-应变的综合反映。根据试验曲线，可以求出一些和土体的性质有关的工程力学特性参数，得到旁压荷载与旁压位移（以半径R的变化表示）的关系曲线。

（1）压力和体积校正

校正公式如下：

$$P = P' + P_w - P_i \tag{2.5-1}$$

$$V = V' - \alpha(P_w + P') \tag{2.5-2}$$

式中：P、V 为校正压力和测量管水位下降值；P'、V' 为压力表读数和测量管水位下降值；P_w 为静水压力；P_i 为弹性膜约束力，由弹性膜约束力校正曲线得到；α 为仪器综合变形系数，由仪器综合变形校准曲线得到。

（2）确定压力特征值

根据校正后的压力和体积绘制P-V曲线，可确定 3 个压力特征值P_0、P_f和P_l。

旁压曲线直线段延长线与纵坐标相交点确定V_0，对应V_0的旁压曲线上的压力值即为原位水平土压力P_0，又叫初始压力。但实际上从旁压曲线上确定的P_0误差较大，有时得不出合理的结果。旁压曲线的直线段终点对应的压力值即为临塑压力P_f。旁压曲线趋向与纵轴平行时对应的压力值为极限压力值P_l。当无法从旁压曲线确定极限压力P_l时，可用曲线外推方法推至最大体积增量值V_l，取对应于V_l的压力P_l，$V_l = V_c + 2V_0$，V_c为旁压器中腔初始体积。

（3）旁压模量与旁压剪切模量

由现场旁压曲线可以确定旁压模量E_m和旁压剪切模量G_m。

$$E_m = 2(1 + \mu)\left(V_c + \frac{V_0 + V_f}{2}\right)\frac{\Delta P}{\Delta V} \tag{2.5-3}$$

$$G_m = E_m/2(1 + \mu) \tag{2.5-4}$$

式中：μ——泊松比，$\mu = K_0/(1 + K_0)$，K_0为侧压力系数，可由$K_0 = P_0/z \cdot \gamma$估算，z为旁压器中心点距地面的高度，γ为土体重度；

V_c——旁压器中腔初始体积；

ΔP——旁压试验曲线直线段的压力增量；

ΔV——旁压试验曲线直线段的体积增量。

（4）地基承载力

根据旁压试验特征值计算地基土承载力：

临塑荷载法：

$$f_{ak} = P_f - P_0 \tag{2.5-5}$$

极限荷载法：

$$f_{ak} = (P_f - P_0)/F_s \tag{2.5-6}$$

式中，f_{ak}为地基承载力特征值（kPa）；F_s为安全系数，一般取 2～3，也可根据地方经验确定。

确定其承载力：对于一般土宜采用临塑荷载法；对旁压试验曲线过临塑压力后急剧变陡的土宜采用极限荷载法；根据土石混合体的旁压曲线特点，卵石宜采用极限荷载法。

（5）变形模量

理论上，变形模量为土体单向受压时应力与应变的比值，是表示土层软硬和评价地基变形的重要参数。由于土体的散粒性和变形的非线性弹塑性，土体变形模量的大小受应力状态和剪应力水平的影响显著，且随测试方法的不同而变化。对于一定固结应力状态条件下的变形模量（即单向应力增量与该应力增量引起的应变增量的比值），在室内，一般采用侧限压缩试验或三轴压缩试验测定；在现场，变形模量可以采用载荷试验或旁压试验测定。

通过旁压试验测定的变形模量称为旁压模量E_m，其是根据旁压试验曲线整理得出的反映土层中应力和体积变形之间关系的一个重要指标，它反映了地基土层横向（水平方向）的变形性质。

对于平板载荷试验测定的变形模量，一般用E_0表示。它是在一定面积的承压板上对地基土逐级施加荷载，观测地基土的承受压力和变形的原位试验。在一般情况下，旁压模量E_m比E_0小，这是因为E_m综合反映了土层拉伸和压缩的不同性能，而平板载荷试验方法测定的E_0只反映了土的压缩性质。再者，旁压试验为侧向加荷，E_m反映的是土层横向（水平方向）的力学性质；E_0反映的是土层垂直方向的力学性质。

变形模量是计算地基变形的重要参数，表示在无侧限条件下受压时，土体所受的压应力与相应的压缩应变之比。梅纳提出，用土的结构系数α将旁压模量和变形模量联系起来。

$$E_m = \alpha \cdot E_0 \tag{2.5-7}$$

式中，α值在 0.25～1，它是土的类型和E_m/P_l比值的函数，实际上，E_m/P_l值的变化较大，梅纳根据不同的国家和地区的不同土质和试验仪器建立经验关系并将其制成表格。从表 2.5-1 中可直接查得土石混合体α值为 0.25。

土的结构系数常见值 　　　　　　　　　　　　表 2.5-1

土类	土的状态E_m/P_l	超固结土	正常固结土	扰动土	变化趋势
淤泥	E_m/P_l	—	—	—	大 ↑ ↓ 小
	C	—	1	—	
黏土	E_m/P_l	> 16	9～16	7～9	
	C	1	0.67	0.5	
粉砂	E_m/P_l	> 14	8～14	—	
	C	0.67	0.5	0.5	
砂	E_m/P_l	12	7～12	—	
	C	0.5	0.33	0.33	
砾石和砂	E_m/P_l	> 10	6～10	—	
	C	0.33	0.25	0.25	

（6）基床系数

旁压试验计算水平基床系数的公式为

$$K_{h} = (P_{f} - P_{0})/(R_{f} - R_{0}) \tag{2.5-8}$$

式中：P_{f}为临塑压力；P_{0}为初始压力；R_{f}为临塑压力时旁压器的侧向位移；R_{0}为初始压力时旁压器的侧向位移。

以某区间的旁压原位测试为例，分析其测试结果以及工程应用。图 2.5-1～图 2.5-4 为不同深度现场旁压试验得到的P-V曲线。

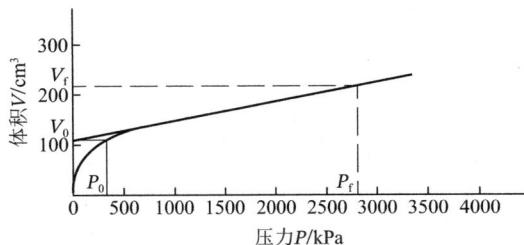

图 2.5-1　C1Z-114（23m）旁压曲线

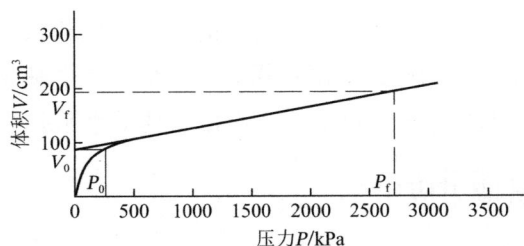

图 2.5-2　C1Z-115（25m）旁压曲线

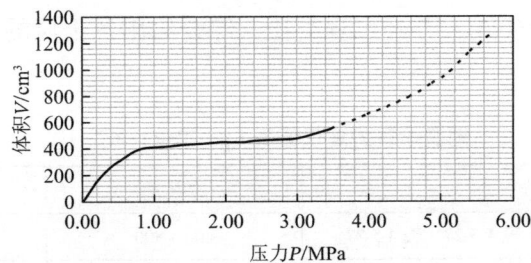

图 2.5-3　XLZ-177（10m）旁压曲线

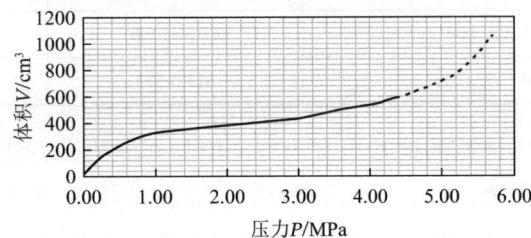

图 2.5-4　XLZ-185（8m）旁压曲线

根据以上现场旁压试验曲线，通过分析计算可以得到旁压参数V_{0}、V_{f}、P_{0}、P_{f}、P_{l}、E_{m}、G_{m}、f_{ak}、E_{0}及K_{h}，详细计算结果见表 2.5-2。

旁压测试成果　　　　　　　表 2.5-2

钻孔编号	试验深度/m	地层	试验成果									
			V_0	V_f	P_0	P_f	P_l	E_m	G_m	f_{ak}	E_0	K_h
			cm³	cm³	kPa	kPa	kPa	MPa	MPa	kPa	MPa	MPa/m
X1Z-177	10	②₁₀土石混合体	480	535	667	2684	5709.5	66	41.2	672.3	264	607.3
X1Z-185	8		426	535	657	2659	5662	50	28.8	667.3	200	318.4
X1Z-197	9		535	596	679	2519	5279	46.8	30	612.3	187.2	251.5
C1Z-114	23	③₁₁土石混合体	109	217	330	2804	—	57.3	22.9	824.7	229.2	1165
C1Z-115	25		89	192	254	2718	—	58.6	24.4	821.3	234.4	1191
X1Z-197	18.3		296	535	713	5500	12680.5	81	50.2	1595.7	324	772.5
X1Z-185	16.5		303	535	729	5000	11406.5	74.3	46.8	1422.7	297.2	597.4

土石混合体土的旁压试验过程中，由于漂石和难以避免的孔径的影响，各岩组土层的旁压试验结果比较离散，主要反映了试验点对应的土层土性和状态的变化，亦有可能受试验成孔的影响，试验钻孔的扰动使旁压模量降低。但是，水平基床系数与上覆土层厚度呈正相关关系，即试验点土的自重压力越大，土石混合体的水平弹性抗力系数越大。

2.5.3　旁压测试成果应用

1）地基承载力特征值

据现场试验和室内试验成果，以及各土层工程性质，参考《工程地质手册》（第五版）等有关经验表格和经验公式，并经工程类比，综合给出各土层的地基承载力建议值，见表 2.5-3。

地基承载力建议值表 f_{ak}（单位：kPa）　　　　　　表 2.5-3

确定方法	②₁₀	③₁₁
《工程地质手册》（第五版）表 4-5-27、表 4-5-77	400～800	600～800
《工程地质手册》（第五版）表 3-2-28	600～1000	720-1000
《工程地质手册》（第五版）表 4-5-77	500～1000	800～1000
《铁路工程地质勘察规范》TB 10012—2019	650～1200	1000～1200
旁压试验	613～673	824～1596

试验场地内利用旁压计算的地基承载力特征值与其他测试方法得出的结果比较得出：

（1）旁压试验与其他测试方式得出的地基土承载力特征值基本一致；

（2）旁压试验作为一种原位测试方法，能较好地求解出深层地基土的地基承载力参数。

2）变形模量

依据现场试验成果，以及各土层工程性质，参考《工程地质手册》（第五版）有关经验表格，并经工程类比，综合给出各土层的变形模量，见表 2.5-4。

由表 2.5-4 可知，旁压试验计算得出的土石混合体变形模量是重型动力触探试验计算查表得出的结果的 3～5 倍，明显偏大。这主要是因为重型动力触探试验与旁压试验相比对卵石的扰动较大，受卵石颗粒级配影响也较大，因此，旁压试验的计算值更接近卵石地基在原始状态下的变形强度。

土石混合体变形模量建议值表 E_0（单位：MPa）　　　　　　　表 2.5-4

确定方法	$②_{10}$	$③_{11}$
	卵石	卵石
《工程地质手册》（第五版）表 3-2-34	37.5～64	44.5-64
《工程地质手册》（第五版）表 3-2-35	31～62	37～62
《工程地质手册》（第五版）表 3-2-36	44.5～64.4	50.8～64.4
旁压试验	187.2～264	229.2～324

3）基床系数

依据现场试验成果，以及各土层工程性质，参考《城市轨道交通岩土工程勘察规范》GB 50307—2012 等有关经验表格，并经工程类比，综合给出各土层的基床系数建议值，见表 2.5-5。

土石混合体基床系数建议值（单位：MPa/m）　　　　　　表 2.5-5

地层编号	岩土名称	GB 50307—2012		旁压试验	现场基床系数试验	
		K_v	K_h	K_h	K_v	K_h
$②_{10}$	卵石	35～100	25～85	251.52～607.30	112～115	106～108
$③_{11}$	卵石	50～120	50～120	597.36～1191	296～407	224～426

由表 2.5-5 可知，旁压试验计算得出的水平基床系数与现场 K_{30} 试验以及经验查表法相比明显偏大，而且离散性很大，这主要是因为两者测试方法不同造成的，旁压试验是在一个曲面上力作用于地层之上，地层变形受到相邻卵石颗粒的限制，基床系数测试结果偏高。K_{30} 试验是在平面上进行，试验条件与建筑结构和土石混合体作用方式相近，因此基床系数建议值取值应以现场 K_{30} 试验为主。根据旁压试验资料分析，并与其他工程的试验资料比较，认为试验的成果是可靠的，能反映各岩组土体的原位工程力学特性。

2.6　土石混合体参数反分析方法研究

2.6.1　土石混合体岩土力学参数研究

作为一种有别于岩体与土体的复杂地质材料，堆积体与单纯的土或者岩体边坡具有显著不同的特点：

（1）堆积体固相可看作由"二元介质"组成，即软弱的砂土和坚硬的角砾石，砂土为基质，角砾石为填充物，而角砾石级配较为宽阔。

（2）不同粒径的角砾石分布具有强烈的不均匀性和随机性。在沉积过程中，受坡形、运移能力等沉积环境的影响，砾石含量在局部地段可能相对集中，呈"聚团"状产出，固结成层，在不同沉积历史上就形成了粗细过渡，重复韵律的地层结构。整体上看，大小不等的角砾石呈"骨料"状散布在砂土中。

（3）角砾石与砂土间的胶结程度决定于含水率和产出部位，一般较弱，特别是裸露在坡面的堆积体，由于暴雨冲刷、风化卸荷和人工扰动影响，很多地段分崩离析地坍塌在平台上。

堆积体物质组成的复杂性、结构分布的不规则性以及试样的难以采集性等固有特征，使其在实际工程中一直被当作特殊土体对待。其本身由于碎石与土体之间分布比例、胶结形式、碎石粒径大小、排列方式、密实程度等因素对其抗剪强度参数 c、φ 值的影响较土体与岩体更为复杂。

目前对于堆积体抗剪强度的确定方法通常有以下几种方式：

（1）实验室试验和现场原位试验。该类方法具有易于操作的特点，但是在反映堆积体的原始组成和结构的试样方面，只能迁就试验能力而"弃粗求细""扬弱避强"，试验结果存在不完全表现砾石贡献和自身结构特征的弊端。

（2）数值试验。通过数值模拟得到试样的离散网格图，再由假定的本构关系与边界条件进行数值三轴试验模拟。通常忽略土和砾石的相互作用。

（3）反演：基于边坡稳定性分析与评价，反演推求抗剪强度参数。

目前，根据某土料场前期预可行性研究阶段进行的勘探和试验工作，某堆积体共做室内物理力学试验 22 组，对不同含水率情况下的堆积体进行剪切试验。剪切试验为直接快剪，分别按非浸水和饱和固结浸水快剪两种状态进行。非浸水快剪平均内摩擦角为 29.2°，平均黏聚力为 49.0kPa；而饱和固结浸水快剪所得平均内摩擦角为 30.2°，平均黏聚力为 19.8kPa。可看出饱和条件下堆积体黏聚力降低明显。

考虑到堆积体的非均匀性，库区水位变化及其季节性暴雨对其含水率变化的影响是动态的，而且其非饱和状态的含水率在堆积体不同位置也有显著变化，因此从单因素角度出发，研究非饱和状态下 c、φ 值与含水率的关系。按照库仑强度理论，对直剪试验数据进行整理。根据所得数据（表 2.6-1）绘制抗剪强度 c、φ 值随含水率的变化曲线，并研究 c、φ 值与含水率之间的相关关系，见图 2.6-1 及图 2.6-2。

非饱和状态含水率与抗剪强度参数　　　　　　　　　　表 2.6-1

含水率/%	10.4	12.3	12.5	10.1	10.3	10.7	9.44	10.7	10.9	10.2	11.7
c/kPa	42.5	33	39	37.3	36.3	39.3	44.1	37.3	36.7	36.5	38.7
φ/°	28.8	27.9	28.4	29.1	28.2	28.8	29.5	30.3	30.3	29.2	28.2
含水率/%	11.6	10	10.8	10.7	12.4	10.3	11.8	10.4	9.1	10.4	11
c/kPa	38.9	42.7	36.7	34	36.1	38.3	35.7	41.3	54.3	36.3	40
φ/°	30	28.5	30.3	28.4	28.7	29.5	30.7	30.3	30	29.1	28.8

可以看出，抗剪强度c、φ值在非饱和状态，随着含水率的增加呈递减趋势，且变化不是简单的线性关系。黏聚力c值与含水率的关系可用二次曲线$c = 46.2075 + 1.234e^{-\omega/0.574}$来表示，内摩擦角$\varphi$值与含水率的关系可表示为：$\varphi = 26.7 + 19.5e^{-\omega/5.06}$。由图 2.6-1 可知水对堆积体黏聚力影响存在一个临界值，当含水率为 11.8% 时，此时堆积体的黏聚力c处于最小值，且黏聚力变化也趋于稳定。

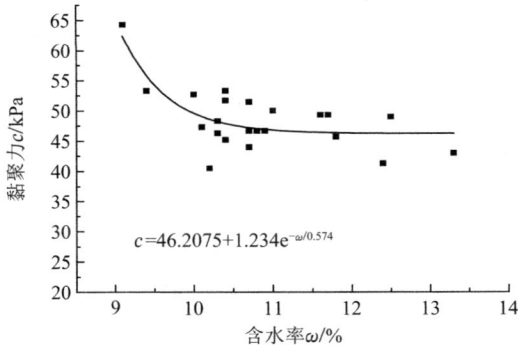

图 2.6-1　c-ω关系曲线

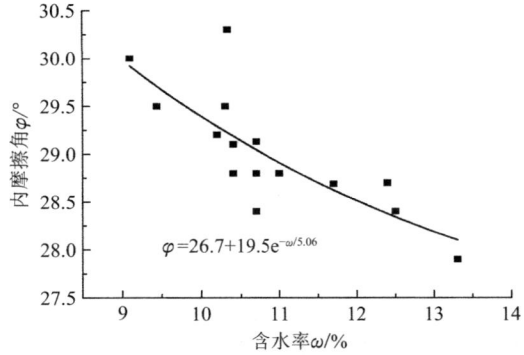

图 2.6-2　φ-ω关系曲线

根据国内工程堆积体参数（表 2.6-2）进行概率统计得出抗剪强度值服从正态分布（图 2.6-3、图 2.6-4），其黏聚力c的正态分布的均值为 42.19kPa，内摩擦角均值为 30.73°。

国内有关堆积体稳定分析 c、φ 取值　　　　　　　　　　　表 2.6-2

堆积体	c/kPa	φ/°	堆积体特征描述
小湾堆积体	50	36	块石，特大孤石夹碎石质土
虎跳峡堆积体	12.58	36.46	碎石，碎块石夹细黏土，碎块石以灰岩夹板岩为主，直径 0.1～1.0m，含石率 46%
小凉山堆积体	65	31.4	土石混合体
澜沧江某堆积体	50	36	碎石、块石，孤石夹粉土，粒径 0.3～5m，含石率 20%～35%，结构密实
江西某水电站堆积体	10	25	碎块石含黏土
云南某水电站堆积体	70	38	灰岩，砂岩碎石，夹粉土，粒径 5～15cm
云南某水电站堆积体	60	35	灰岩，板岩，夹黏土，松散，粒径 3～8cm
清江隔河岩堆积体	34	14	碎石黏土及块石碎石土，含砾石砂土
千将坪堆积体	23	20	黏土夹碎石，碎石最大粒径 1.5m，前缘卵石粒径 3～10cm
奉节白衣庵堆积体	47.9	42.8	钙质结核，少量砂土和碎石块
	55.5	65.4	砂岩为主碎石，少量灰岩
	32	50.3	坡积层碎石土，表面光滑，次棱角状
万州安乐寺堆积体	55	32	粉质黏土夹碎石，石英砂岩，粒径 100～800mm，坡积作用
	38	25	卵石砂土层，粒径 20～80mm，冲积作用

续表

堆积体	c/kPa	φ/°	堆积体特征描述
三峡库区云阳堆积体	26.3	12.28	粉砂黏土夹碎砾石，粉砂岩，长石砂岩，粒径0.2~2cm，含石率20%
三峡库区云阳堆积体	42.6	26.43	碎石黏土，粒径1~2cm，含石率15%
	94.6	28.75	黏土碎石角砾，粒径3~5cm，含石率55%
岷江白水寨堆积体	37.2	22.1	灰岩，千枚岩块碎石，局部架空
	46.5	28	灰岩，碎石，结构紧密
两家人堆积体	30~50	28~30	冰碛物为主，碎块石夹孤石，含砾石粉土，含石率25%~35%
	15~20	18~20	碎块石夹块石，堆积物，含砾石粉土，含石率25%~35%
三峡库区堆积体	25	30	含黏土松散堆积体
大石板堆积体	25	12.2	残坡积层，黏性土夹碎块石，含石率25%~35%
金沙江中游堆积体	48	39	角砾，结构紧密，灰岩，直径3~5m，上部钙质，下部砂土石混合体
深溪沟水电站飞水崖堆积体	60	38.6	碎块石，成分为灰岩砂岩，表层钙化，冲积成的土石混合体
古水坝前堆积体	20~50	28~30	孤石块石，碎石质黏土，层多碎石，块石层
古水根达坎堆积体	54.2	28.3	堆积体层多块石，碎石质粉土
大海子坝堆积体	35~38	32~34	碎块石夹砂土或土石混合体夹砂土
云南河家县清水河电站古河床堆积体	35	31	土石混合体，玄武岩为主，泥质胶结，结构密实
云南河家县清水河电站崩塌堆积体	65	30	砂岩岩块，块石，碎石，黏土充填，钙质结核，胶结碎块石
黄腊石堆积体	50	40	碎块石，块石，灰岩，砂岩，粉砂岩
	30	32.8	黏土及细砾，角砾
金沙江右岸库区堆积体	30	17	第四系松散堆积体物，碎块石，粉砂岩，粉黏土
雅砻江堆积体	60	35	碎块石，砂岩板岩，含石率30%，粒径40cm~1m
泸定县四湾村堆积体	10	25.4	前缘碎块石，下部卵碎砾石层，块碎石花岗岩为主，粒径40~150mm

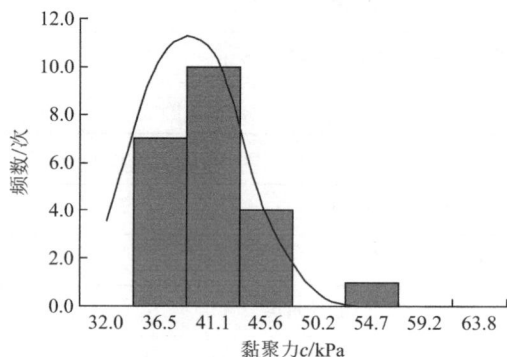

图2.6-3　c值统计分布曲线

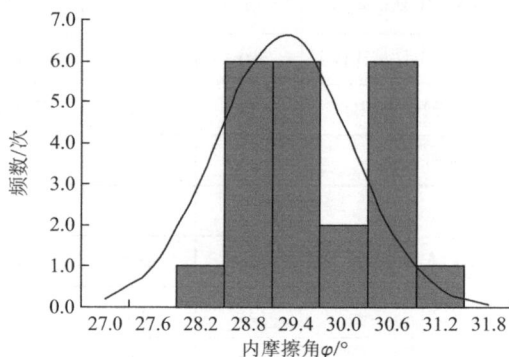

图2.6-4　φ值正态分布曲线

根据某堆积体饱和固结浸水快剪试验结果，进行 c、φ 值的测定。按照库仑强度理论，对直剪试验数据进行整理，不同含水率试样的强度参数如表 2.6-3 所示。

含水率及抗剪参数　　　　　　　　　　　　　　　　表 2.6-3

含水率/%	11.9	18.4	14.2	12.1	11.6	15.5	11.8	12.3	12.3	11.8	18.9
c/kPa	18.3	20.7	18.3	19.3	20	19.7	16.7	22	25	17	22.3
φ/°	29.5	29.8	29.5	29.5	28.5	29.4	30.3	31.8	31	30.1	29.5
含水率/%	16.3	12.2	12	14.1	17.2	12.4	14.9	12.2	12.6	11.5	12.2
c/kPa	21.3	22.3	18.3	16.7	18.3	16.7	18.3	21	21.7	21.7	18.3
φ/°	30.8	30.2	31.7	30.3	29.5	30.3	31.7	31.4	30.3	30.3	31.4

根据所得数据绘制抗剪强度 c、φ 值随含水率的变化曲线，分析 c、φ 值与含水率之间的关系。由图 2.6-5、图 2.6-6 可以看出，抗剪强度 c、φ 值状态，饱和状态下随着含水率增加呈递减趋势，且变化不是简单的线性关系。其中黏聚力可通过指数函数 $c = 39.38e^{-0.044\omega}$ 表示，内摩擦角 φ 与含水率可表示为 $\varphi = 26.32 + 66.2e^{-\omega/1.59}$。从图 2.6-6 可知，含水率在 17.2% 时，对内摩擦角影响存在一临界值，不仅堆积物的内摩擦角处于最小值，且内摩擦角变化也趋于稳定，说明含水率为 17.2% 时，为堆积物饱和状态的特征含水率。

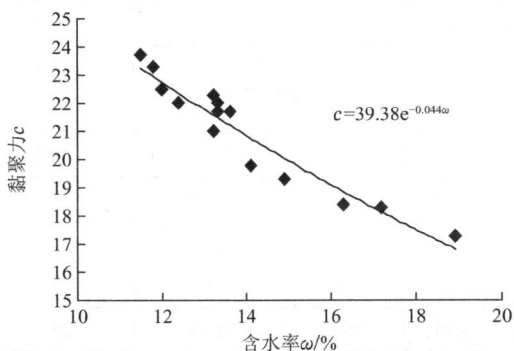

图 2.6-5　c-ω 关系曲线

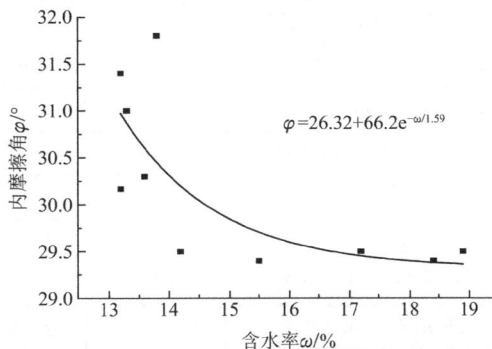

图 2.6-6　φ-ω 关系曲线

平均状态下正常运行工况和饱水状态的试验结果见表 2.6-4。可以看出，饱和状态下 c、φ 值比正常运行工况有显著下降，c 值降低了约 50%，φ 值降低了约 4%。

正常运行工况和饱水状态的试验结果　　　　　　　表 2.6-4

状态	含水率	饱和度	直剪试验结果	
			c/kPa	φ/°
天然	11.3%	75.9	39.6	30.1
饱和	14.5%	95.1	19.7	28.9

滑带土颗分及剪切试验结果显示滑带土细粒及黏粒含量均较大,黏、粉粒含量在 55%～63%,黏粒含量在 33%～36%;饱和固结浸水快剪内摩擦角为 10.4°～16.2°,黏聚力为 16.7～

22kPa。

根据滑带土的 3 组三轴试验成果，并考虑底滑面起伏差和地滑堆积物的影响，滑带土力学参数建议值见表 2.6-5。

某滑坡堆积体物理力学指标建议值　　　　　　　表 2.6-5

滑体分类	天然重度γ/（kN/m³）	饱和重度γ_{sat}/（kN/m³）	c/kPa	φ/°
底滑面滑带土	20.5～22.5	22～23	15～25	22～27

吴香根通过对多个工程滑带土参数（表 2.6-6）的比较总结，得出滑带土综合内摩擦角与倾角β经验公式（$\varphi = 0.8550\beta + 0.4786$）。

某滑坡堆积体滑带土倾角平均在 30°～35°，代入公式算得综合内摩擦角φ为 26°～30°。

工程滑坡土主要参数　　　　　　　表 2.6-6

滑坡名称		岩土类型	计算采用c、φ值		稳定系数	地形坡度角β/°	综合内摩擦角φ/°
			c/kPa	φ/°			
楚大 K210 沙桥滑坡			11.84	9.26	1.00	16.70	12.8
楚大 K216 垭口村滑坡	西滑坡	碎石土	12.21	13.81	0.96	26.50	23.2
	东滑坡		9.00	12.50	0.99	16.90	15.8
楚大 K219，236 号塔滑坡		碎石土	19.28	13.12	1.006	24.27	22.9
楚大 K219，235 号塔滑坡			15.01	11.99	1.06	19.60	17.5
楚大 K219，234 号塔滑坡			17.13	12.12	1.09	26.90	25.0
楚大 K225 天子庙坡滑坡		岩质	26.82	12.20	0.99	20.80	18.8
大保 K352 坦底摩滑坡			31.12	20.54	0.96	30.12	16.5
大保 K356～K357 岩鸡厂滑坡	H1 滑坡	碎石土	26.64	20.00	0.99	42.80	37.0
	H5 滑坡		18.82	20.00	0.95	37.00	31.3
大保 K386 石地坪滑坡			22.40	13.70	0.99	30.50	26.2
大保 K376 大梨树 H1 滑坡			16.03	9.46	1.06	22.83	18.0

通过查阅文献得到国内相似工程滑带土强度参数取值统计如表 2.6-7 所示。大量研究表明，滑带土的强度参数取决于黏粒含量，黏粒含量多则强度越低，黏粒含量越少，则强度越高。

相关工程滑带土参数取值　　　　　　　表 2.6-7

滑带土	c/kPa	φ/°	滑带土特征描述
巫山新城	21.7～45.3	20.8～28.8	碎石土，碎石含量大于 70%
	17.3～37.5	17.2～24.2	碎石土，碎石含量 30%～70%
	12.3～22.4	11.9～19.8	碎石土，碎石含量小于 30%
	7.6～18.8	9.7～17.2	粉质黏土，黏土为主
	12.2～18.5	12.4～19.3	粉质黏土，含角砾

滑带土	c/kPa	φ/°	滑带土特征描述	
巫山新城	6.7~15.6	10.2~14.0	泥化夹层	
	18.5~32.6	17.8~22.8	回填土，碎石为主	
	12.5~20.0	12.4~17.8	回填土，黏土为主	
	68.7~125	22.8~31.4	破碎岩体，夹薄层钙泥质	
	30	24.2	碎石土，碎石含量大于 70%	
	20	19.3	碎石土，碎石含量 30%~70%	
	15	14.0	碎石土，碎石含量小于 30%	
	15	14.0	粉质黏土，含角砾	
	20	19.3	回填土，碎石为主	
	15	14.0	回填土，黏土为主	
三峡库区	22.33	25.9	自然	碎石土夹少量黏土
	20.48	24.7	饱水	
	32.22	29.5	自然	破碎泥灰岩层面，附泥膜
	29.04	25.9	饱水	
	15.38	24.9	自然	角砾粉质黏土
	15.12	22.6	饱水	
奉节县新城区	70	31.82	含碎石的黏性土	
	51.3	30.13		
	40	22.76		
巫山玉皇阁水厂	22.33	25.9	自然	熊诗湖，2006
	20.48	24.7	饱水 24h	
	19.51	17.3	自然	
楚大 K216 垭口村滑坡	12.21	23.2	碎石土滑坡	
楚大 K219，236 号塔滑坡	19.28	22.9		
楚大 K219，235 号塔滑坡	15.01	17.5		
楚大 K219，234 号塔滑坡	17.13	25.0		
大保 K352 坦底摩滑坡	31.12	16.5		
大保 K356~K357 岩鸡厂滑坡	26.64	37.0	碎石土滑坡	
	18.82	31.3		
大保 K386 石地坪滑坡	22.40	26.2	土质滑坡	
唐古地滑坡	200	32.8	红色黏土，硬塑状态，表面附有少许裂隙水	
	69.79	26.2		
	68.6	24.9		
巴迪滑坡	164.36	31.1	主要是碎石，含水率 8.06%	
古树包滑带土	18	24	田斌等，2004	
	23	30		

滑带土	c/kPa	$\varphi/°$	滑带土特征描述
三峡库区滑坡	7.9~39.0	8.6~37.8	坝址—庙河
	5.0~62.0	8.0~37.0	庙河—奉节
	2.8~68.0	2.7~36.0	奉节—重庆

考虑到滑坡底部滑带土厚度较小、滑床呈波状起伏及进行抗剪试验样品的代表性等因素，在进行整体稳定分析时需要结合反演分析成果综合确定抗剪参数。

2.6.2 土石混合体二维极限平衡参数反演

地质调查表明，某滑坡堆积体已经处于蠕滑状态，特别是在暴雨工况下边坡变形加剧，可认为已经处于极限平衡状态。在某堆积体Ⅰ区、Ⅱ区分别选取剖面，以最新形成的Ⅲ期滑面，采用二维、三维极限平衡方法反演滑带土的力学参数。

采用二维极限平衡方法反演滑带土的力学参数的反演依据如下：

（1）调查表明，某堆积体在2008年10月持续10天降雨后最新滑面形成，局部多处滑坡出现，此后降雨影响结束后边坡处于稳定蠕滑状态。

（2）2009年2月底边坡区域持续10天降雪后滑面位移又有所增大，滑坡有进一步发展，此后当地持续干旱，边坡再次进入稳定蠕滑状态。

（3）Ⅰ区、Ⅱ区滑面贯通，基本沿着滑带土滑动，但滑动方向不同。

（4）据此可判断，在暴雨工况下，两个区堆积体均已经处于极限平衡状态，正常运行工况下安全系数应略高于1.0，但裕度不大。

因此，反演的标准可取为：

（1）正常运行工况安全系数1.05，处于蠕滑状态。

（2）暴雨工况安全系数在1.0上下浮动，符合局部区域滑塌现象。

选用某堆积体Ⅰ区、Ⅱ区的典型剖面A-A'、B-B'、D-D'、E-E'，以最新形成的Ⅲ期滑面进行滑带土参数反演，反演采用的计算剖面及滑面如图2.6-7~图2.6-10所示。

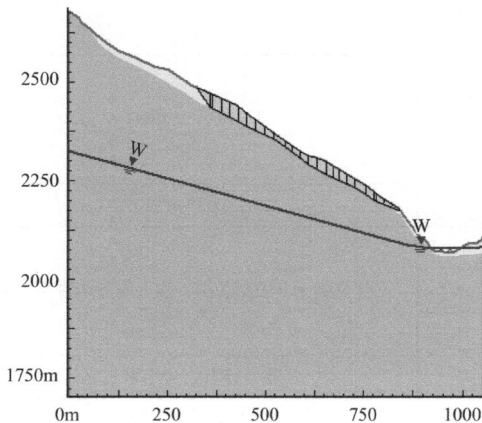

图2.6-7 Ⅰ区A-A'计算剖面

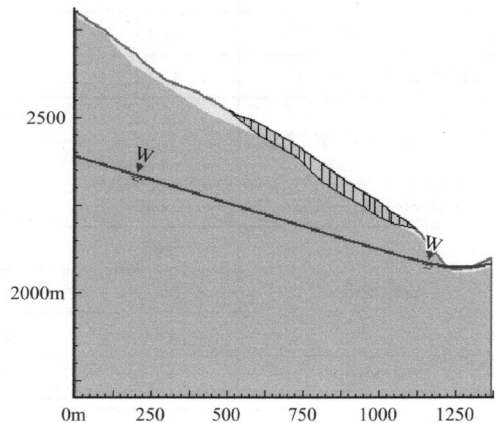

图2.6-8 Ⅰ区B-B'计算剖面

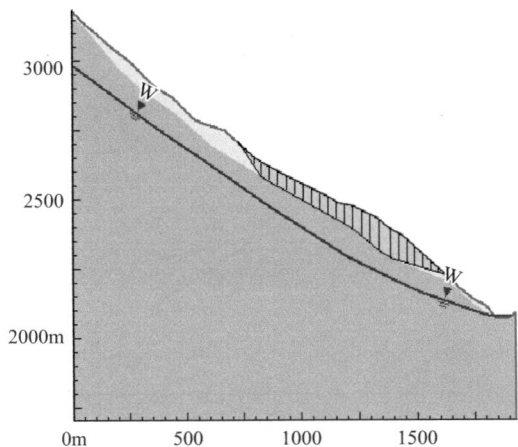

图 2.6-9　Ⅱ区D-D′计算剖面

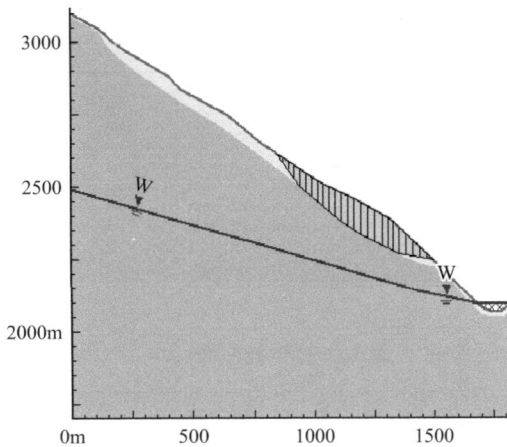

图 2.6-10　Ⅱ区E-E′计算剖面

调整滑面参数得到四个剖面已知滑面正常运行工况下安全系数变化趋势（图 2.6-11～图 2.6-14），其中安全系数采用简化 Bishop 法、修正 Janbu 法、Spencer 法、M-P法四种方法的平均值。

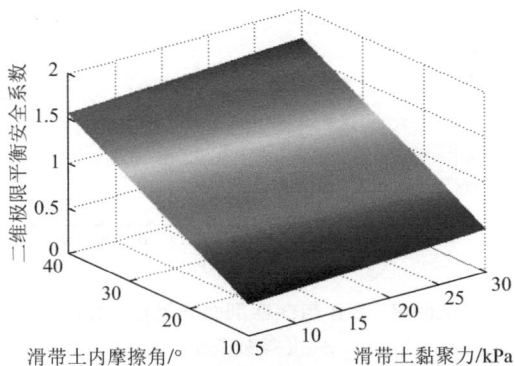

图 2.6-11　A-A′剖面安全系数变化趋势

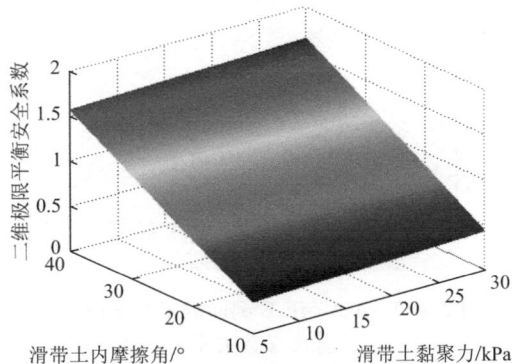

图 2.6-12　B-B′剖面安全系数变化趋势

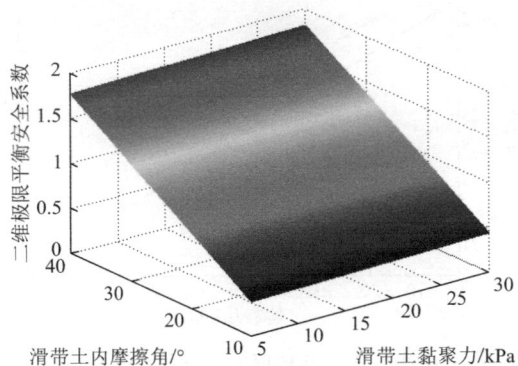

图 2.6-13　D-D′剖面安全系数变化趋势

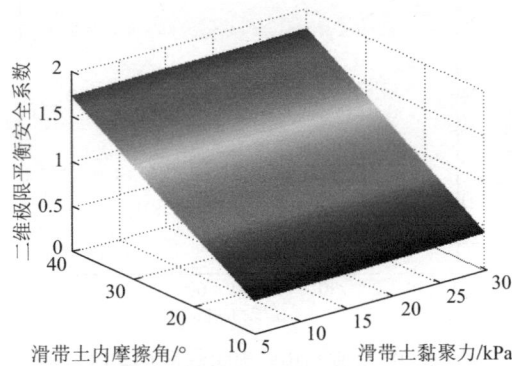

图 2.6-14　E-E′剖面安全系数变化趋势

采用剖面组合求解出满足条件的强度参数，如图 2.6-15～图 2.6-18 所示。

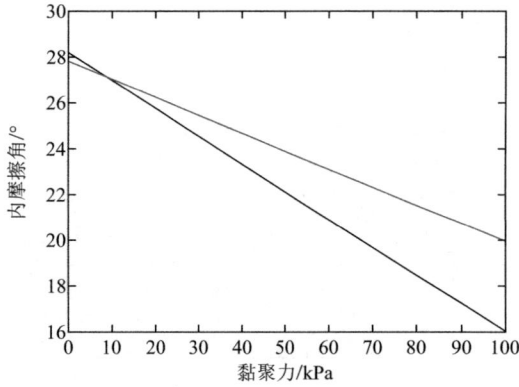

图 2.6-15　A-A′与B-B′剖面满足$f_s = 1.05$时强度参数关系

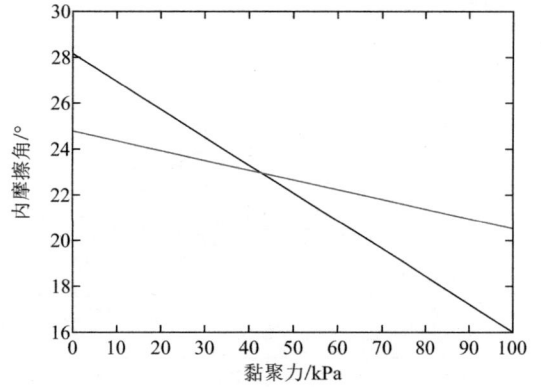

图 2.6-16　A-A′与D-D′剖面满足$f_s = 1.05$时强度参数关系

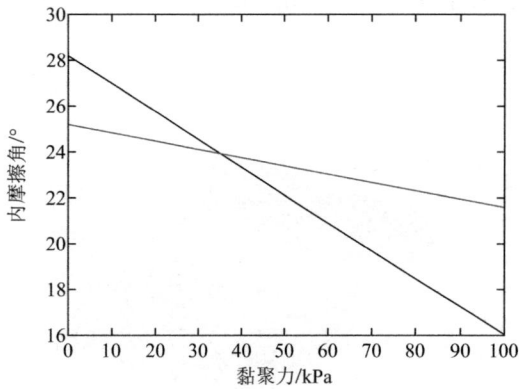

图 2.6-17　A-A′与E-E′剖面满足$f_s = 1.05$时强度参数关系

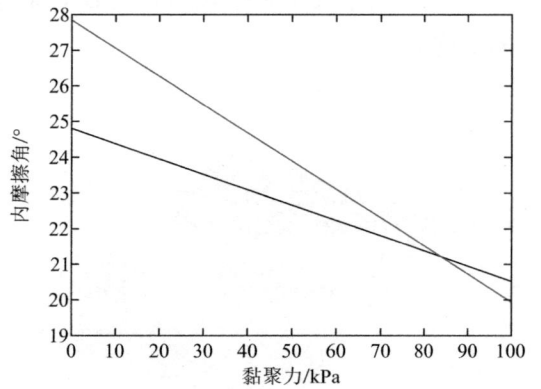

图 2.6-18　B-B′与D-D′剖面满足$f_s = 1.05$时强度参数关系

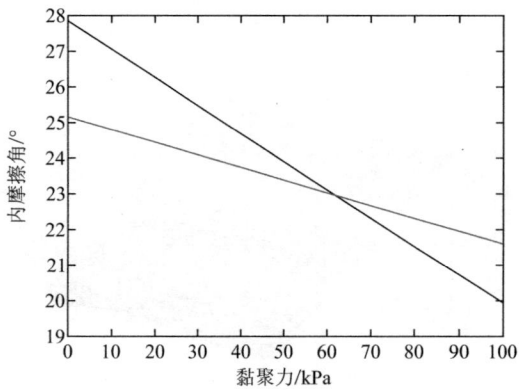

图 2.6-19　B-B′与E-E′剖面满足$f_s = 1.05$时强度参数关系

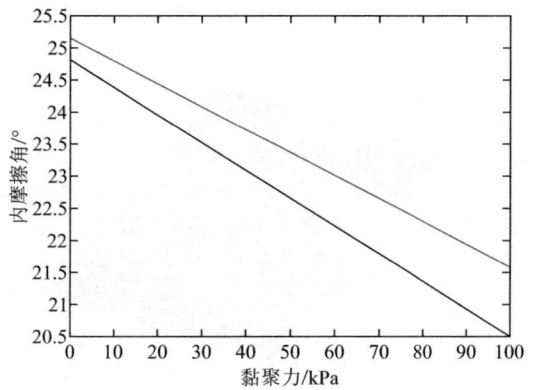

图 2.6-20　D-D′与E-E′剖面满足$f_s = 1.05$时强度参数关系

各剖面正常运行工况满足安全系数 $f_s = 1.05$ 时，需满足如下条件：

对于 A-A' 剖面：$\varphi = -0.1215c + 28.1852$

对于 B-B' 剖面：$\varphi = -0.0791c + 27.8405$

对于 D-D' 剖面：$\varphi = -0.0429c + 24.8024$

对于 E-E' 剖面：$\varphi = -0.0357c + 25.1564$

表 2.6-8 中，满足正常运行工况 D-D' 与 E-E' 剖面安全系数 1.05 的反演参数的黏聚力为负值，显然不符合实际，其他剖面滑带土内摩擦角比较稳定，而滑带土黏聚力变化幅度大。这表明：

不同剖面组合下反演参数　　　　　　　　　　　　　　　　表 2.6-8

剖面组合		滑带土黏聚力/kPa	滑带土内摩擦角/°
A-A'	B-B'	8.13	27.20
A-A'	D-D'	42.01	22.96
A-A'	E-E'	35.27	22.90
B-B'	D-D'	82.87	21.21
B-B'	E-E'	61.78	22.95
D-D'	E-E'	—	

（1）由于滑带土黏聚力非常小，计算中安全系数微小的变化即可带来反演黏聚力的巨大变化，这一点与事实是不符的。

（2）反演假设两个剖面同时达到安全系数 1.05，由于反演滑带土黏聚力对安全系数极度敏感，也可能导致滑带土强度的巨大变化，考虑黏聚力较小，建议参考试验取值。

（3）由于内摩擦角采用不同方案反演均比较稳定，表明反演出的内摩擦角可信度较高。同时考虑计算采用四种方法的平均。统计多剖面结果可知参数取值范围如下：$c = 8.13 \sim 83.87$ kPa，$\varphi = 21.21° \sim 27.2°$，黏聚力变化范围较内摩擦角大得多，其反演结果不可靠。

综合上述并根据现场实际勘察结果分析，Ⅰ区前缘的局部垮塌、某沟左侧的逐步解体的失稳模式和中部出现的较多张拉裂缝，将为地表水的入渗提供有利的通道，扩展裂缝并加快滑坡岩土体的蠕变，进而发生整体滑动。Ⅱ区中后部出现多条横向张拉裂缝，对比Ⅰ、Ⅱ区的变形破坏迹象，可以初步断定Ⅱ区堆积体的三期滑坡稳定性较Ⅰ区要好，固定参数计算也发现Ⅱ区剖面安全系数比Ⅰ区在同工况下大约 0.05。

因此，结合滑坡堆积体变形破坏特征以及现场调查反映的稳定性状况，固定滑带土黏聚力取试验均值 20kPa 后，多次试算，发现内摩擦角 $\varphi = 27.9°$ 时Ⅰ区暴雨工况处于极限平衡状态，而Ⅱ区二期滑坡体亦处于极限平衡，与调查结果相符，试算结果如图 2.6-21、图 2.6-22 所示。

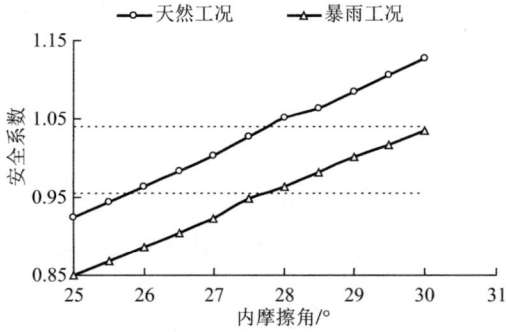

图 2.6-21　Ⅰ区B-B′剖面试算结果

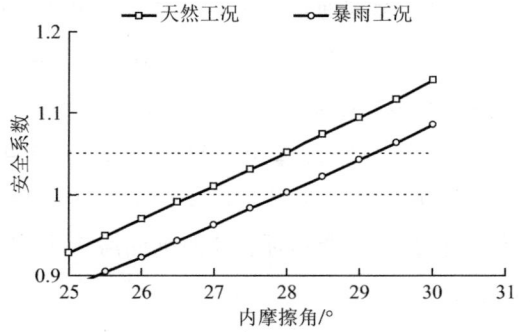

图 2.6-22　Ⅱ区D-D′剖面试算结果

因此，综合现场调查、反演分析提出如表 2.6-9 所示参数取值范围。

某滑坡堆积体二维稳定性分析计算参数　　　　　　　　表 2.6-9

岩体分类及岩体特征	内摩擦角/°	黏聚力/kPa	天然重度/（kN/m³）	饱和重度/（kN/m³）
滑体参数建议取值范围	29.0～31.0	30.0～50.0	21.0～22.0	22.0～22.5
滑带土参数建议取值范围	26.0～30.0	15.0～25.0	20.5～22.5	22.0
滑体参数计算值	30.0	40.0	21.5	22.0
滑带土强度均值	27.9	20.0	20.5	22.0

2.6.3　土石混合体三维极限平衡参数反演

对某堆积体Ⅰ、Ⅱ区三期底滑面滑带土采用三维极限平衡方法进行参数反演，如图 2.6-23、图 2.6-24 所示。

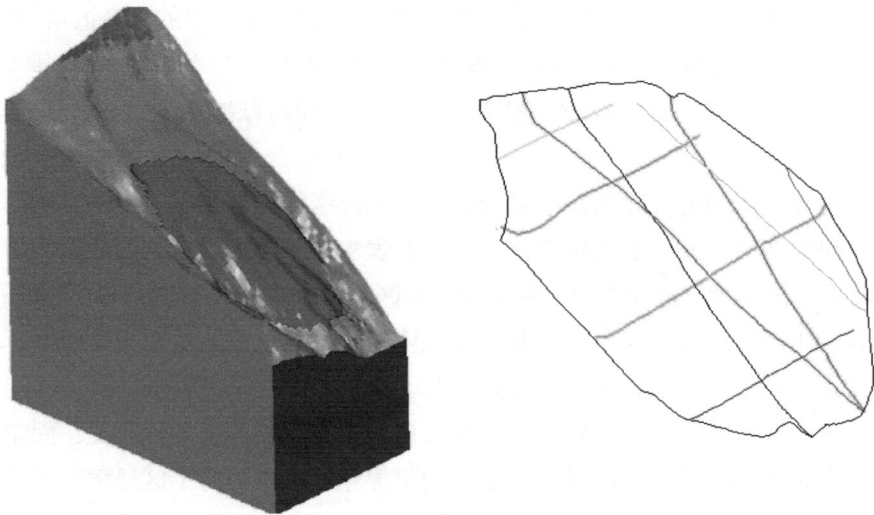

图 2.6-23　Ⅰ区三期滑坡区滑体及底滑面图

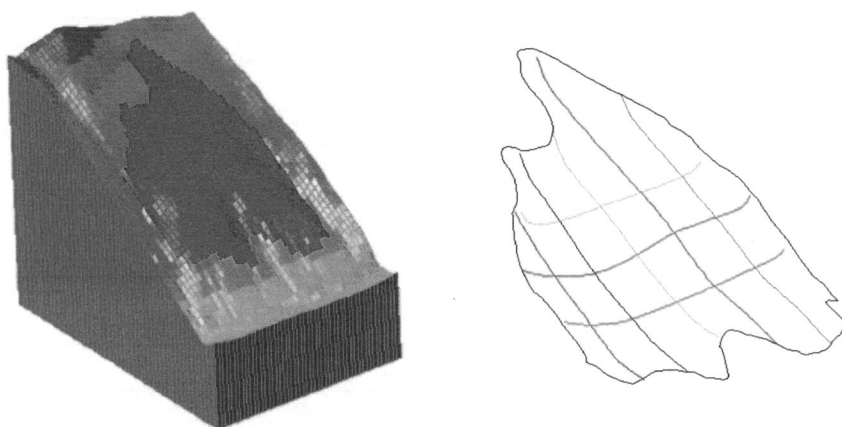

图 2.6-24 Ⅱ区三期滑坡区三维滑体及底滑面图

调整参数对正常运行工况下和暴雨工况下某堆积体Ⅰ、Ⅱ区三期滑坡体进行强度参数试算，得到安全系数如表 2.6-10～表 2.6-13 所示。

正常运行工况下Ⅰ区三期滑坡强度参数试算安全系数　　　表 2.6-10

c/kPa	φ											
	12°				20°				28°			
	Janbu	Bishop	Sarma	平均	Janbu	Bishop	Sarma	平均	Janbu	Bishop	Sarma	平均
10	0.478	0.477	0.452	0.469	0.784	0.777	0.760	0.774	1.122	1.113	1.091	1.108
20	0.524	0.524	0.505	0.517	0.830	0.824	0.807	0.820	1.168	1.160	1.138	1.155
30	0.570	0.571	0.554	0.565	0.876	0.875	0.854	0.869	1.214	1.207	1.185	1.202
备注	滑坡体密度 2100kg/m³											

正常运行工况下Ⅱ区三期滑坡强度参数试算安全系数　　　表 2.6-11

c/kPa	φ											
	12°				20°				28°			
	Janbu	Bishop	Sarma	平均	Janbu	Bishop	Sarma	平均	Janbu	Bishop	Sarma	平均
10	0.509	0.504	0.487	0.500	0.852	0.843	0.822	0.839	1.230	1.217	1.190	1.212
20	0.536	0.531	0.515	0.527	0.879	0.869	0.850	0.866	1.257	1.243	1.217	1.239
30	0.563	0.558	0.544	0.555	0.905	0.896	0.877	0.893	1.284	1.270	1.245	1.266
备注	滑坡体密度 2100kg/m³											

暴雨工况下Ⅰ区三期滑坡强度参数试算安全系数　　　表 2.6-12

c/kPa	φ											
	12°				20°				28°			
	Janbu	Bishop	Sarma	平均	Janbu	Bishop	Sarma	平均	Janbu	Bishop	Sarma	平均
10	0.473	0.476	0.457	0.469	0.789	0.790	0.776	0.785	1.139	1.141	1.121	1.134

c/kPa	φ											
	12°				20°				28°			
	Janbu	Bishop	Sarma	平均	Janbu	Bishop	Sarma	平均	Janbu	Bishop	Sarma	平均
20	0.500	0.502	0.487	0.497	0.817	0.821	0.803	0.814	1.165	1.168	1.149	1.161
30	0.527	0.529	0.516	0.524	0.844	0.848	0.831	0.841	1.193	1.199	1.177	1.190
备注	滑坡体密度 2100kg/m³											

暴雨工况下Ⅱ区三期滑坡强度参数试算安全系数　　　　表 2.6-13

c/kPa	φ											
	12°				20°				28°			
	Janbu	Bishop	Sarma	平均	Janbu	Bishop	Sarma	平均	Janbu	Bishop	Sarma	平均
10	0.410	0.427	0.408	0.415	0.669	0.691	0.679	0.680	0.954	0.987	0.973	0.971
20	0.462	0.474	0.454	0.463	0.716	0.738	0.728	0.728	1.002	1.034	1.021	1.019
30	0.509	0.521	0.508	0.513	0.764	0.785	0.776	0.775	1.049	1.082	1.069	1.067
备注	滑坡体密度 2100kg/m³											

根据某堆积体Ⅰ、Ⅱ区三期滑坡面不同强度参数试算得到的安全系数，Ⅰ、Ⅱ区三期滑面安全系数与滑面强度参数关系如图 2.6-25、图 2.6-26 所示。

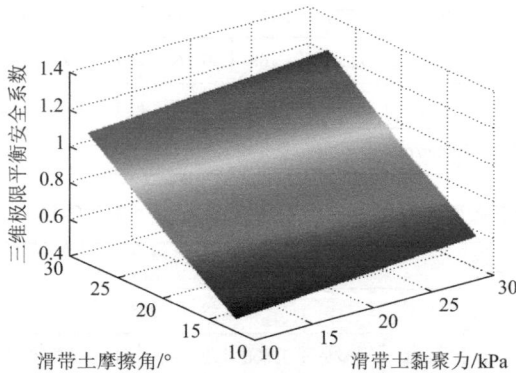

图 2.6-25　Ⅰ区三期滑面安全系数与
强度参数关系图

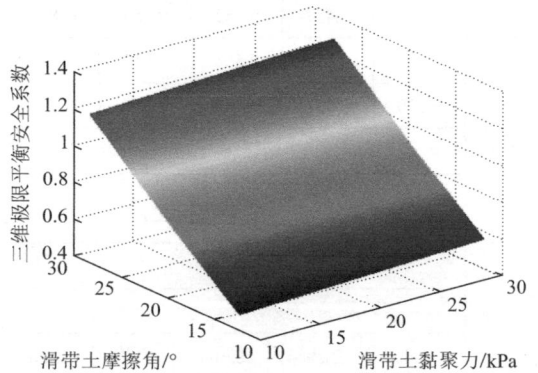

图 2.6-26　Ⅱ区三期滑面安全系数与
强度参数关系图

由于三维计算考虑了边坡的侧向约束作用，其计算结果一般比二维计算值偏高。因此在确定反演指标时比二维情况略有提高。对比Ⅰ、Ⅱ区的变形破坏迹象，可以初步断定Ⅱ区堆积体三期滑坡稳定性较Ⅰ区要好，在反演计算时也应考虑这一特点。

分别采用正常运行工况、暴雨工况下六种组合方案进行反演，得到每种方案下的滑带土反演参数。

（1）某堆积体三期滑坡面正常运行工况下Ⅰ区按$f_s = 1.15$、Ⅱ区按$f_s = 1.10$ 方案进行反演，得到此方案下Ⅰ、Ⅱ区三期滑坡面之间的关系，如图 2.6-27 所示，且需满足如下条件：

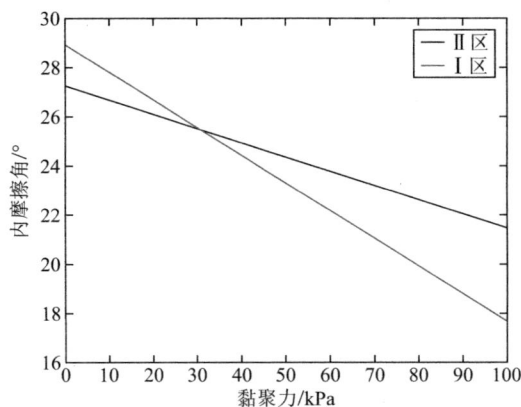

图 2.6-27　正常运行工况下Ⅰ区按$f_s = 1.15$，Ⅱ区按$f_s = 1.10$时强度参数关系

对于Ⅰ区岩体需要满足：

$$\varphi = -0.1128c + 28.9392$$

对于Ⅱ区岩体需要满足：

$$\varphi = -0.0579c + 27.2493$$

联立以上两式可以得到，$c = 30.8\text{kPa}$，$\varphi = 25.5°$

（2）某堆积体三期滑坡面正常运行工况下Ⅰ、Ⅱ区同时按$f_s = 1.10$的方案进行反演，得到此方案下Ⅰ、Ⅱ区三期滑坡面之间的关系，如图 2.6-28 所示，且需满足如下条件：

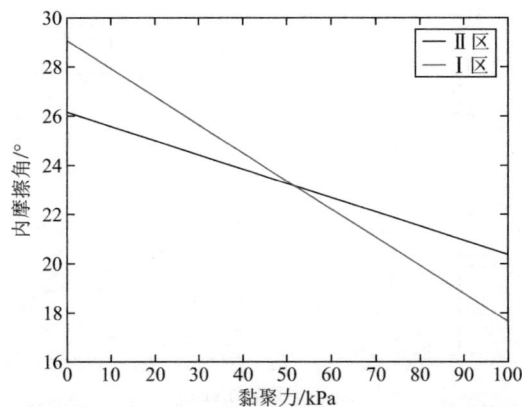

图 2.6-28　正常运行工况下Ⅰ、Ⅱ区同时满足$f_s = 1.10$时强度参数关系

对于Ⅰ区岩体需要满足：

$$\varphi = -0.1128c + 28.9392$$

对于Ⅱ区岩体需要满足：

$$\varphi = -0.0579c + 26.1769$$

联立以上两式可以得到：$c = 50.3\text{kPa}$，$\varphi = 23.3°$

（3）某堆积体三期滑坡面正常运行工况下Ⅰ、Ⅱ区同时按$f_s = 1.15$的方案进行反演，得到此方案下Ⅰ、Ⅱ区三期滑坡面之间的关系，如图 2.6-29 所示，且需满足如下条件：

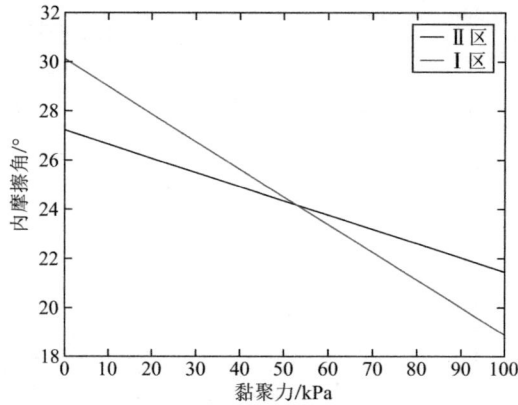

图 2.6-29　正常运行工况下Ⅰ、Ⅱ区同时按$f_s = 1.15$时强度参数关系

对于Ⅰ区岩体需要满足：

$$\varphi = -0.1129c + 30.14$$

对于Ⅱ区岩体需要满足：

$$\varphi = -0.0579c + 27.25$$

联立以上两式可以得到：$c = 52.6\text{kPa}$，$\varphi = 24.2°$

（4）某堆积体三期滑坡面暴雨工况下Ⅰ、Ⅱ区同时按安全系数$f_s = 1.05$的方案进行反演，得到此方案下Ⅰ、Ⅱ区三期滑坡面之间的关系，如图2.6-30所示，且需满足如下条件：

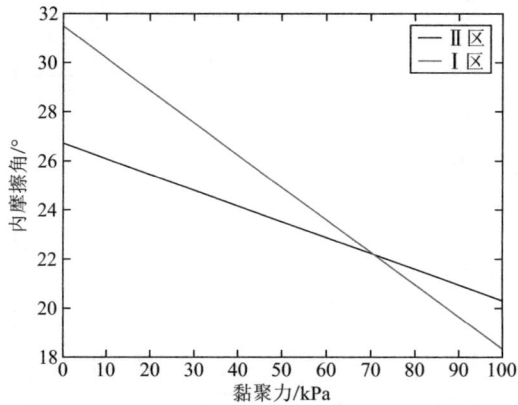

图 2.6-30　暴雨工况下Ⅰ、Ⅱ区同时按$f_s = 1.05$时强度参数关系

对于Ⅰ区岩体需要满足：

$$\varphi = -0.1315c + 31.4797$$

对于Ⅱ区岩体需要满足：

$$\varphi = -0.0643c + 26.722$$

联立以上两式可以得到：$c = 70.7\text{kPa}$，$\varphi = 22.2°$

（5）某堆积体Ⅰ、Ⅱ区三期滑坡面暴雨工况下同时按安全系数$f_s = 1.00$的方案进行反演，得到此方案下Ⅰ、Ⅱ区三期滑坡面之间的关系，如图2.6-31所示，且需满足如下条件：

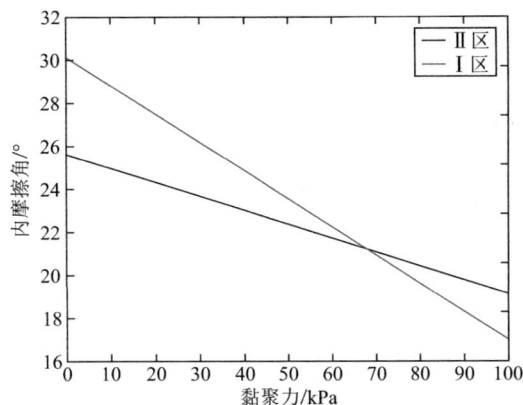

图 2.6-31　暴雨工况下Ⅰ、Ⅱ区同时按$f_s = 1.00$时强度参数关系

对于Ⅰ区岩体需要满足：

$$\varphi = -0.1309c + 30.0937$$

对于Ⅱ区岩体需要满足：

$$\varphi = -0.0643c + 25.5729$$

联立以上两式可以得到：$c = 67.8\text{kPa}$，$\varphi = 21.2°$

（6）某堆积体三期滑坡面暴雨工况下Ⅰ区按$f_s = 1.00$，Ⅱ区按$f_s = 1.05$ 的方案进行反演，得到此方案下Ⅰ、Ⅱ区三期滑坡面之间的关系，如图 2.6-32 所示，且需满足如下条件：

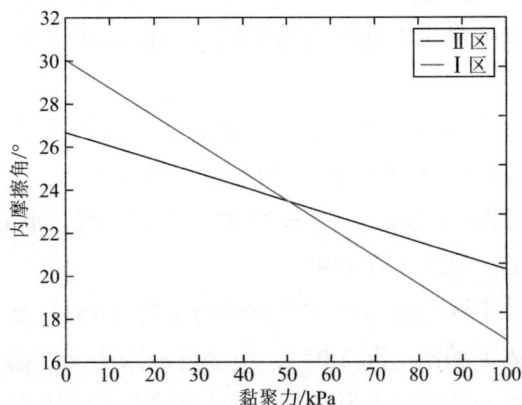

图 2.6-32　暴雨工况下Ⅰ区按$f_s = 1.00$，Ⅱ区按$f_s = 1.05$时强度参数关系

对于Ⅰ区需要满足：

$$\varphi = -0.1315c + 30.0937$$

对于Ⅱ区需要满足：

$$\varphi = -0.0643c + 26.7220$$

联立以上两式可以得到：$c = 50.0\text{kPa}$，$\varphi = 23.5°$

对以上 6 种方案得到的反演参数进行归纳，如表 2.6-14 所示。

不同方案的反演参数 表 2.6-14

工况	反演方案	内摩擦角 $\varphi/°$	黏聚力/kPa
正常运行工况	Ⅰ、Ⅱ区同时按安全系数 $f_s = 1.15$	24.2	52.6
	Ⅰ、Ⅱ区同时按安全系数 $f_s = 1.10$	23.3	50.3
	Ⅰ区按 $f_s = 1.15$，Ⅱ区按 $f_s = 1.10$	25.5	30.8
暴雨工况	Ⅰ、Ⅱ区同时按安全系数 $f_s = 1.05$	22.2	70.7
	Ⅰ、Ⅱ区同时按安全系数 $f_s = 1.00$	21.2	67.8
	Ⅰ区按 $f_s = 1.00$，Ⅱ区按 $f_s = 1.05$	23.5	50.0

三维反演表明，6 种方案反演出的滑带土黏聚力 $c = 30 \sim 70\text{kPa}$，$\varphi = 21° \sim 25.5°$，与二维反演参数相比，内摩擦角略低，黏聚力持平但离散性大，仍需要参考试验值对黏聚力进行取值。

为了使三维计算与二维对应，便于对比侧向约束对某滑坡堆积体稳定性的影响，建议计算仍采用表 2.6-9 是合适的。

根据参数工程类比研究、地质试验、参数反演，对控制某滑坡堆积体的滑带土参数有如下认识：

（1）根据吴香根提出的坡度-强度经验公式预测滑带土参数 φ 为 26° ～ 30°。

（2）土工试验结果可看出，滑体的天然重度 γ 为 21 ～ 22kN/m³，饱和重度 γ_{sat} 为 22.5 ～ 23kN/m³，黏聚力 c 值为 30 ～ 50kPa，内摩擦角 φ 值为 29° ～ 31°；滑带土的天然重度 γ 为 20.5 ～ 22.5kN/m³，饱和重度 γ_{sat} 为 22 ～ 23kN/m³，黏聚力 c 值为 15 ～ 25kPa，内摩擦角 φ 值为 22° ～ 27°。但工程滑带土强度取决于滑带土黏粒含量，在现场取样时采用环刀法，黏粒越少则越难以成样，因此试验得到的滑带土强度均为黏粒含量较高试样成果，导致试验参数比真实值偏小。

（3）根据中国地质大学快剪试验成果，滑带土天然快剪强度黏聚力 50.51kPa，内摩擦角 29.31°。饱和快剪强度黏聚力 46.6kPa，内摩擦角 27.44°。

（4）采用反演建议参数 $c = 20\text{kPa}$，$\varphi = 27.9°$，计算发现：平面极限平衡 Ⅰ 区正常运行工况最危险安全系数 1.05，暴雨工况 0.96。

三维极限平衡表明：Ⅰ 区三期滑坡体正常运行工况 1.151，暴雨工况下为 1.051，Ⅱ 区最危险滑面（一期滑坡体）暴雨工况 1.015，均接近极限平衡状态（三维滑坡体）。这表明在暴雨工况下滑坡堆积体局部已经非常接近稳定性极限，与现场拉裂隙/张陷带分布情况相吻合。

因此，综合考虑二维、三维稳定性反演成果，设计院试验值，国内外相似案例取值，提出滑带土建议参数如表 2.6-15 所示。

某滑坡堆积体稳定性建议参数表 表 2.6-15

岩体分类及岩体特征	内摩擦角 $\varphi/°$	黏聚力/kPa	天然重度/（kN/m³）	饱和重度/（kN/m³）
滑体参数建议取值范围	29.0～31.0	30.0～50.0	21.0～22.0	22.0～22.5
滑带土参数建议取值范围	26.0～30.0	15.0～25.0	20.5～22.5	22.0

岩体分类及岩体特征	内摩擦角φ/°	黏聚力/kPa	天然重度/（kN/m³）	饱和重度/（kN/m³）
滑体参数计算值	30.0	40.0	21.5	22.0
滑带土强度均值计算值	27.9	20.0	20.5	22.0

为验证反演参数的合理性，采用设计院试算参数、地大建议参数及反演建议参数进行计算，利用三维极限平衡方法，得到Ⅰ、Ⅱ区三期滑坡正常运行工况下及暴雨工况下的安全系数，如表 2.6-16、表 2.6-17 所示，由计算结果可以看出，由反演参数计算得出的安全系数基本符合堆积体Ⅰ、Ⅱ区三期滑坡的整体变化规律，正常运行工况下Ⅰ、Ⅱ区滑坡堆积体整体上基本处于稳定状态；暴雨工况下，Ⅰ区堆积体三期滑动带处于极限平衡状态，整体发生蠕变滑动，Ⅱ区堆积体三期滑动带中后部出现多条横向拉张裂隙。

正常运行工况下安全系数对比   表 2.6-16

滑体	方法	设计院试算参数	地大建议参数	反演建议参数
		$c = 20.0$kPa，$\varphi = 25.6°$	$c = 42.0$kPa，$\varphi = 26.0°$	$c = 20.0$kPa，$\varphi = 27.9°$
Ⅰ区三期滑坡	Janbu	1.084	1.203	1.164
	Bishop	1.075	1.200	1.155
	Sarma	1.066	1.188	1.133
Ⅱ区三期滑坡	Janbu	1.138	1.217	1.251
	Bishop	1.126	1.204	1.238
	Sarma	1.102	1.181	1.212

暴雨工况下安全系数对比（采用 5m 水头模拟）   表 2.6-17

滑体	方法	设计院试算参数	地大建议参数	反演建议参数
		$c = 20.0$kPa，$\varphi = 25.6°$	$c = 42.0$kPa，$\varphi = 26.0°$	$c = 20.0$kPa，$\varphi = 27.9°$
Ⅰ区三期滑坡	Janbu	0.936	1.056	0.999
	Bishop	0.963	1.082	1.031
	Sarma	0.960	1.081	1.017
Ⅱ区三期滑坡	Janbu	1.056	1.134	1.161
	Bishop	1.058	1.139	1.163
	Sarma	1.041	1.119	1.144

以上结果表明，采用建议参数得到Ⅰ区正常运行工况下最危险安全系数约 1.07（平面），暴雨工况下 0.94 左右，不满足规范要求，尤其暴雨工况下安全系数已经进入极限平衡状态。Ⅱ区安全系数比Ⅰ区偏高，在暴雨工况下仍有一定裕度，但上部一期滑面接近极限平衡

状态。

暴雨工况采用 5m 水头计算，Ⅰ区三期滑坡体安全系数下降幅度远大于Ⅱ区三期滑坡体，表明Ⅰ区滑坡体受水的影响要高于Ⅱ区，这与Ⅰ区滑坡体内拉裂隙分布广、降雨工况下位移变化趋势较Ⅱ区三期更明显相吻合，Ⅱ区一期滑面附近亦接近极限平衡状态，与地质调查中Ⅱ区一期滑裂面扩展形成张陷平台，最大已有几十米相吻合。

综上，采用反演参数可以反映某滑坡堆积体的稳定性状态，与地质调查相吻合，采用该参数进行分析计算能够为边坡治理、稳定性判断提供依据。

2.7 土石混合体介质的试验仪器研制

2.7.1 集成式智能土密度测量仪

在土样参数的测算中，受技术人员的水平参差不齐的限制，往往一个土样不同工程技术人员测出来的结果大相径庭，为后续的工程评估、工程设计带来不必要的误差。

如何减少因现场人员操作不当而产生的测量误差，对于当下工程勘察来说，有着非常大的现实意义。通过分析研究发现造成以上缺点的原因如下：器材过于分散，不够集成化；专业仪器不易上手；测量仪器不够智能。

集成式智能土密度测量仪针对传统环刀法在工程现场操作繁琐、人为误差大的问题，如图 2.7-1 所示。不锈钢台身顶部悬臂集成电磁升降环刀取样装置，底部通过碟形转盘底座实现灵活定位；可拆分工作台配备旋转刮刀自动修整土样，结合压力传感器与计算模块，通过标准化流程（取土→修平→称重→计算）实现全自动测量。该设备将取样、称重、计算功能模块化集成，通过智能系统直接输出密度值，消除人工操作误差，测量效率较传统方法提升 3 倍，数据一致性提高 60%，适用于工程现场快速批量检测。

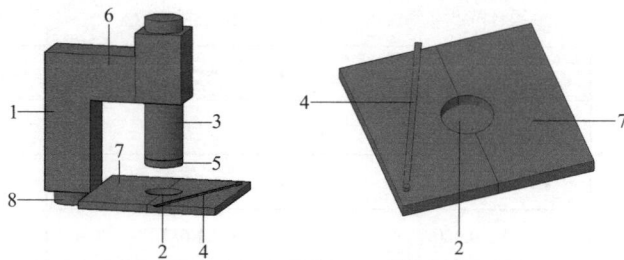

图 2.7-1　集成式智能土密度测量仪

1、5、6—主体框架；2、3—智能测量系统；4、7—工作平台；8—旋转平台

2.7.2 竖向直接剪切试验装置

在岩土工程中，剪切破坏常见，剪切面的强度指标与力学特性对计算岩土体稳定性至关重要，直接剪切试验是获取岩土基本力学参数的主要手段。然而常规直接剪切试验因水平施力、垂直施压且受自重影响，难以考虑剪切面渗水作用，浸水饱和试件又会改变岩体

力学性能，无法精准反映滑面渗水影响，尤其土石混合介质相关试验规程缺失，故而研制考虑滑面渗透性的直接剪切试验方法意义重大。竖向直接剪切试验装置（图 2.7-2），由底座、注水管、排水管、压力室、剪切室上盖、橡皮膜套、上剪切盒、下剪切盒及剪切组件构成。其中，橡皮膜套下端与底座密封连接，上、下剪切盒分置于其上下端，围成试样腔，剪切组件含基底、剪切块和变形块，剪切块与变形块相对平面和试样剪切面共面，该平面设水槽并贯通基底成通水孔，注水管、排水管分别与上、下剪切盒通水孔相连，上剪切盒设顶帽及竖向加载轴，压力室与橡皮膜套间充压力油，变形块由泡沫块和临腔面侧钢衬块组成，压力室连接注水、排水及伺服系统。该装置能将三轴试验轴向力转化为剪切力、伺服围压转为正压力，实现竖向直剪，方便施加剪切加载、正压力与渗流水，可测试考虑渗透水的抗剪强度，用于多种岩土参数测量与渗流测试，结构紧凑且制作方便。试验可选用直径 16cm 三轴压缩仪与该装置匹配，用天然颗粒构成试样，以不同充填物分析胶结强度影响，固定部分含量后通过渗流系统施加不同水荷载，研究抗剪强度与渗透量、块石含量关系，按特定公式计算剪切应力与法向应力，绘制 τ-s 曲线并依莫尔-库仑准则计算抗剪强度。

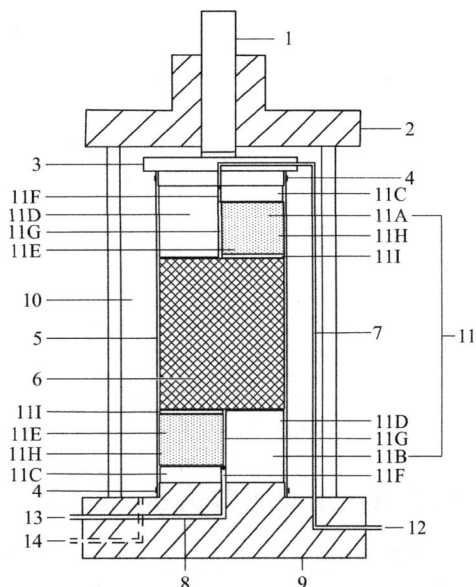

图 2.7-2　竖向直接剪切试验装置结构示意图

1—竖向加载轴；2—上盖；3—顶帽；4—刚性卡环；
5—橡皮膜；6—试样腔；7—注水管；8—排水管；
9—底座；10—三轴试验压力室；11—剪切系统；
11A—上剪切盒；11B—下剪切盒；11C—基底；11D—剪切块；
11E—变形块；11F—通水孔；11G—水槽；11H—泡沫块；
11I—钢衬块；12—注水系统；13—排水系统；14—伺服系统

2.7.3　基于卸载作用的直剪试验装置

在基坑工程中，土体开挖卸荷对土体强度影响显著，然而当前支护设计多借助仅考虑加载作用的普通直剪试验来计算强度参数，致使误差较大。现有的常规直剪试验和应力路径三轴仪，前者无法精准把控卸载过程，后者仪器精密、操作难度大且试验耗时久，难以契合快速获取卸载作用下土样抗剪强度参数的需求。基于卸载作用的直剪试验装置（图 2.7-3），由剪切盒（包含上盒和下盒）、顶板、气囊、传压垫、固定装置、吸水机构、进气管、水平加压机构和移动机构构成。其中，气囊经进气管连通，设置于顶板下方，与传压垫、吸水机构由上至下依次排列，固定装置连接在上盒外侧壁，剪切盒放置于移动机构上，水平加压机构连接在移动机构侧壁，与固定装置分别处于剪切盒相对两侧。该装置借助气囊提供法向力，使施压更为均匀，同时通过气囊实现卸载，卸载过程平顺，更贴合工程实际情况，既能精确获取试验数据，又具备便捷、耗时短的优势，满足了快速方便获取卸载作用下土样抗剪强度参数的要求。

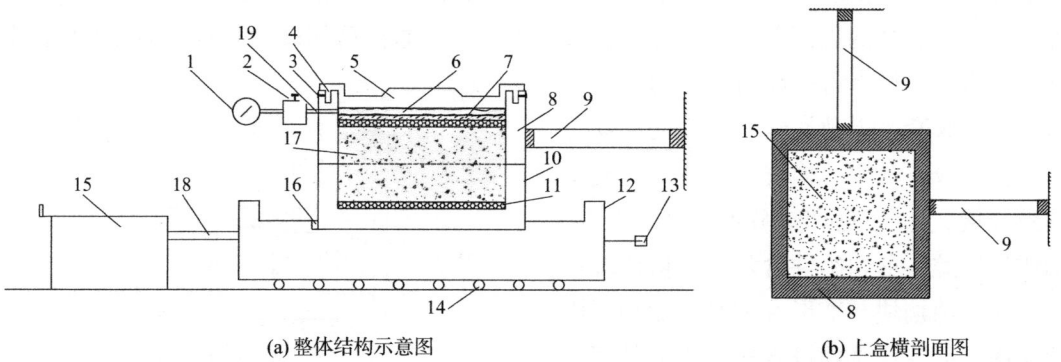

(a) 整体结构示意图

(b) 上盒横剖面图

图 2.7-3 卸载作用的直剪装置

1—气压表；2—气压阀；3—紧锁螺母；4—限位槽；5—顶板；6—气囊；
7—传压垫；8—上盒；9—固定装置；10—下盒；11—透水石；12—移动台；
13—位移传感器；14—滚轮；15—压力驱动装置；16—测力计；17—土样；18—驱动杆；19—进气管

2.7.4 正交应力状态可控的直剪试验装置

在当前城市建设中，高层、超高层建筑物增多，土的抗剪强度对建筑物等的安全稳定至关重要。一般直剪试验将土样置于直剪仪的固定上盒和活动下盒内，施加垂直压力和水平推力使土样受剪破坏，但在复杂岩土环境中，传统直剪试验因未考虑岩土体原始赋存应力状态及围压影响，导致抗剪强度参数与真实情况差异大，存在经济浪费或安全风险。正交应力状态可控的直剪装置（图 2.7-4），由剪切盒（含上剪切盒和下剪切盒）、滑动机构、固定装置、围压和透水机构组成，其中滑动机构与下剪切盒下底面滑动连接，水平向加载装置连接在下剪切盒外侧壁，固定装置连接在上剪切盒与水平向加载装置相对侧的外侧壁，垂直向加载组件设于上剪切盒顶部，围压控制装置连接在上下剪切盒侧壁，透水机构设置在剪切盒内。该装置还包括透水石、排水孔、滑轮、加压活塞、传力钢珠、气囊、压力控制阀、仪表盘、量力钢环、试样、竖直平台、刚性垫块。它能模拟试样主应力路径，动态调控侧向围压，还原真实应力状态，从而更准确地获取岩土体抗剪强度参数，为工程安全稳定性分析提供依据。

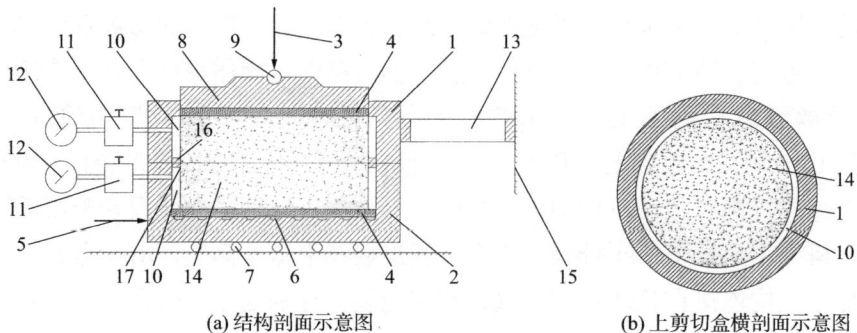

(a) 结构剖面示意图

(b) 上剪切盒横剖面示意图

图 2.7-4 正交应力可控的直剪装置

1—上剪切盒；2—下剪切盒；3—垂直向加载组件；4—透水石；5—水平向加载装置；6—排水孔；7—滑轮；8—加压活塞；
9—传力钢珠；10—气囊；11—压力控制阀；12—仪表盘；13—量力钢环；14—试样；15—竖直平台；16—刚性垫块

2.7.5　渗透试验装置

渗透试验用于测定土石体渗透系数，分室内和野外试验。常规操作中，即便压紧待测试样，其与渗透箱接触处仍易形成与真实渗流路径不同的渗流通道，致使渗透系数测量不准。本渗透试验装置在渗透箱（2）内侧壁设置由土石颗粒组成的模拟边界层，形成二次边界（4）。该二次边界（4）因土石颗粒与待测试样接触处呈锯齿状，构建了真实的孔隙水渗流通道，从根本上消除了渗透箱（2）平滑边界与待测试样（3）间易产生的异常渗流通道，确保试验成功并消除误差。此装置适用性广，适用于模型试验和室内试验，操作便捷且测试精度高，如图 2.7-5、图 2.7-6 所示。

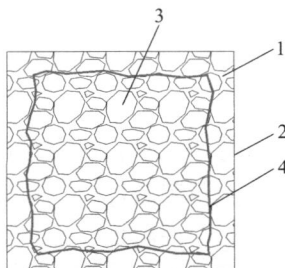

图 2.7-5　渗透试验装置的结构示意图
1—边界层；2—渗透箱；3—试样；4—二次边界

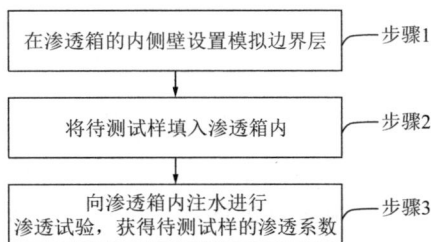

图 2.7-6　渗透试验流程图

2.7.6　土石混合体多模量一体化测试系统

现有获取岩土体物理力学参数（如压缩模量、变形模量）的方式效率低，因每次试验需制备新试样，受取样扰动及边界条件变化等影响，所得岩土体模量准确度欠佳。岩土体多模量一体化测试系统（图 2.7-7），包含空心取样器、加压装置、参数获取装置和多模量确定装置。空心取样器侧壁有刻度线，用于获取岩土体试样，通过钻孔将其插入测试位置原位取样，能解决大粒径岩土体制样难题，维持试样原始性状，还具护壁防塌孔功能，可按需获取不同深度试样。加压装置置于岩土体试样上表面，向其施加垂直向下且逐级递增的压力，使试样达第一预设状态，试验可在钻孔内或取出空心取样器后进行，加压时借助空心取样器侧壁模拟侧限条件，施压前先加预压力保证后续压力平稳无冲击。该系统结构简单、操作便捷，能通过一次试验获取多项模量，无需制备多个试样，有效提高效率并保证岩土体模量的准确度。

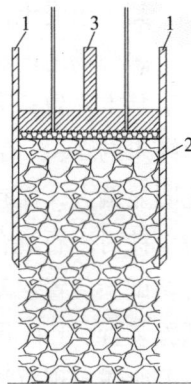

图 2.7-7　岩土体多模量一体化测试系统结构示意图
1—空心取样器；2—岩土体试样；3—加压装置

2.8　本章小结

（1）土石混合体地层作为典型的粗粒土，基于城市市政工程土石混合体地层物理力学性质试验以现场试验为主，更能反映土的宏观结构对土的性质的影响。

（2）通过对试验基坑稳定性进行验算和现场试验基坑开挖支护试验的分析，得出以下结论：内撑式倒挂壁法施工可以有效减小对工程赋存环境的不利影响，其结构体本身作为围护结构的支撑体系，刚度较高，可显著减小围护结构及周边环境的变形。内撑式倒挂壁法可以保证深基坑稳定，满足基坑内岩土施工作业安全要求，适用于市政工程临时深基坑的开挖。

（3）基于土石混合体地层的颗分成果应遵循原则：在勘察过程中，应在现场进行大型原位全颗粒分析试验，试验场地应沿盾构区间线路及相邻车站，可采取利用既有建筑基坑和原位大型试验特别开挖基坑相结合的策略，布置若干组（6组以上）筛分试验。针对性地对不同深度内的漂石含量进行统计，对漂石水平和垂直分布进行统计分析，统计项目包括漂石长短边长度、最大粒径、岩性等。根据漂石的深度分布变化，对比隧道埋深范围内漂石出现概率。

（4）试验对不同深度分布的土石混合体进行了原位剪切试验，研究结论如下：随着深度增加，土体的孔隙减小，密实度增加，土石混合体发生屈服破坏时，可发生剪切位移逐渐减小。因此，随着深度增加，土石混合体更易发生塑性变形破坏。泥质微胶结土石混合体剪切破坏后，其残余抗剪强度没有明显减小，应力-应变曲线属于应变硬化型。土石混合体由于颗粒大小相差悬殊，在抗剪切强度参数中咬合力在土石混合体松散和密实两个情况下对表观黏聚力影响较大。土石混合体的颗粒级配情况对剪切面力学性质起控制作用。粗颗粒对土石混合体强度控制的阈值约为30%和70%。

（5）土石混合体地层的垂直方向K_{30}一般大于水平方向，基床系数的数值与试验深度密切相关。其大小受土体的性质、作用时间、地下水及试验条件的制约。

（6）试验场地内利用旁压计算的地基承载力特征值与其他测试方式得出的地基土承载力特征值基本一致；旁压试验计算得出的土石混合体变形模量是重型动力触探试验计算查表得出结果的3～5倍，明显偏大。计算得出的水平基床系数与现场K_{30}试验以及经验查表法相比明显偏大，而且离散性很大。

（7）针对土石混合体地层的特点，研发了基于环刀法集成式智能土密度测量仪、竖向直接剪切试验装置、基于卸载作用的直剪试验装置、正交应力状态可控的直剪试验装置、渗透试验装置、土石混合体多模量一体化测试系统，完善了现有土石混合体试验技术体系。

综上所述，现有试验技术都可用来研究土石混合体的特性，但仍然面临着一些问题：①表性试验点、试验样选问题影响大；②土石混合体颗粒随机分布，同一试样随机剪切面影响大；③数据统计规律离散较大，导致需要大量的试验，细观和多尺度数值模拟方法在土石混合体特性研究上不可或缺。

第 3 章

非均匀连续混合介质细观建模理论

如何对岩土体粒径差异显著的土石细观材料进行描述,进而建立合理的数值模拟方法;以及如何通过细观尺度下土石颗粒作用过程数值模拟确定不同细观参数下的岩土体的宏观力学行为是值得关心的问题,进一步研究如何将空间复杂分布的土石地层在空间上展布出来,将为工程的开挖方案、治理方案提供重要依据。本章借助颗粒流方法研究不同形式土石介质的力学特性,建立岩土体细观特征的提取、随机重构以及数值模拟方法、地层三维可视化建模方法,为后续数值模拟研究提供依据。

3.1 土石细观颗粒二维重构方法

在岩土介质中,宏观的变形破坏规律及力学特性(如破坏模式、裂纹扩展、承载能力等)很大程度上依赖于其内部细观结构特征(如粒度组成、颗粒表面及排列方式等)。如,在土石混合介质中,较大尺寸块石的形状、纹理将决定宏观介质的摩擦性能;在粗粒土中大颗粒的轮廓特征对力学参数影响较大;土石介质中大颗粒轮廓的粗糙度对宏观介质的承载力有重要影响等,因此近年来将介质细观特征与宏观特性相联系的细观分析方法越来越受重视。但如何对这些细观特征进行描述并随机重构,进而用于力学分析,是细观岩土力学研究的重要挑战。

上述针对岩土介质大颗粒细观特征的研究,多数是采用任意多边形进行构造与分析,忽略其细节成分,而岩土工程中采用的实数傅里叶分析,无法考虑凹陷的颗粒轮廓。采用二维傅里叶分析方法,将任意颗粒的外轮廓采用复数序列进行表示,建立了复数傅里叶描述符与颗粒形状、粗糙度、尺寸之间的映射关系,并通过两组试验对颗粒进行细观特征分析与随机重构,探讨了复数傅里叶分析在岩土颗粒细观特征表征中的应用。

3.1.1 细观颗粒傅里叶分析原理

二维条件下,岩土颗粒的形状可用闭合曲线来表示,它可通过数字图像的边缘检测、轮廓识别等手段得到。假设轮廓线可表示为一个坐标序列:$\{(x_m, y_m)\}; \ m = 0, 1, 2, \cdots, M-1$,用式(3.1-1)给出其复数形式。

$$z(m) = x_m + \mathrm{i}y_m, \ m = 0, 1, 2, \cdots, M-1 \qquad (3.1\text{-}1)$$

对于闭合曲线，其复数序列具有周期性，周期为N。对于非封闭曲线，可认为曲线的首尾端点在逻辑上是相邻的，所以也可表示成周期为N的复数序列。故一条二维曲线的复数序列可以采用一维离散傅里叶变换来表示，如式(3.1-2)所示。

$$Z(k) = \sum_{k=\frac{N}{2}+1}^{+\frac{N}{2}} (x_m + \mathrm{i}y_m)\left[\cos\left(\frac{-2\pi km}{N}\right) + \mathrm{i}\sin\left(\frac{-2\pi km}{N}\right)\right] \tag{3.1-2}$$

式中：k——数字化频率；

$\qquad Z(k)$——曲线复数序列$Z(m)$的傅里叶系数，又称为曲线的傅里叶描述符；

$\qquad N$——傅里叶变换周期，为 2 的整数次幂；

$\qquad m$——封闭曲线轮廓点数目。

其逆变换如式(3.1-3)所示：

$$x_m + \mathrm{i}y_m = \frac{1}{N}\sum_{k=-\frac{N}{2}+1}^{+\frac{N}{2}} Z(k)\left[\cos\left(\frac{-2\pi km}{N}\right) + \mathrm{i}\sin\left(\frac{-2\pi km}{N}\right)\right] \tag{3.1-3}$$

采用傅里叶分析具有如下特点：

（1）轮廓曲线发生平移时只影响傅里叶系数$Z(0)$。$Z(0)$的实部和虚部分别对应曲线几何中心的横、纵坐标，因此令傅里叶系数$Z(0)$为 1（也可以是其他任意常数），可使变换后的傅里叶系数具有平移不变性。所以针对同一颗粒，只要将坐标原点置于其形心处，则傅里叶系数不受位置影响。

（2）假设曲线绕形心旋转θ角度，那么旋转后的傅里叶系数等于在原傅里叶系数基础上乘以$\exp(\mathrm{i}\theta)$，即变换后傅里叶描述符的信息不变，而相位增加θ。因此傅里叶系数幅值作为曲线描述符具有旋转不变性。

（3）假设曲线绕质心作a倍尺度变换，那么经过尺度变换后的傅里叶系数将放大a倍。如果将所有系数同除以尺度值，则a被抵消。因此对于任意颗粒，将其傅里叶系数进行归一化（将最大系数调整为 1，其他同比例变化），可抵消尺度变换对傅里叶系数的影响，变换后的傅里叶系数具有尺度不变性。

（4）轮廓起始点的选取不影响傅里叶系数，但会改变傅里叶相位，所以曲线的傅里叶描述符具有起始点不变性。

3.1.2　颗粒细观特征的傅里叶分析与重构方法

颗粒二维细观特征的传统分析方法是采用长轴（轮廓上最大两点距离）、短轴（平面内与长轴正交方向上最大两点距离）、扁率（短轴/长轴）、面积、形心等来衡量。而复数傅里叶分析则采用傅里叶描述符与相位来进行分析。

（1）傅里叶描述符

为了研究颗粒轮廓、粗糙度、纹理在复数傅里叶分析时具体受何种因素影响，设计如下几组试验进行对比分析。

首先采用形状不同的颗粒，如图 3.1-1 所示。取曲线轮廓点数目 $M=60$，傅里叶变化周期 $N=128$，对各多边形轮廓曲线做傅里叶变换，提取傅里叶描述符，绘出其傅里叶系数曲线。

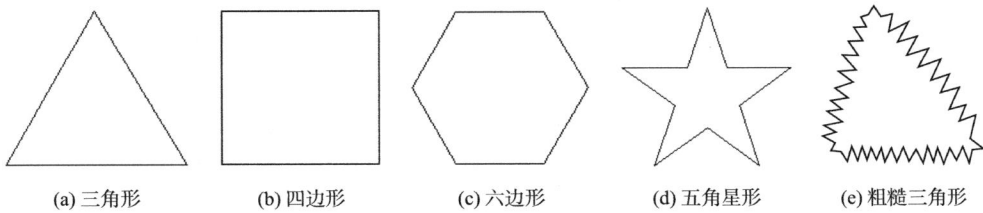

| (a) 三角形 | (b) 四边形 | (c) 六边形 | (d) 五角星形 | (e) 粗糙三角形 |

图 3.1-1　不同形状、粗糙度的多边形

三角形，四边形和六边形为凸多边形，由图 3.1-2（a）可知，它们的傅里叶系数曲线在 $-12\sim0$ 阶明显不同，表明对于形状不同的凸多边形，$-12\sim0$ 阶区段所对应的傅里叶描述符决定着颗粒的形状。五角星形为凹多边形，其傅里叶系数曲线不仅在 $-12\sim0$ 阶与其他各图形不同，在 $16\sim20$ 阶区段所对应的傅里叶系数也呈明显差异。这表明，对于凸多边形，$-12\sim0$ 阶区段的傅里叶描述符决定其形状，对于凹多边形，决定其形状的阶数区段较宽，不仅包括 $-12\sim0$ 阶对应的傅里叶描述符，还包括 $16\sim20$ 阶区段对应的傅里叶描述符。

其次选取形状相同，但粗糙度不同的两个三角形，如图 3.1-1（a）、（e）所示。通过傅里叶变换分析，绘制傅里叶系数曲线，见图 3.1-2（b）。由图可知，表面光滑的三角形，其傅里叶描述符峰值位于 $n=4$ 阶处，而表面粗糙的三角形，其傅里叶描述符峰值却出现在 $n=2$ 阶处，并且在 $-23\sim-11$ 阶及 $1\sim15$ 阶区段，两条曲线的趋势明显不同。这说明，位于此范围内的傅里叶描述符控制着颗粒的粗糙度。

选取一个边长为 5cm 的三角形，如图 3.1-2（a）所示，将其分别放大 2 倍和 3 倍，得到三个形状相似，边长分别为 5cm、10cm、15cm 的三角形。通过傅里叶变换分析，做出傅里叶系数曲线如图 3.1-2（c）所示。由图可知，形状相似但尺寸不同的图形，它们的傅里叶系数曲线都在 $n=4$ 阶处达到最大，但曲线峰值大小并不相同。这说明，$n=4$ 阶对应的最大傅里叶描述符决定着颗粒的尺寸大小。在傅里叶变换过程中，对傅里叶系数进行归一化处理，可抵消尺度变化对傅里叶系数的影响，得到的傅里叶描述符具有尺度不变性。

以上研究表明，采用多边形构造颗粒轮廓，其傅里叶描述符特征主要体现在较低阶系数的变化，曲线复数序列的低阶傅里叶系数对应曲线的总体形状，表征曲线的趋势；高阶傅里叶系数对应曲线的粗糙度、纹理等细节特征。因此可以用 $Z(k)$ 作为曲线的傅里叶描述符来反映颗粒的细观特征，这与一些傅里叶细观特征的研究成果相一致。

（2）傅里叶相位分析

采用复数傅里叶分析方法进行细观特征重构时，仅有傅里叶系数幅值是不够的，还需考察各阶傅里叶相位，以分析虚部与实部的分担比例。

前述各图形的傅里叶相位曲线分别如图 3.1-2（d）、（e）、（f）所示。由图 3.1-2（d）可知，对于形状不同的图形，其傅里叶相位曲线在 $-60\sim4$ 阶区段明显不同。由图 3.1-2（e）可知，对于粗糙度不同的图形，其傅里叶相位曲线在 $-60\sim60$ 阶区段存在差异。由图 3.1-2（f）可知，对于形状相似、大小不同的图形，其傅里叶相位曲线非常接近。

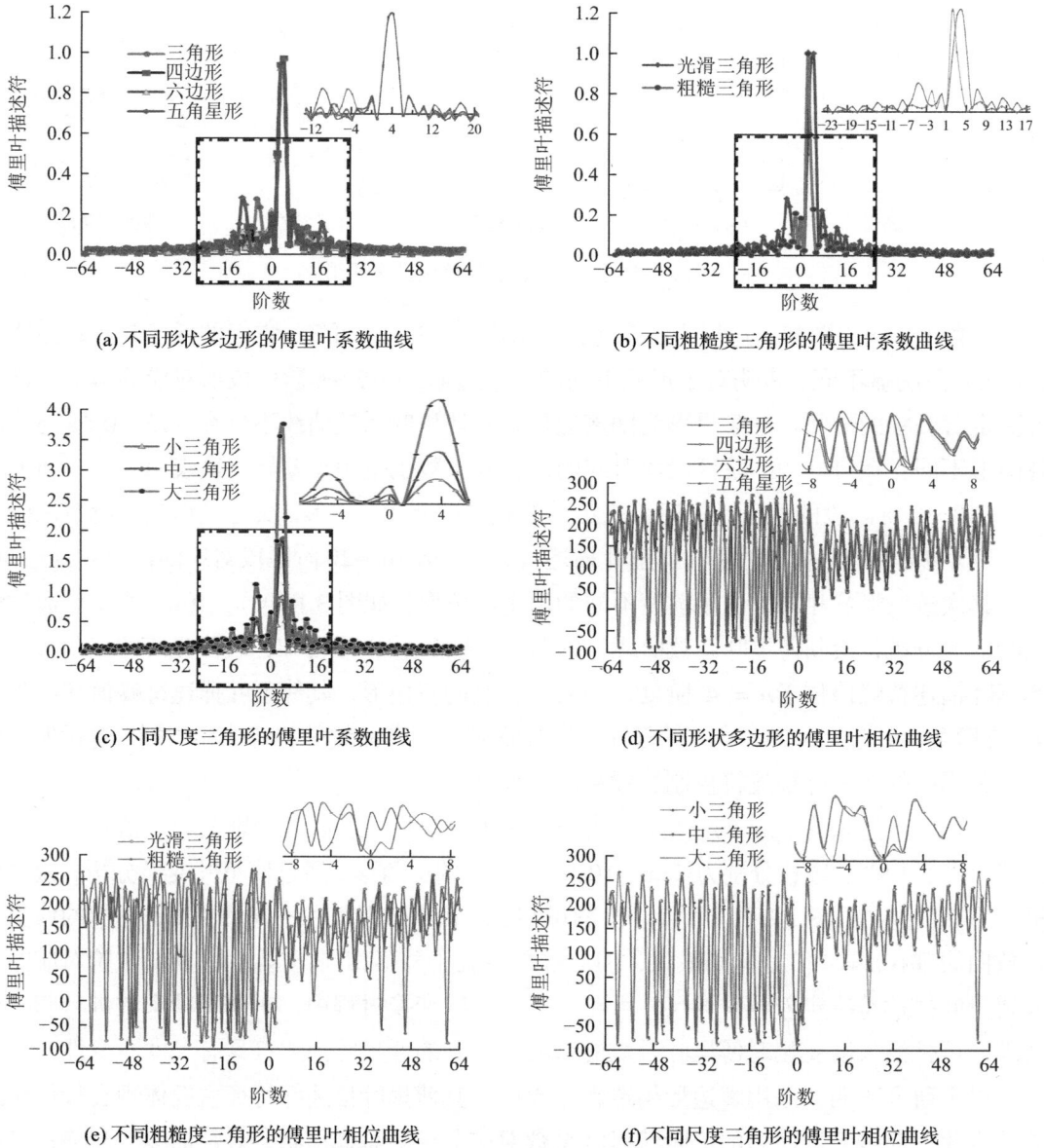

(a) 不同形状多边形的傅里叶系数曲线

(b) 不同粗糙度三角形的傅里叶系数曲线

(c) 不同尺度三角形的傅里叶系数曲线

(d) 不同形状多边形的傅里叶相位曲线

(e) 不同粗糙度三角形的傅里叶相位曲线

(f) 不同尺度三角形的傅里叶相位曲线

图 3.1-2 傅里叶系数曲线与相位曲线

3.1.3 傅里叶细观特征统计特性

上述研究结果表明，颗粒细观特征傅里叶描述符取决于其实际形状，因此细观特征相近颗粒的描述符应具有统计性。为了分析不同颗粒的傅里叶细观统计特征，选取两组形状不同的颗粒进行试验，其中卵石组 207 块，碎石组 266 块，如图 3.1-3 所示。

首先，利用数字图像处理技术得到两组颗粒的轮廓曲线，在每条曲线上均匀布置 60 个轮廓点，并将其表示为复数序列，这样曲线就被表示为一个二维序列。然后对此序列做傅里叶变换（傅里叶变化周期为 128 ），得到其傅里叶描述符。两组颗粒的常规几何特征统计如表 3.1-1 所示。

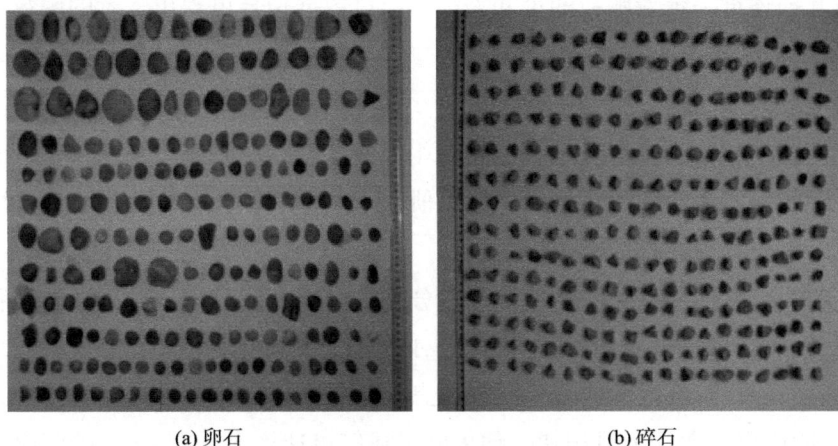

(a) 卵石 　　　　　　　　　(b) 碎石

图 3.1-3　细观统计试验采用的颗粒

常规几何与傅里叶分析统计参量　　　　　　　表 3.1-1

统计参量	卵石	碎石
长轴/cm	2.626	2.412
短轴/cm	1.893	1.752
扁率	0.730	0.738
最大傅里叶描述符均值	0.525	0.469
最大傅里叶描述符方差均值	0.129	0.056

（1）粒径与最大傅里叶描述符的关系

根据统计所得数据，绘出两组颗粒的粒度统计曲线和两组颗粒的粒径与最大傅里叶描述符的关系曲线分别如图 3.1-4、图 3.1-5 所示。

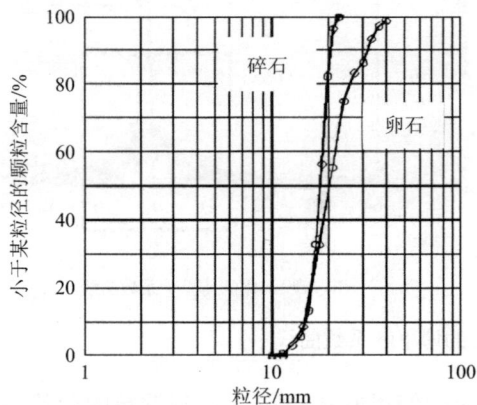

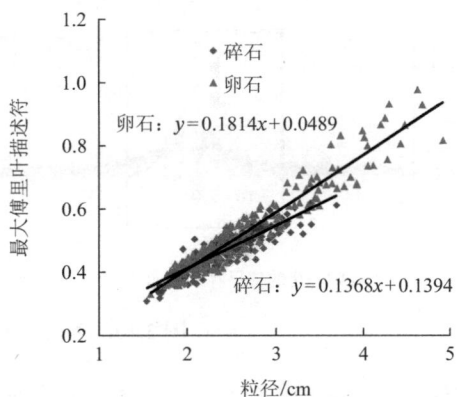

图 3.1-4　粒度统计曲线　　　　　图 3.1-5　粒径与最大傅里叶描述符关系曲线

由图 3.1-5 可知，碎石组的粒径（长轴尺度）约为 1.5～3.5cm，卵石组的粒径约为 1.9～4.0cm。两组颗粒的最大傅里叶描述符均随粒径的增大而增大，呈显著线性相关关系。这表明最大傅里叶描述符决定着颗粒的尺寸大小，通过数据拟合可得出二者的函数对应关系如图 3.1-5 所示。

（2）傅里叶系数曲线分析

由于几何相似颗粒的傅里叶系数也具有相似性，但相同阶系数之间存在尺度变化，因此将待统计颗粒各阶系数同除以最大系数幅值，将傅里叶系数最大值变为 1.0，即进行归一化，则统计结果更具规律性。

根据两组颗粒的傅里叶系数均值统计，分别作出归一化的傅里叶系数曲线和未归一化的傅里叶系数曲线，如图 3.1-6 所示。由图 3.1-6（a）可知，两种颗粒的傅里叶系数曲线非常接近，在 −63～1 阶区段，曲线呈波动状态，傅里叶描述符整体上随阶数增大而缓慢增大；在 1～4 阶区段，曲线上升很快，傅里叶描述符迅速增大。在 4～6 阶区段，傅里叶描述符随阶数增大而迅速衰减。在 6～64 阶区段，曲线又呈波动状态，但衰减速度缓慢，并逐渐趋于常数。

两条曲线的峰值均出现在 $n = 4$ 阶处，且其大小相同。这是因为在傅里叶变换过程中，对傅里叶系数进行了归一化处理，抵消了颗粒尺度的影响。

由图 3.1-6（a）可知，虽然两组试验采用的颗粒种类不同，但两种颗粒归一化后的傅里叶系数曲线非常接近，两条曲线的峰值均出现在 $n = 4$ 阶处。由图 3.1-6（b）可知，两种颗粒未归一化的傅里叶系数曲线相似，曲线峰值仍出现在 $n = 4$ 阶处，但卵石的峰值要比碎石的峰值大，各阶傅里叶描述符间近似等比例变化。

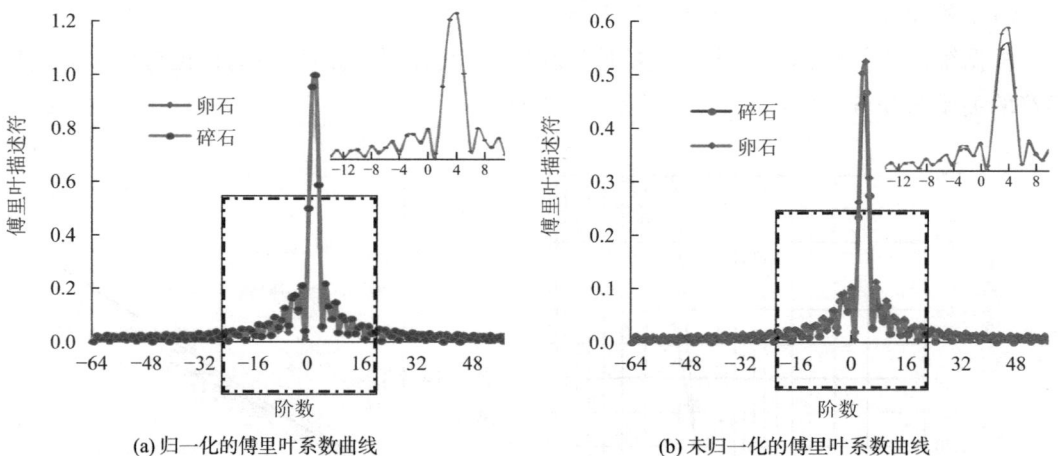

(a) 归一化的傅里叶系数曲线　　　　　　(b) 未归一化的傅里叶系数曲线

图 3.1-6　卵石和碎石的傅里叶系数曲线

统计表明，−12～0 及 16～20 阶区段所对应的傅里叶描述符决定着颗粒的形状，−23～−11 及 1～15 阶所对应的傅里叶描述符决定着颗粒的粗糙度。

3.1.4　细观特征的随机重构

高阶傅里叶系数与阶数近似呈对数线性关系，而低阶傅里叶系数则由不同颗粒形状控制。因此在傅里叶重构时，高阶系数可通过拟合公式近似给出，而低阶系数则单独统计给出，由此可实现相同系数介质的随机重构。

通过颗粒的傅里叶系数幅值与相位，可随机重构任意颗粒。如果对所有相位随机附加一个 $0 \sim 2\pi$ 的转角，则重构所得颗粒自然沿着 x 轴逆时针旋转相应的角度。

采用图 3.1-3（a）所示卵石组统计数据，变换不同控制参数进行随机重构，粒径尺度采用图 3.1-5 所对应的拟合公式，随机生成的颗粒细观轮廓如图 3.1-7、图 3.1-8 所示。

（1）固定傅里叶系数均值、方差及平均相位不变，只改变相位方差，生成不同相位方差下颗粒的随机重构模型，如图 3.1-7 所示。随着相位方差的增大，颗粒表面的粗糙度越来越明显。这表明，相位方差的大小对颗粒的粗糙度存在着影响。

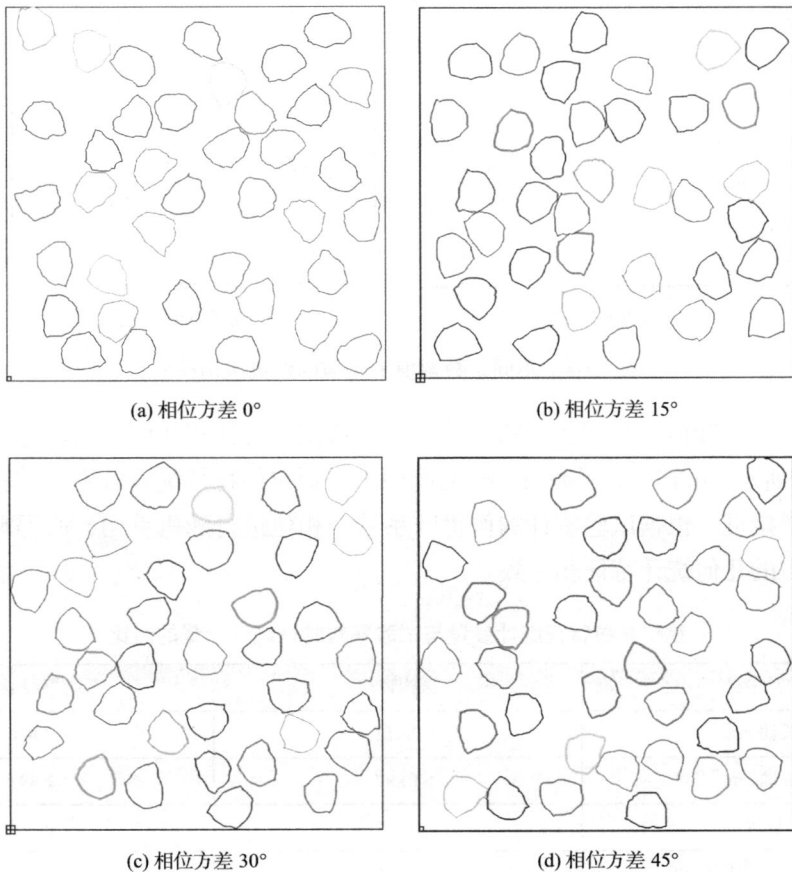

(a) 相位方差 0°　　　　　　　　　　　(b) 相位方差 15°

(c) 相位方差 30°　　　　　　　　　　　(d) 相位方差 45°

图 3.1-7　不同相位方差下的颗粒随机重构模型

（2）固定相位均值与方差不变，只改变傅里叶系数幅值。生成不同系数幅值下颗粒的随机重构模型如图 3.1-8 所示。随着傅里叶系数幅值的增大，颗粒的粗糙度也越来越明显。这表明傅里叶系数幅值对颗粒的粗糙度也存在着影响。

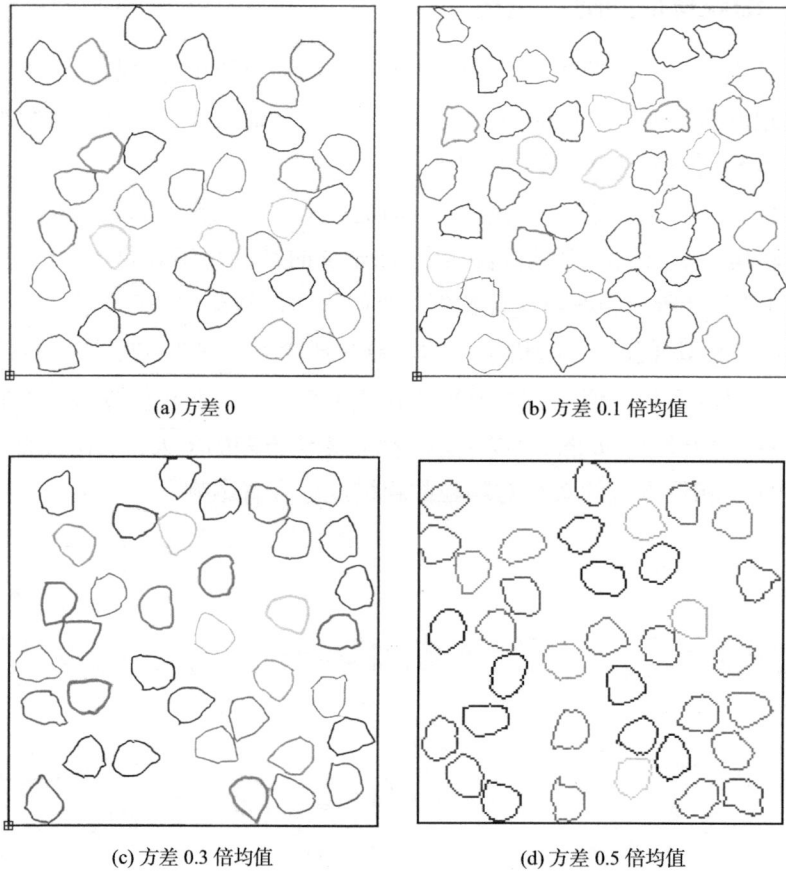

(a) 方差 0

(b) 方差 0.1 倍均值

(c) 方差 0.3 倍均值

(d) 方差 0.5 倍均值

图 3.1-8　不同系数幅值下颗粒的随机重构模型

（3）各阶傅里叶描述符与相位完全采用统计数据，统计其几何特征，得到两组对比数据如表 3.1-2 所示。可知，对于卵石，随机重构所得颗粒的特征统计参量与试验颗粒的特征统计参量非常接近。根据试验统计的傅里叶系数与相位进行随机重构，所得颗粒的细观特征与试验颗粒的几何统计特征相一致。

重构颗粒特征统计参量与试验颗粒特征统计参量的对比　　　　表 3.1-2

统计参量	重构颗粒	试验颗粒
长轴/cm	2.612	2.626
短轴/cm	1.887	1.893
扁率	0.732	0.730
最大傅里叶描述符均值	0.526	0.525
最大傅里叶描述符方差	0.130	0.129

3.1.5　二维傅里叶谱分析与重构结论

针对岩体细观介质中的二维特征，采用复数傅里叶变换与分析，建立了颗粒轮廓细观特征统计与随机重构方法，经过不同外形颗粒的傅里叶分析对比研究，得到如下主要结论：

（1）傅里叶描述符与土石颗粒的形状、粗糙度及尺寸之间存在着映射关系。−12～0 阶及 16～20 阶区段所对应的傅里叶描述符决定着颗粒的形状；−23～−11 阶及 1～15 阶区段所对应的傅里叶描述符决定着颗粒的粗糙度；傅里叶描述符曲线峰值与颗粒的粒径尺寸密切相关。

（2）对两种不同颗粒的傅里叶描述符进行统计，结果表明：颗粒的粒径与最大傅里叶系数间呈明显的线性关系，高阶傅里叶系数与阶数对数近似呈线性关系，而低阶傅里叶系数则由不同颗粒形状控制。

（3）对卵石颗粒进行随机重构，所得重构颗粒的傅里叶特征统计参数与实际颗粒的几何统计参数非常接近，重构颗粒的轮廓外形与实际颗粒也很接近。

（4）傅里叶描述符包含了土石颗粒的大量轮廓信息，基于傅里叶变换和逆变换原理的分析方法，简单可靠，易于实现，可以广泛应用于土颗粒或土石混合介质细观特征的识别与重构。

（5）即使不对大量颗粒进行分析，选用一个典型的颗粒轮廓，也可以生成大量随机、谱一致的骨架颗粒轮廓线。

3.2 三维颗粒细观轮廓激光扫描获取方法

三维激光扫描技术（3D Laser Scanning Technology）是一种先进的全自动高精度立体扫描技术。它是利用三角形几何关系求得距离。先由扫描仪发射激光到物体表面，利用在基线另一端的 CCD 相机接收物体反射信号，记录入射光与反射光的夹角，已知激光光源与 CCD 之间的基线长度，由三角形几何关系推求出扫描仪与物体之间的距离，如图 3.2-1 所示，并基于体剖分、面剖分和面投影等方法建立 Delaunay 三角网格。

图形扫描精度对土石混合体颗粒分析有重要影响。为精确获得土石混合体颗粒真实三维几何数据，采用三维激光扫描仪 Handy Scan 700™，如图 3.2-2 所示。该扫描仪发出 7 束交叉激光线，测量速度 480000 次/秒，精度 0.030mm。激光束通过图 3.2-2 中黑盘上白色坐标点和土石混合体颗粒表面点坐标相对位置确定几何数值，采集坐标数据传输到电脑，同时记录颗粒表面点坐标，直接形成颗粒三维图形。

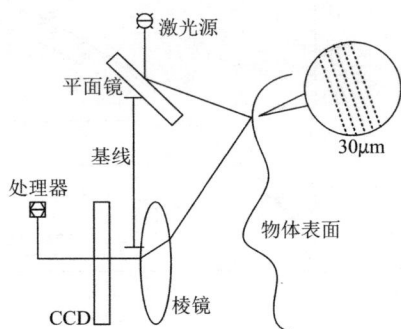

图 3.2-1 激光三角法测量原理图　　图 3.2-2 扫描工作图

对典型的岩土颗粒（卵石和碎石）进行三维扫描分析如图 3.2-3 所示，并根据所得的三维扫描云点信息进行球谐函数分析，并对其表征参数进行统计分析，如表 3.2-1 所示。

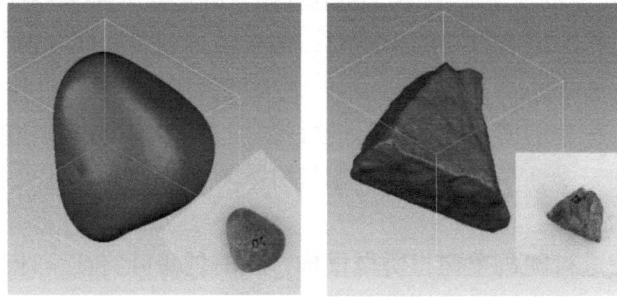

图 3.2-3　颗粒扫描三维模型

岩土颗粒统计情况　　　　　　　　　　　　　　　　　　　　　表 3.2-1

	粒径/mm	平均体积/mm³	平均表面积/mm²	平均形状系数
卵石	5～50	16552.9	3609.50	0.837775
碎石	5～50	16599.6	4057.38	0.776428

所扫描的典型颗粒（卵石和碎石）粒径均在 5～50mm。通过前期的称量分组，可以从表中的数据得出，所取的土石混合体颗粒（卵石和碎石）对比组的平均体积较为一致，卵石的平均表面积要略少于碎石的平均表面积，这是因为相同体积，光滑卵石的表面积要比碎石粗糙的表面积要小。同时，卵石的平均形状系数要大于碎石，这是因为卵石的磨圆程度要好于碎石，所以更接近球体。

对比图 3.2-4 和图 3.2-5，样本颗粒在体积和表面积的统计图上，卵石的拟合曲线要低于碎石的拟合曲线，分别为：

$$碎石：y = 5.56 + 2.53x - 0.023x^2 \qquad R^2 = 0.9858$$
$$卵石：y = 5.27 + 2.24x - 0.020x^2 \qquad R^2 = 0.9928$$

$$(3.2-1)$$

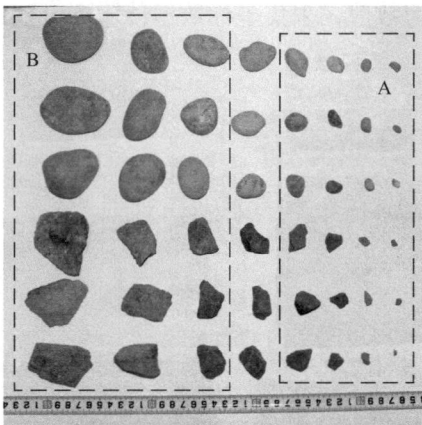

图 3.2-4　颗粒体积分组

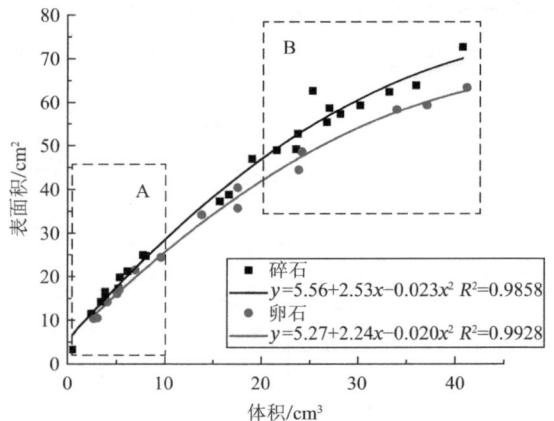

图 3.2-5　颗粒表面积体积统计图

体积在 10mm³ 内的颗粒（A 组），卵石与碎石表面积的差距在 5% 以内，但是体积大于 20mm³ 之后（B 组），卵石与碎石的表面积之差可以达到 10% 以上，随着体积越大，卵石与碎石的表面积差距将会越大。定义形状系数 ψ 用于评定颗粒形状（形状系数值在 0～1，越接近 1，形状越接近球形）。

$$V = \frac{4}{3}\pi r^3 \tag{3.2-2}$$

$$S_0 = 4\pi r^2 \tag{3.2-3}$$

$$\psi = S/S_0 \tag{3.2-4}$$

在形状系数统计图中，样本卵石的形状系数在 0.74～0.87，碎石在 0.7～0.8，可以发现卵石的形状系数普遍要高于碎石，见图 3.2-6，这也是由于卵石的磨圆程度好于碎石。

在棱角度和球形度方面（图 3.2-7），卵石的球形度在 0.74～0.96，棱角度在 0.4～0.73；碎石的球形度在 0.55～0.87，棱角度在 0.52～0.82；卵石整体的球形度要高于碎石，碎石整体的棱角度要高于卵石。通过拟合：

$$y = -0.585x + 1.082 \qquad R^2 = 0.3215 \tag{3.2-5}$$

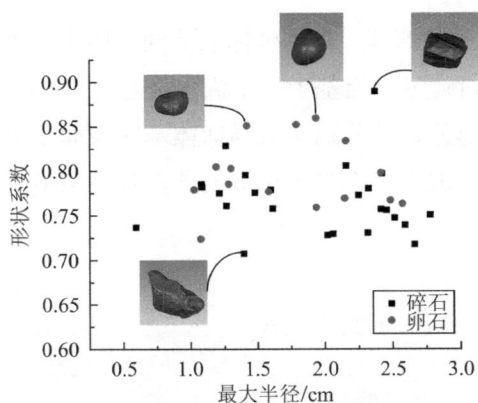

图 3.2-6　颗粒形状系数统计图　　　　图 3.2-7　颗粒棱角度球形度统计图

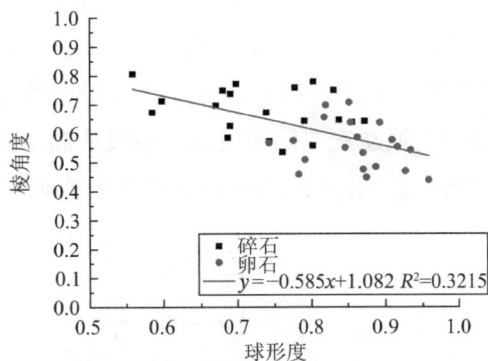

土石混合体颗粒的棱角度和球形度服从线性分布，并且颗粒的棱角度和球形度呈反比关系。可以根据此关系，在数值模拟中确保颗粒形状具有一定相似性，可随机生成颗粒来取代扫描所有土石混合体颗粒来化繁为简。

3.3　采用椭球表面基构造多面体描述三维颗粒

由于砂卵（砾）混合物复杂的形成过程，其内部的结构特征表现出了明显的随机性。例如，石块的形状、大小及分布、含量等结构特征在现场不同部位有着显著的差异。因此，建立宏观统计意义上的混合物三维随机结构是研究其力学特性及变形破坏机制的前提。

（1）土石阈值

如前所述，从物质组成上来讲，混合物可以被视为由"土体"和"石块"所构成的二元混合物。这里的"土体"和"石块"是个相对的概念。在一定的研究尺度下，颗粒被认为是"土体"还是"石块"是由土石阈值d_{thr}所确定的。根据 Medley 和 Lindquist 等人对土石混合物的系统研究，土石阈值d_{thr}可以被定义如下：

$$\text{Particle}=\begin{cases} \text{"soil"} & (d < d_{thr}) \\ \text{"stone"} & (d \geqslant d_{thr}) \end{cases} \text{和} \ d_{thr} = 0.05L_c \tag{3.3-1}$$

式中：L_c——工程特征尺度。

对于直剪试验而言，L_c可以取为剪切盒最小尺寸。本节剪切盒最小尺寸为 60cm，故土石阈值取为 3.0cm。

（2）不规则石块几何模型的构造

石块是混合物内部细观结构的基本组成单元，其几何模型的构造是建立土石混合体随机细观结构的核心，胶凝混合物内部的石块绝大多数呈现一个不规则的多面体形态。此处提出了一种基于椭球基元来构造任意形状的不规则多面体，其中多面体的顶点均位于椭球体基元表面上，该方法相比于上述方法较为简单且实用。

如图 3.3-1（a）所示，对于一个给定的椭球体基元来说，在球坐标系下椭球体表面上任意一点的位置可由五个参数$(R_1, R_2, R_3, \theta, \varphi)$来共同确定。当基于一个椭球体基元来构造一个$N$个顶点的多面体时，多面体的顶点被分为两部分，其分别是从椭球体基元表面上下两半部分上独立选取的随机点。假设从椭球体基元表面上半部分上选取的顶点数目为N_1，则这些随机点的θ_i和φ_i可以根据如下公式确定：

$$\begin{cases} \theta_i = \dfrac{2\pi}{N_1} + \delta \cdot \dfrac{2\pi}{N_1} \cdot (2\eta_1 - 1) \\ \varphi_i = \eta_2 \cdot \dfrac{\pi}{2} \end{cases} ; \ i = 1,2,3,\cdots,N_1 \tag{3.3-2}$$

式中：η_1、η_2——两个相互独立在[0,1]内均匀分布的随机数；

δ——一个变量，其值通常取 0.3。

剩余的多面体顶点从椭球体基元表面下半部分独立随机地选择，其θ_i和φ_i可以根据式(3.3-2)类似地确定。在笛卡尔坐标系下，多面体顶点的坐标(x_i, y_i, z_i)可以表示为：

$$\begin{cases} x_i = x_0 + R_1 \sin\theta_i \cos\varphi_i \\ y_i = y_0 + R_2 \sin\theta_i \sin\varphi_i \\ z_i = z_0 + R_3 \cos\theta_i \end{cases} \tag{3.3-3}$$

式中：x_0、y_0、z_0——椭球体基元的中心坐标；

R_1、R_2、R_3——椭球体基元的三个半主轴长度。

当多面体顶点确定后，可以根据多面体顶点空间拓扑关系将其连接起来构成不规则的多面体，如图 3.3-1（b）和图 3.3-1（c）所示。

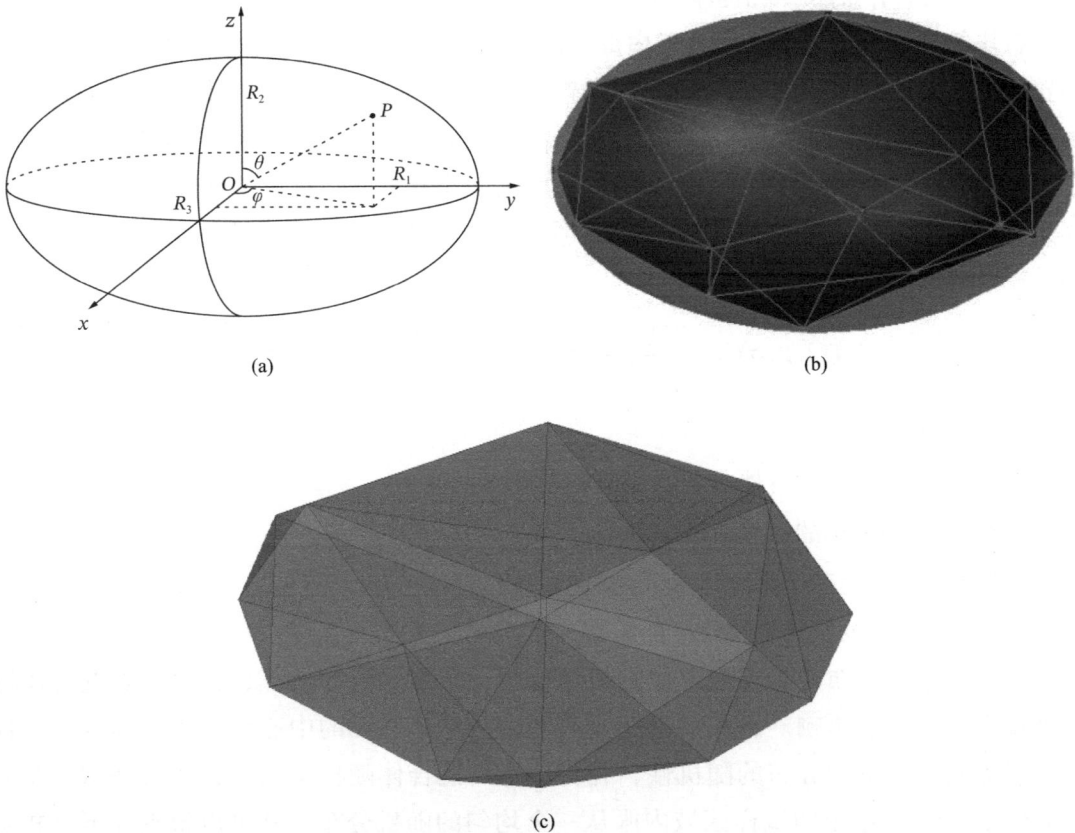

(a) 椭球体基元；(b) 不规则的石块；(c) 随机结构特征

图 3.3-1　基于椭球体基元构造任意形状多面体

根据前面对土石阈值的定义，胶凝混合物中"石块"的含石率可以定义为试样中石块的总体积与试样总体积的比值，用公式可以表示为：

$$C = \sum_{i=1}^{n} V_i / V \tag{3.3-4}$$

式中：V_i——试样中第 i 个"石块"的体积；

V——胶凝混合物试样总体积。

石块的形状是其一个重要的几何特征。现场的石块形状各异且多样化，本节引入两个参数（f_1 和 f_2）来评价其几何形状，其被定义为石块椭球体基元三个主轴长度（R_1、R_2、R_3）之间的比值。假设 R_1、R_2、R_3 分别表示椭球体的第一、第二和第三主轴长度，则 f_1 和 f_2 可以表示为：

$$f_1 = R_2 / R_1; \quad f_2 = R_3 / R_1 \tag{3.3-5}$$

为了能模拟现场多样化的石块，假设 f_1 和 f_2 均服从一个均匀的随机分布。理论上来讲，f_1 和 f_2 可以在 (0,1) 区间内随机地取值。根据现场石块形状的统计结果，本节在建立土石混合体随机结构时，f_1和f_2的取值被限制在(0.5,1]区间内。

石块的大小是描述土石混合体内部石块粒径分布的一个重要指标，其大小可以定义为轮廓上任意两点间距离的最大值。尽管在现场的不同部位土石混合体内部的石块形状各异、大小不一，土石混合体随机结构特征表面上表现出了"混乱"的状态。然而，对整个区域内石块大小的统计研究结果表明，石块的大小基本符合对数正态分布。因此，在建立土石混合体随机结构时，石块的大小被假定服从一个对数正态分布，其概率密度函数如下：

$$f(\lambda,\mu,\sigma) = \frac{1}{\lambda\sqrt{2\pi\sigma^2}}\exp\left[-\frac{(\ln\lambda-\mu)}{2\sigma^2}\right], \ 0<\lambda<\infty \tag{3.3-6}$$

式中：λ——石块的大小；

μ——石块大小的自然对数的均值；

σ——石块大小的自然对数的方差。

鉴于本节石块是基于椭球体基元随机构造的，石块的大小近似地等于椭球体第一主轴长度，第一主轴长度服从上述指定的对数分布。

石块的空间分布是土石混合体随机结构的一个重要内部特征，其对土石混合体抗剪强度有着较大的影响。石块的空间分布可由椭球体基元的中心位置和空间方位来描述。考虑到石块空间分布的随机性，在构造土石混合体随机结构时，假设椭球体基元中心(x_0,y_0,z_0)在给定的试样区域内服从一个均匀的随机分布，其可以根据如下公式来确定：

$$\begin{cases} x_0 = x_{\min} + \eta_x(x_{\max}-x_{\min}) \\ y_0 = y_{\min} + \eta_y(y_{\max}-y_{\min}) \\ z_0 = z_{\min} + \eta_z(z_{\max}-z_{\min}) \end{cases} \tag{3.3-7}$$

式中：$x_{\min}$和$x_{\max}$，$y_{\min}$和$y_{\max}$，$z_{\min}$和$z_{\max}$——试样区域在x、y和z三个方向的最小和最大坐标值；

η_x，η_y，η_z——三个相互独立在[0,1]内均匀分布的随机数。

另一方面，椭球体基元的空间方位由其三个欧拉角(α,β,γ)来确定，α、β、γ分别表示椭球体三个主轴与x、y和z三个方向的夹角，其均被假设服从一个在[0,2π]区间内均匀的随机数。

利用FORTRAN编程语言开发了一个土石混合体三维随机结构模拟系统，为后续数值试验提供了技术保障。为了可视化土石混合体三维随机结构模型，采用AutoCAD软件作为系统的图形显示界面，并可以通过AutoCAD软件的DXF文件作为数据交换接口。如图3.3-2所示，生成的不同含石率的土石混合体三维随机结构，在随机结构中所有石块彼此之间不存在重叠。

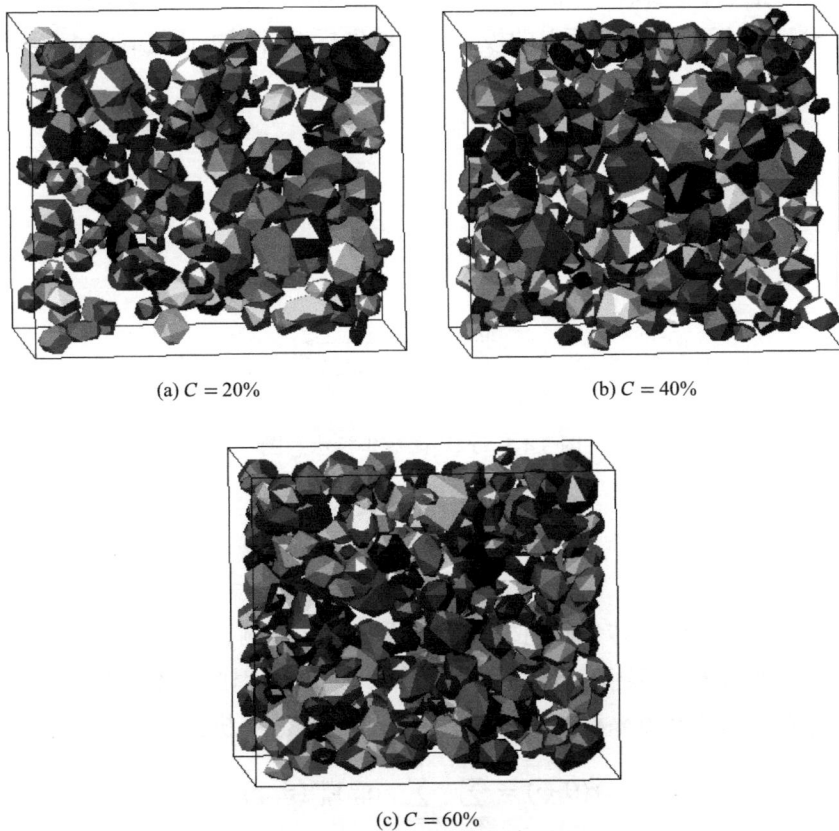

(a) $C = 20\%$

(b) $C = 40\%$

(c) $C = 60\%$

图 3.3-2　不同含石率的胶凝混合物随机结构

3.4　基于球谐函数的三维细观特征刻画与力学特性分析方法

为了更好地对岩土介质内颗粒之间的力学行为进行研究，获取颗粒三维表面的轮廓特征非常有必要。如果需要考虑岩体内不同矿物颗粒的影响，可引入更加有效的方法来实现颗粒形态的定量描述和准确构建具有重要意义。虽然自然界中的矿物颗粒形态随机多变，但经历过相同受载历史的颗粒，其外轮廓特征近似服从统计特征。而传统离散元分析的方法在考虑这种颗粒介质时，并没有考虑到颗粒形态的随机性和复杂性，大多采用球体直接代替。

借助三维扫描技术对颗粒进行扫描，通过捕捉颗粒外轮廓信息可呈现三维图像，然后对颗粒表面信息去噪（去除非连通点、线）后，对图像进行分割与二值化，进而对颗粒边界进行识别及坐标参数化，得到一组三维的矩阵即每一个像素的坐标参数。之后对这些外轮廓点进行分析，可得到颗粒外轮廓的 Delaunay 三角化网格，这一过程借助一些辅助软件即可实现。

（1）颗粒的三维球谐函数表征

任意三维颗粒，将形心移至坐标轴原点，在外轮廓点已知条件下可采用如图 3.4-1 所示的球坐标系进行描述，从颗粒形心到表面点可表示为$\vec{r}(\theta, \varphi)$，其中(θ, φ)的范围为$(0 \leqslant \theta \leqslant \pi, 0 \leqslant \varphi \leqslant 2\pi)$，$r$表示形心到表面点的极半径，球坐标上各点可通过式(3.4-1)转化成笛卡尔坐标。

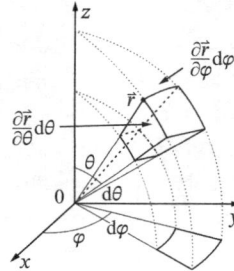

图 3.4-1　球谐函数坐标示意图

$$\begin{cases} x_{ij} = r_{ij} \sin \theta_i \cos \varphi_j \\ y_{ij} = r_{ij} \sin \theta_i \sin \varphi_j \\ z_{ij} = r_{ij} \sin \theta_i \end{cases} \quad (3.4\text{-}1)$$

上述颗粒轮廓点坐标可转化的前提是颗粒不能存在孔洞，如果颗粒存在孔洞，则每一组(θ, φ)就会对应两个或者多个极半径r，导致结果不唯一。因此在不含孔洞条件下，一旦确定颗粒的所有外表面轮廓点坐标，即可对其进行球谐函数分析：

$$\vec{r}(\theta, \varphi) = \sum_{n=0}^{\infty} \sum_{m=-n}^{n} a_n^m Y_n^m(\theta, \varphi) \quad (3.4\text{-}2)$$

式中：a_n^m——球谐系数；

　　$\vec{r}(\theta, \varphi)$——每组(θ, φ)的半径；

　　$Y_n^m(\theta, \varphi)$——球谐函数，表示如下：

$$Y_n^m(\theta, \varphi) = \sqrt{\frac{(2n+1)(n-m)!}{4\pi(n+m)!}} P_n^m(\cos(\theta)) e^{im\varphi} \quad (3.4\text{-}3)$$

合并式(3.4-2)、式(3.4-3)得：

$$r(\theta, \varphi) = \sum_{n=0}^{\infty} \sum_{m=-n}^{n} a_n^m \sqrt{\frac{(2n+1)(n-m)!}{4\pi(n+m)!}} P_n^m(\cos \theta) e^{im\varphi} \quad (3.4\text{-}4)$$

式中：$P_n^m(x)$——伴随勒让德函数；

　　n——一个从 0 到正无穷大的整数；

　　m——从 0 到不大于n的整数。

根据式(3.4-5)、式(3.4-6)通过迭代可得到不同阶数的$P_n^m(x)$值，迭代过程如下所示：

当$m = 0$，$n > 1$时

$$P_n^0(x) = \frac{1}{n} \left[(2n-1) x P_{n-1}^0(x) - (n-1) P_{n-2}^0(x) \right] \quad (3.4\text{-}5)$$

当$m > 0$，$n > 1$时

$$P_n^m(x) = \frac{1}{\sin\theta}\left[(n+m-1)P_{n-1}^{m-1}(x) - (n-m+1)xP_{n-2}^{m-1}(x)\right] \tag{3.4-6}$$

式中 $x = \cos\theta$，当 $m = -M < 0$ 与 $M > 0$ 的等式转换如下：

$$P_n^{-M}(x) = (-1)^M \frac{(n-M)!}{(n+M)!}P_n^m \tag{3.4-7}$$

因此，如已知一系列颗粒表面点 $\vec{r}(\theta,\varphi)$，由式(3.4-2)可以表示成矩阵形式，分别求出各点的球谐描述符：

$$\begin{pmatrix} Y_1^1 & Y_1^2 & \cdots & Y_1^{(n+1)^2} \\ Y_2^1 & Y_2^2 & \cdots & Y_2^{(n+1)^2} \\ \vdots & \vdots & \ddots & \vdots \\ Y_i^1 & Y_i^2 & \cdots & Y_i^{(n+1)^2} \end{pmatrix}\begin{pmatrix} a^1 \\ a^2 \\ \vdots \\ a^{(n+1)^2} \end{pmatrix} = \begin{pmatrix} \vec{r}_1 \\ \vec{r}_2 \\ \vdots \\ \vec{r}_i \end{pmatrix} \tag{3.4-8}$$

式中：　　　　　　　　　　n——展开阶数；

行向量 $Y_i = \begin{bmatrix} Y_i^1 & Y_i^2 & \cdots & Y_i^{(n+1)^2} \end{bmatrix}$——第 i 个点的球谐函数序列。

对于球谐系数 a_n^m 列阵，已知 n，则总共有 $(n+1)^2$ 个未知系数，通过求解 i 个线性方程即可得球谐系数列向量 $a = [a^1\ a^2\ \cdots\ a^{(n+1)^2}]^T$，因此轮廓点数目 i 必须大于 $(n+1)^2$，式(3.4-8)即存在最优解，针对矛盾方程采用最小二乘法求解。

如图 3.4-1 所示，已知颗粒表面点 $\vec{r}(\theta,\varphi)$ 则可以将颗粒分成若干个四棱锥，任取一个棱锥面，则表面矩形的面积以及棱锥体积可以表示为：

$$ds = \frac{\partial\vec{r}}{\partial\theta}d\theta \times \frac{\partial\vec{r}}{\partial\varphi}d\varphi \tag{3.4-9}$$

$$dv = \frac{1}{3}\left(\frac{\partial\vec{r}}{\partial\theta}d\theta \times \frac{\partial\vec{r}}{\partial\varphi}d\varphi\right)d\vec{r} \tag{3.4-10}$$

其中 $\frac{\partial\vec{r}}{\partial\theta}$ 根据式(3.4-9)可表示为：

$$\frac{\partial\vec{r}(\theta,\varphi)}{\partial\theta} = \sum_{n=0}^{\infty}\sum_{m=-n}^{n} a_n^m\sqrt{\frac{(2n+1)(n-m)!}{4\pi(n+m)!}}\frac{\partial P_n^m(\cos\theta)}{\partial\theta}e^{im\varphi} \tag{3.4-11}$$

其中对 $P_n^m(x)$ 的偏导如下：

$$\frac{\partial P_n^m(\cos\theta)}{\partial\theta} = -\frac{1}{\sin\theta}\left[(n+1)\cos\theta P_n^m(\cos\theta) - (n-m+1)P_{n+1}^m(\cos\theta)\right] \tag{3.4-12}$$

合并式(3.4-11)、式(3.4-12)得：

$$\frac{\partial\vec{r}(\theta,\varphi)}{\partial\theta} = \sum_{n=0}^{\infty}\sum_{m=-n}^{n}\frac{-a_n^m}{\sin\theta}\sqrt{\frac{(2n+1)(n-m)!}{4\pi(n+m)!}}\left[(n+1)\cos\theta P_n^m(\cos\theta) - \right.$$
$$\left.(n-m+1)P_{n+1}^m(\cos\theta)\right]e^{im\varphi} \tag{3.4-13}$$

同理，$\vec{r}(\theta,\varphi)$ 对 φ 的偏导为：

$$\frac{\partial \vec{r}(\theta, \varphi)}{\partial \varphi} = \sum_{n=0}^{\infty} \sum_{m=-n}^{n} (im)a_n^m \sqrt{\left(\frac{(2n+1)(n-m)!}{4\pi(n+m)!}\right)} P_n^m(\cos \theta) e^{im\varphi} \quad (3.4\text{-}14)$$

积分可以得到:

$$V = \int_0^{\pi} \int_0^{2\pi} \frac{1}{3}\left(\frac{\partial \vec{r}}{\partial \theta}d\theta \times \frac{\partial \vec{r}}{\partial \varphi}d\varphi\right)d\vec{r} \quad (3.4\text{-}15)$$

同理,总表面积也可以通过若干个所分的矩形的面积进行叠加达到:

$$S = \int_0^{\pi} \int_0^{2\pi} \left|\frac{\partial \vec{r}}{\partial \theta} \times \frac{\partial \vec{r}}{\partial \varphi}\right| d\theta d\varphi \quad (3.4\text{-}16)$$

求得体积和表面积后,可采用球度和棱度来更直观地表征颗粒形状。其中球度由SI表示如下:

$$SI = \frac{4\pi}{S}\left(\frac{3V}{4\pi}\right)^{\frac{2}{3}} \quad (3.4\text{-}17)$$

式中: S——表面积;

V——体积。

棱度则可以表示为AI:

$$AI = \frac{t^2}{2\pi^2} \sum_{\theta=0}^{\pi/t} \sum_{\varphi=0}^{2\pi/t} \frac{|r_p - r_{EE}|}{r_{EE}} \quad (3.4\text{-}18)$$

式中: t——检测步,此处设定为0.01π;

r_p——颗粒在球坐标上的极半径;

r_{EE}——等价椭球体在球坐标的极半径。

该椭圆体为球谐阶数为一阶时所得到。球度和棱度能很直观地评价颗粒的特征,其中球度能很好地表征颗粒的对称性,而棱度可以很好地表征颗粒表面纹理特征,二者可以用于随机重构颗粒的细观特征对比研究。

(2)三维表征球谐函数的精度分析

球谐阶数 n 的不同,重构得到颗粒表面的圆滑程度也不同。 n 为 0 时即为与颗粒等体积的圆球, n 越大,则颗粒的细观特征体现得越明显,同时计算量也增大。为了分析展开 n 阶对细观特征描述精度的影响,分别采用立方体、圆柱和真实扫描颗粒进行球谐函数表征,验证其对外轮廓的表面积、体积等参量的影响程度。

如图 3.4-2 所示,随着球谐展开阶数的增大,重构颗粒的轮廓越接近真实轮廓。在展开阶较低时,颗粒表面光滑。如 0 阶时即为圆球,1 阶时为椭球,随着阶数增加,颗粒表面的细节逐步显现,当颗粒展开到 10 阶时,与理想外轮廓已经很接近。

图 3.4-3(a)为不同阶重构颗粒的体积,实线为理论值;图 3.4-3(b)为不同阶重构颗粒的表面积,实线为理论体积。结果表明颗粒体积随展开阶数 n 的增大逐渐趋于稳定,立方体和自然颗粒所呈现的趋势看, n 小于 5 阶的时候,数值的波动相对较大,之后数值的变化逐渐趋向稳定, n 大于 10 阶以后,数值的变化范围小于 5%。对于表面积,与体积增长的趋势相似,都是数值随着展开阶数 n 的增大呈增大趋势,逐步逼近理论值。不相同的是,颗粒

表面积的实际值和理论值之间的差异主要归因于颗粒表面粗糙度要高于立方体,可见颗粒粗糙度对表面积的影响要大于对体积的影响。

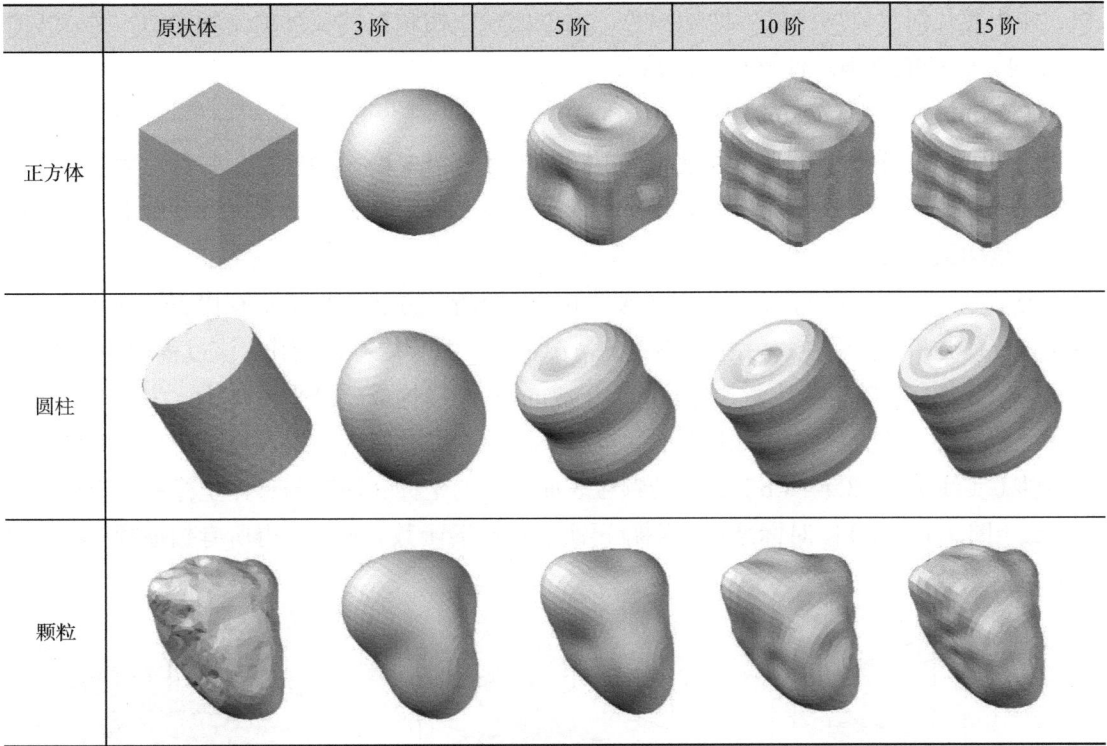

	原状体	3 阶	5 阶	10 阶	15 阶
正方体					
圆柱					
颗粒					

图 3.4-2　不同球谐阶数重构效果对比

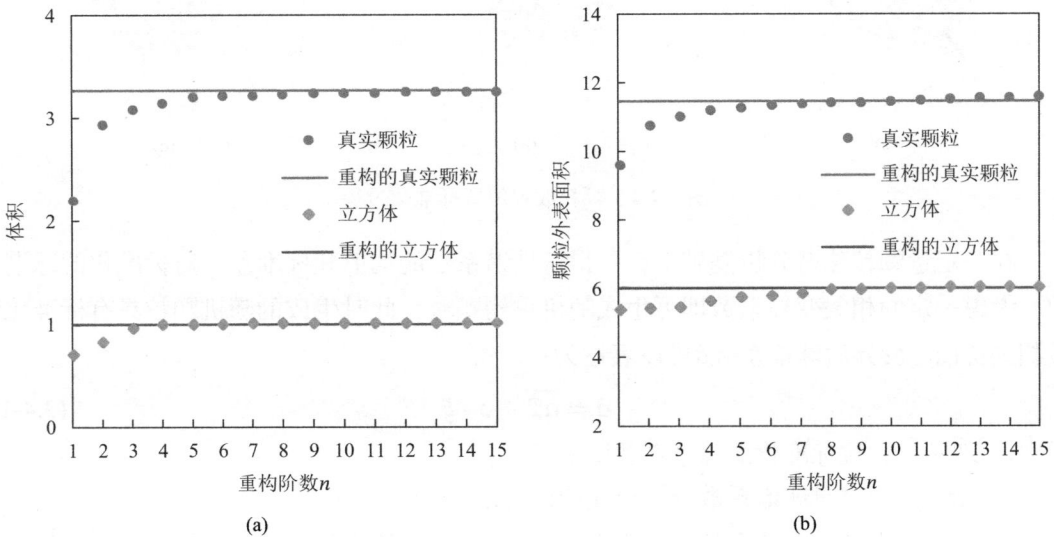

(a)

(b)

图 3.4-3　体积与表面积比较图

从上述结果可发现,对颗粒进行球谐函数分析,是随着最大球谐系数展开阶数的增加不断逼近理想值的过程,说明球谐函数能够较好地实现颗粒基本形状以及表面纹理的表征,其精度取决于对颗粒外轮廓扫描的精度和所选取的最大球谐函数系数的展开阶数n。当最大球谐函数系数的展开阶数n取到 10 阶，该颗粒不管从颗粒轮廓表面吻合程度，还是表面积、体积等几何参数均已接近原始颗粒，通过比较重构颗粒的实际值与理论值，其误差在5%之内，已经能够满足计算精度的需要。

（3）随机形态颗粒集的生成

由于大规模分析计算涉及大量的土石颗粒，计算需要高昂的成本，并且对大量土石颗粒的细观形态构建的数据获取也不容易实现。所以在一定颗粒的细观统计基础上进行大量的随机重构很重要。

为了更好地解决该问题，采用 PCA（主成分分析）方法对少量具有代表性的颗粒进行主成分统计分析。在颗粒尺寸相差不大的情况下，颗粒半径不作变化，该过程称为标准化。图 3.4-4（a）为一自然颗粒，其外轮廓由 Delaunay 网格构成，其坐标随机，为了对其表面进行统计分析，首先将颗粒的形心平移至球坐标的原点，然后根据颗粒一阶重构时的椭球体主轴（实线）[图 3.4-4（b）]，旋转颗粒表面顶点的坐标，使其与整体坐标系的坐标轴方向一致[图 3.4-4（c）]。对标准后的颗粒再次进行球谐函数分析，求得所有扫描颗粒的标准化的球谐系数。

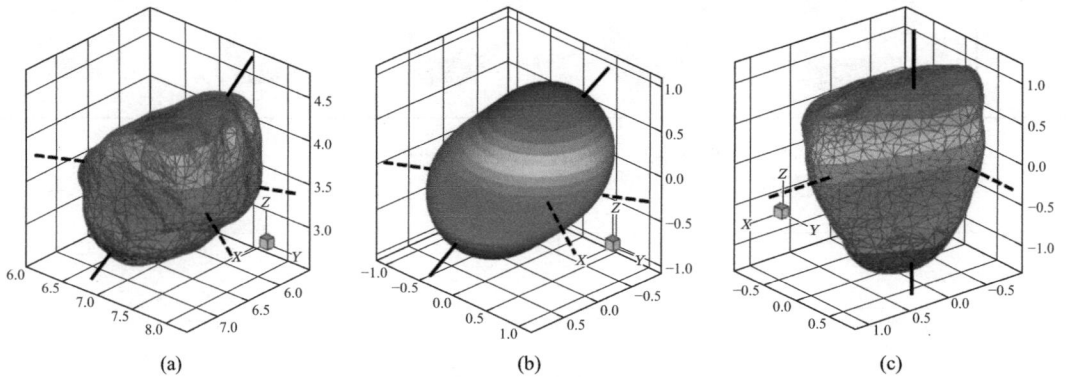

图 3.4-4 颗粒放置位置标准化过程

在一定量颗粒球谐分析基础上，可得各球谐系数的均值和标准差。对标准化的球谐系数，考虑一定的相关变异系数即可生成随机重构颗粒，此时生成的随机颗粒具有标准化颗粒相关特征。变异后球谐系数$\hat{a}$可以表达为：

$$\hat{a} = \overline{a_n^m} + \sigma \cdot \xi \tag{3.4-19}$$

式中：$\overline{a_n^m}$——颗粒标准化的球谐系数即期望值；

σ——通过对球谐系数统计得相应的标准差；

$\xi \in \{-3,3\}$——满足正态分布的变异系数，通过控制对ξ的变化可以生成外形具有相关特征且又不完全一样的颗粒。在随机投放的过程中，只需要引入随机变量$\hat{\theta}$、$\hat{\varphi}$，对颗粒主轴进行随机旋转，即可在投放中得到角度不同的随机颗粒。

图 3.4-5 中为采用以上规则随机产生的 25 个随机颗粒，与原统计数据相比，随机重构

的颗粒具有原颗粒的主要特征，细节上存在差异。图 3.4-6 为原先统计的颗粒与随机重构
100 个颗粒的球度与棱度的关系统计图，可以发现重构所得的 100 个颗粒与原先统计颗粒
的趋势线大体一致，说明在外轮廓特征上具有较高的相似性，由此可以作为物理力学参数
大体一致的同类颗粒进行数值模拟。这一方法很好地解决了对大量随机构建不规则颗粒的
问题，有效地替代了直接采用圆球的颗粒构建方法。

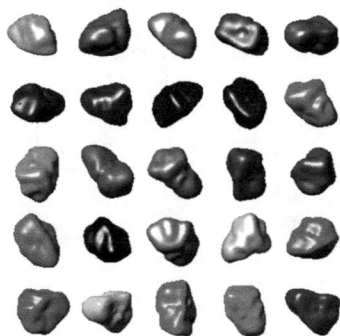

图 3.4-5　随机颗粒生成图

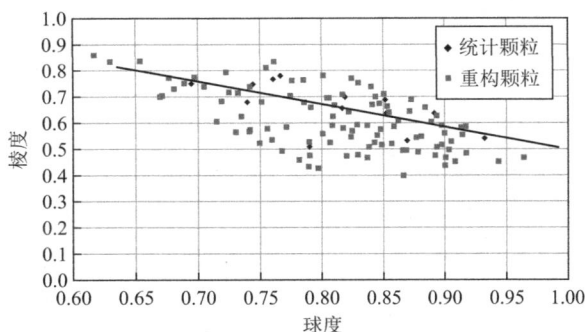

图 3.4-6　棱度与球度统计关系图

3.5　细观颗粒随机重构应用

3.5.1　基于二维傅里叶分析的三维颗粒外推重构方法

粗粒土、砂土都是常见的细观介质。在分析其变形机理机制时，构造这些细观介质的
轮廓非常有意义。根据第 3.1～3.4 节的颗粒轮廓构造方法，在典型位置取砂、卵石等典型
试样，利用激光扫描等技术获得基准轮廓，此处选用傅里叶分析形成如下三维随机颗粒构
造流程：

（1）选取形态接近的系列颗粒，如砂、卵石、碎石，用于颗粒轮廓分析的基准颗粒，
如图 3.5-1（a）所示。

（2）将所有基准颗粒的中心坐标平移至原点，将颗粒径向半径等比例缩放，令颗粒体
积为 1.0，该过程称为归一化。

（3）设置切面数目，将所有颗粒依次利用平面进行轮廓切割，得到轮廓线集合，如
图 3.5-1（c）为采用 3 个正交切面得到的各颗粒轮廓线。

（4）对各剖面上的轮廓线集，利用式(3.1-3)～式(3.1-5)进行平面傅里叶分析，得傅里叶
系数。对每一阶傅里叶系数进行统计分析，得到每个系数的均值、方差。

（5）利用各傅里叶系数的统计参数，随机生成个剖面上的随机轮廓线，利用第 3.1 节
原理测出全颗粒的外轮廓，图 3.5-1（e）为随机构造的随机颗粒，其统计参数可与原颗粒有
较好的相似性。

该方法构造随机颗粒，颗粒外轮廓粗糙程度取决于纵向控制剖面的数目和基准颗粒轮
廓数据，在后者一定的条件下，纵向控制剖面数目越多，则颗粒越粗糙，如图 3.5-2 所示。

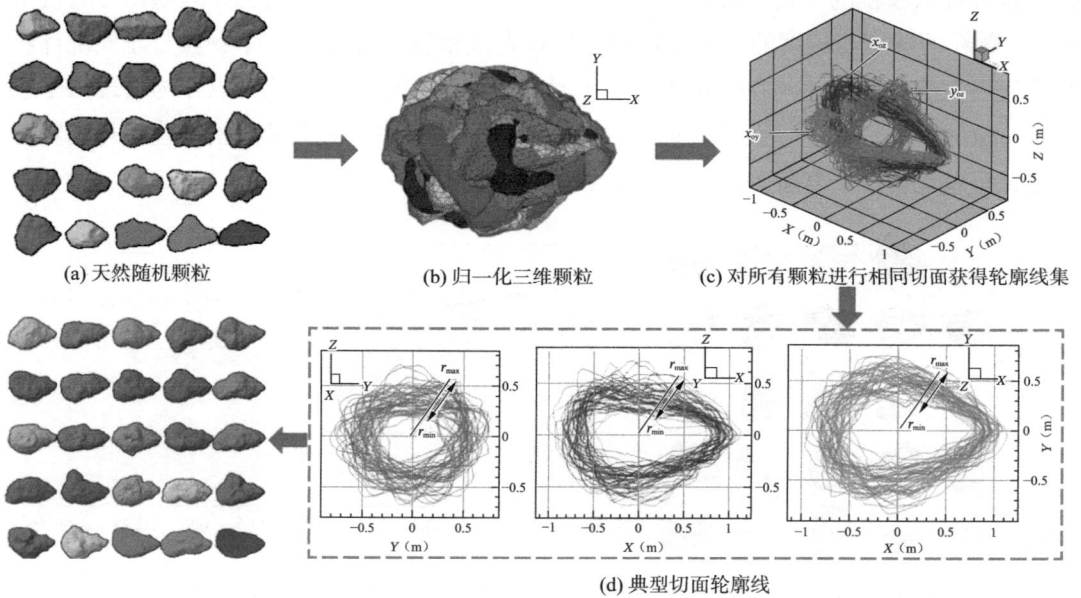

(a) 天然随机颗粒　　　　　　　(b) 归一化三维颗粒　　　　　(c) 对所有颗粒进行相同切面获得轮廓线集

(d) 典型切面轮廓线

图 3.5-1　散体颗粒识别与构造技术

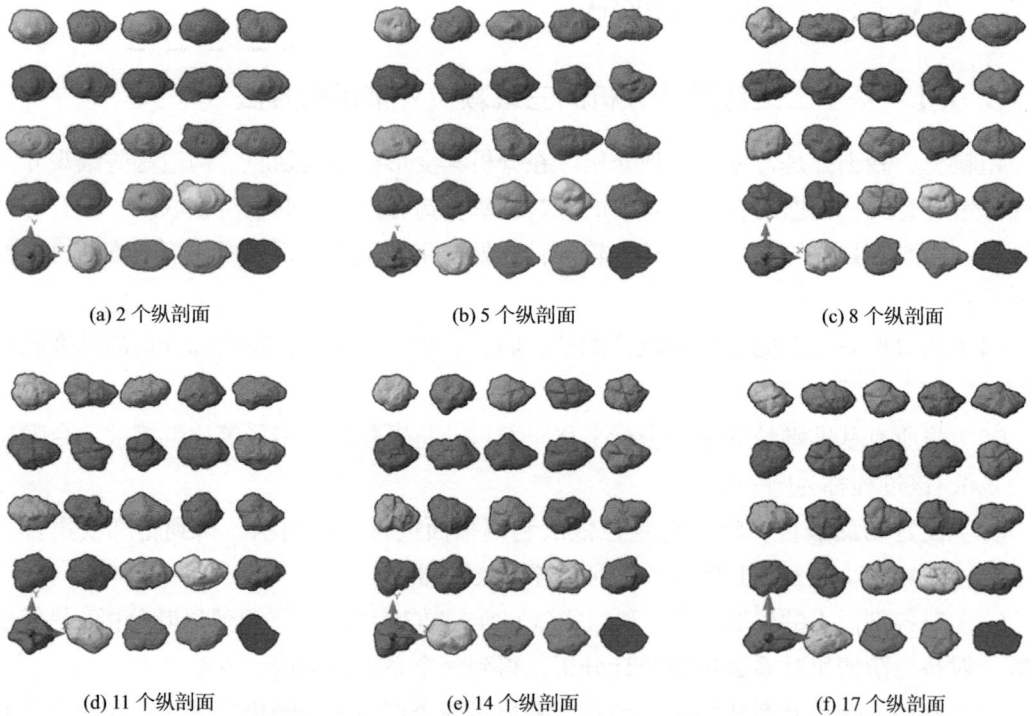

(a) 2 个纵剖面　　　　　　　　(b) 5 个纵剖面　　　　　　　(c) 8 个纵剖面

(d) 11 个纵剖面　　　　　　　(e) 14 个纵剖面　　　　　　(f) 17 个纵剖面

图 3.5-2　不同控制剖面对随机构造轮廓的效果对比

3.5.2　砂土颗粒细观特征识别与重构应用

存在大量的砂土，砂土颗粒范围一般处于毫米级别，为了刻画砂土细观特征，共采用

50 个粒径 1～2mm 颗粒进行 CT 扫描，如图 3.5-3 所示，获取其外观轮廓。首先进行归一化处理(颗粒体积等比例放到体积为 1.0)进行细观信息统计,其中 10 颗颗粒信息如表 3.5-1 所示。

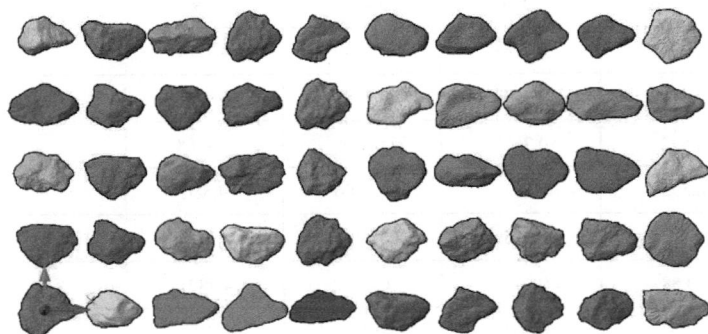

图 3.5-3　扫描颗粒外轮廓

典型颗粒细观特征统计表（扫描颗粒）　　　　　　　　　表 3.5-1

颗粒编号	平均半径	最大极半径	最小极半径	面积	体积	球形度
1	0.5922	1.0012	0.2327	5.0586	0.9999	1.0461
2	0.5995	0.815	0.4173	4.994	0.9999	1.0327
3	0.6014	1.0573	0.2287	4.999	0.9999	1.0338
4	0.603	1.0458	0.2511	4.9707	0.9999	1.0279
5	0.6014	1.035	0.319	4.9792	0.9999	1.0297
6	0.5931	0.962	0.3058	5.0421	0.9999	1.0427
7	0.5901	0.8967	0.304	5.0812	0.9999	1.0508
8	0.5945	0.9075	0.3034	5.0465	0.9999	1.0436
9	0.6037	0.954	0.2373	4.9743	0.9999	1.0287
10	0.5925	0.9012	0.297	5.0455	0.9999	1.0434

然后利用表 3.5-1 信息,随机构造颗粒如图 3.5-4 所示,典型颗粒细观特征信息如表 3.5-2 所示。

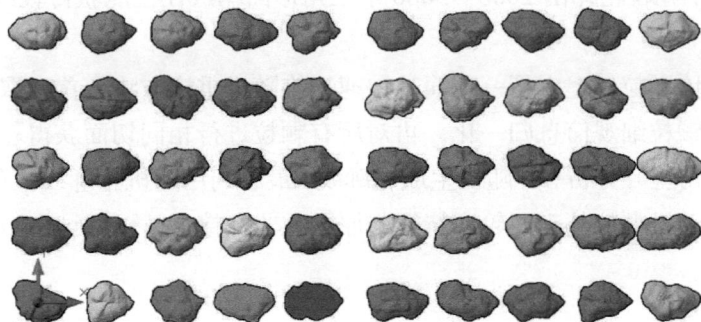

图 3.5-4　随机构造颗粒

颗粒编号	平均半径	最大极半径	最小极半径	面积	体积	球形度
1	0.5992	0.8532	0.4958	4.8725	1	1.0076
2	0.5756	0.9867	0.4233	4.893	1	1.0118
3	0.5908	0.8761	0.4339	4.9114	1	1.0156
4	0.5757	0.904	0.3965	4.8955	1	1.0123
5	0.5975	0.7677	0.481	4.9388	1	1.0213
6	0.5928	0.83	0.4406	4.886	1	1.0104
7	0.5364	1.0159	0.2895	4.9227	1	1.0179
8	0.58	0.9964	0.4357	4.8921	1	1.0116
9	0.598	0.9079	0.499	4.8957	1	1.0123
10	0.5861	0.8883	0.4414	4.9285	1	1.0191

3.6 本章小结

在岩土介质中，宏观的变形破坏规律及力学特性很大程度上依赖于其内部细观结构特征。近年来，将介质细观特征与宏观特性相联系的细观分析方法越来越受重视，但如何对这些细观特征进行描述并随机重构，进而用于力学分析，是细观岩土力学研究的重要挑战。主要结论如下：

（1）对于二维数值模型，可采用手工绘制或者数字图形识别等方式获取其轮廓特征，但是由于自然界没有完全相同的颗粒，任何数量的统计都很难说具有代表性，此时可以采用多边形随机构成或者傅里叶分析进行颗粒重构。经过不同外形颗粒的傅里叶分析对比研究，傅里叶描述符包含了土石颗粒的大量轮廓信息，基于傅里叶变换和逆变换原理的分析方法，简单可靠，易于实现，可以广泛应用于土颗粒或土石混合介质细观特征的识别与重构。

（2）对于三维数值模型，一般采用激光扫描或者 CT 扫描等技术，但是颗粒表面轮廓往往由若干个空间闭合三角形面围成，这些模型往往无法直接使用，采用椭球表面基构造多面体描述三维颗粒和基于球谐函数的三维细观特征刻画与力学特性分析等方法对颗粒进行简化，保证每个颗粒轮廓由 2000～5000 个三角形面构成往往能获得较好的精度，计算量也可以承受。

（3）针对散体颗粒，建立了一种简易快速三维随机重构方法。首先取样并扫描颗粒轮廓，然后将每个颗粒细观信息归一化，再对所有颗粒进行相同切面获得轮廓线集，对典型切面轮廓线进行傅里叶分析，并随机生成轮廓线；最后利用随机轮廓线推测出的颗粒轮廓。该种方法生成的随机颗粒其表面轮廓特征与原颗粒非常接近，可保证土石颗粒细观特征的精确识别与构造。

第4章

土石混合介质数值模拟分析及应用

颗粒流主要采用圆盘或者球体作为基本要素，通过局部的颗粒接触特性反映宏观介质的力学性质，也可以采用多个圆盘（球）聚集在一起，模拟复杂细观特征颗粒的运动、摩擦、破坏特性，因此它属于细观分析方法。

颗粒离散元最常用的建模方法是膨胀法，该方法先在指定区域内生成小颗粒，然后增大颗粒半径产生接触力，迫使颗粒运动，直到充满模型区域。但采用该方法构建模型时膨胀系数难以控制，常常造成颗粒间有较大的重叠量，颗粒间、颗粒与边界约束间的内力较高。虽然当颗粒间的内力小于指定的粘结力或者有边界约束时，仍可用以模拟连续介质的性质。但是分析边坡滑坡、介质破坏等动力学行为，若颗粒重叠量较大，颗粒间粘结力不足以约束颗粒，颗粒间应变能的瞬间释放就会造成大量颗粒飞溢出边界，产生不准确的结果。

针对这一问题，国内外诸多学者尝试采用颗粒相切条件进行数值模型的生成，并探讨了各类算法，但对于按指定密度、尺寸分布，适合于任意形状区域，并且体系中的颗粒都能处于平衡状态，同时所生成的颗粒体系具有较高的接触精度并与边界耦合完好的充填算法还比较困难。本章基于颗粒离散元原理，研究了各类数值模型的构建方法，并进行了应用性对比，可实现任意形状范围颗粒填充，用于颗粒离散元计算的前处理模块。进一步形成了细观参数标定更为精确的流程控制，在此基础上开展了土石混合介质的剪切变形特性、压缩变形特性、地震动参数变化特性分析。相应成果可为土石混合体在复杂荷载下的变形破坏提供依据。

4.1 颗粒离散单元法基本理论

离散单元法的计算结果是通过将颗粒及颗粒间接触的性质结合牛顿定律得到的，这与采用连续理论的有限单元法并不一致。离散单元法并不需要满足连续介质力学中的变形协调方程，因此能够实现模拟颗粒或者块体间的分离以及大变形特征。通过判断每个单元之间的距离来判断其接触状态进而确定颗粒之间接触力的大小。如果离散元体系中一个单元所受的合力以及合力矩不等于零，则不平衡力会导致单元发生运动，这种运动方式可以利用牛顿第二定律来描述。然而单元与单元之间的运动并不是完全自由的，每个单元都会受到周围单元以及边界条件的相互作用的限制。在此基础上进行时步迭代，假设每个单元的速度在每个迭代步骤中是恒定的。由于离散单元法采用了显式集成方法，只有时间步长很小时才能得到稳定的数值解。在此基础上求解出最后每个单元达到平衡状态时的接触力和速度。

4.1.1　颗粒运动定律

离散单元法计算循环过程如图 4.1-1 所示。首先判断颗粒之间是否存在接触；然后利用接触点和颗粒间重叠量及力-位移关系计算相互作用力。根据牛顿第二定律，在每一个数值迭代步骤结束时更新质点的加速度、速度和位移，这个力学循环一直持续到达到规定的总迭代步骤为止。

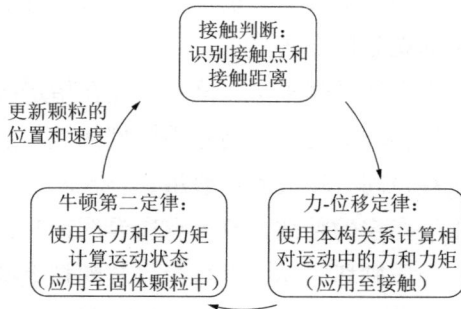

图 4.1-1　离散单元法中的计算循环过程

根据牛顿第二运动定律，控制单个颗粒平移运动的方程表示为：

$$m_i \frac{\mathrm{d}^2}{\mathrm{d}t^2} \vec{x}_i = m_i \vec{g} + \sum_{N_c} (\vec{f}_{nc} + \vec{f}_{tc}) + \vec{f}_{\text{fluid}} \tag{4.1-1}$$

式中：m_i——第 i 个颗粒的质量；

$\quad\vec{x}_i$——颗粒几何中心坐标；

$\vec{f}_{nc}$、$\vec{f}_{tc}$——法向和切向接触力；

$\quad N_c$——接触合力；

$\vec{f}_{\text{fluid}}$——存在于流体和颗粒之间的作用力。

单个颗粒的相对转动方程如下：

$$I_i \frac{\mathrm{d}}{\mathrm{d}t} \vec{\omega}_i = \sum_{N_c} (\vec{r}_c \times \vec{f}_{tc}) + \vec{M}_r \tag{4.1-2}$$

式中：I_i——第 i 个颗粒的转动惯量；

$\quad\vec{\omega}_i$——第 i 个颗粒的角速度；

$\quad\vec{r}_c$——从颗粒质心指向接触点的矢量；

$\quad\vec{M}_r$——滚动抵抗。

4.1.2　颗粒接触力计算模型

离散单元法建模的准确性在很大程度上取决于用于计算颗粒-颗粒相互作用的接触模

型。关于这个问题，主要问题是如何在颗粒离散元中再现两个固体颗粒之间的相互作用。经典的 DEM 模型将所有固体颗粒视为圆盘（即 2D 模型）或球体（即 3D 模型），这种方法可以大大简化颗粒之间重叠距离的计算。尽管该模型可以揭示颗粒材料的力学行为，但由于所有固体颗粒都是球形的、可以自由旋转的假设过于简单，因此该模型不是特别准确。然而，真正的颗粒及其接触更为复杂，例如，颗粒通常不是球形的，表面粗糙，可能被风化材料薄膜覆盖。对于非球形颗粒，法向接触力的作用线不再穿过颗粒的质量中心，从而产生旋转。

三种接触模型如图 4.1-2 所示。这三种不同接触模型的力学响应与两个颗粒之间的相对位移密切相关。颗粒之间的相互作用力包括法向力F_n、切向力F_t和滚动力矩M_r。

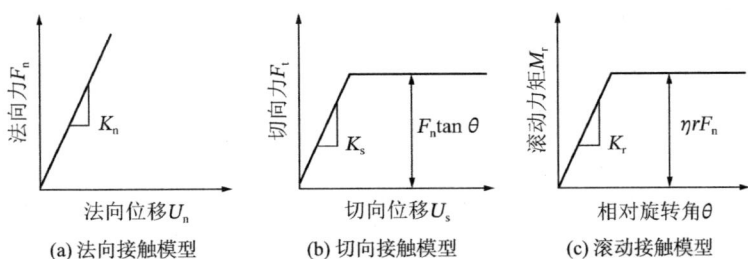

图 4.1-2　接触力计算模型

在图 4.1-2（a）中，作用在单个颗粒上的法向接触力F_n与两个颗粒之间的重叠距离成线性比例，表示为：

$$F_n = K_n \cdot U_n \tag{4.1-3}$$

式中：K_n——法向接触刚度；

U_n——颗粒圆心连线方向重叠量。

在图 4.1-2（b）中，切向力在达到最大值$F_n \tan\theta$之前，n时刻切向力可由增量方式计算：

$$F_t^n = F_t^{n-1} K_s \cdot dU_s \tag{4.1-4}$$

式中：F_t^n——n时刻的切向力；

K_s——剪切刚度；

dU_s——剪切滑动位移增量。

在图 4.1-2（c）中，滚动抵抗力矩从零开始，并随着旋转角的增大而增加到最大值；弹性滚动力矩的量级与相对旋转角成正比，其增量计算公式为：

$$M_r^n = M_r^{n-1} + K_r \cdot \Delta\theta_r \tag{4.1-5}$$

式中：M_r^n、M_r^{n-1}——第n和$n-1$时刻的滚动力矩；

K_r——旋转刚度，$K_r = \beta K_s r^2$，β为旋转刚度系数，接触半径$r = (R_1 + R_2)/2$；

$\Delta\theta_r$——单位时步的相对旋转角，

最大滚动力矩量级为：

$$M_p = \eta \cdot r \cdot |F_n| \tag{4.1-6}$$

式中：η——塑性力矩系数。

4.1.3 应力张量与配位数

由于离散单元法适用于模拟离散材料（如砂和岩石）的力学行为，因此并不能直接根据连续介质力学中应力的定义来获得颗粒组件内的应力分布。离散单元法通常采用均匀化或平均技术来计算应力张量（Thornton 和 Antony）。颗粒体系的测量体积表示为 V，则其应力张量：

$$\overline{\sigma}_{ij} = -\left(\frac{1-n}{\sum\limits_{N_p} V(p)}\right) \sum\limits_{N_p} \sum\limits_{N_c} |x_i^{(c)} - x_i^{(p)}| n_i^{(c,p)} F_j^c \tag{4.1-7}$$

式中：n——颗粒体系 V 内孔隙率；

$V(p)$——单个颗粒的体积；

N_c——单个颗粒接触数量；

$x_i^{(c)}$——第 i 个颗粒接触点坐标；

$x_i^{(p)}$——第 i 个颗粒质心坐标；

$n_i^{(c,p)}$——第 i 个颗粒圆心指向接触点法向的单位向量；

F_j^c——第 j 个颗粒接触力。

配位数为分子或晶体中中心原子周围的原子数。离散元中配位数用来表示颗粒材料的颗粒间接触紧密程度。Jiang 等认为配位数在数值双轴试验中为研究岩土体破坏的一个重要变量。据 Jiang 等的研究，土样剪切带中的配位数较小，因此通过对配位数分布的跟踪，可以识别出土样的潜在破坏区域。颗粒体系的平均配位数可以采用下式计算：

$$\overline{C} = \frac{1}{N_p} \sum\limits_{i=1}^{N_p} C_i \tag{4.1-8}$$

式中：N_p——测量体积内的总的颗粒数量。

4.1.4 阻尼机制

在离散单元法中，为了加快数值计算的收敛速度得到稳定的解答，通常会在运动方程中采用黏性阻尼机制来实现。阻尼在离散元模拟中发挥的作用，通过阻尼消耗的能量与体系总动能的变化保持相同的比率从而实现阻尼的动态变化，即当体系内部的总的动能减小时，阻尼消耗的能量也逐渐减小，离散元中存在三种阻尼形式。

（1）摩擦阻尼是通过库仑准则来实现的，即只有当解除位置上的剪力达到最大滑动剪力 $(F_s)_{max}$ 时，互相接触的两个颗粒才会发生相对滑动，库仑定律可以表示为：

$$(F_s)_{max} = F_n \tan\varphi + c \tag{4.1-9}$$

（2）接触阻尼的实现方式是通过控制颗粒的相对速度，即假设在接触点位置的法向和切向方向上存在阻尼器的作用。法、切向接触阻尼用式(4.1-10)、式(4.1-11)表示：

$$D_n = c_n \dot{n} \tag{4.1-10}$$

$$D_s = c_s \dot{s} \tag{4.1-11}$$

式中：c_n和c_s——法向和切向阻尼系数；

　　　　$\dot{n}$和$\dot{s}$——颗粒相对速度的法向和切向分量。

（3）整体阻尼为无论颗粒间是否存在接触，只要颗粒以一定的速度运动，会受到的阻尼力的作用。如果同时考虑接触和整体阻尼作用，则颗粒的运动方程用式(4.1-12)和式(4.1-13)表示：

$$m_{(x)}\ddot{x}_i = \sum \left[F_{(x)^i} + D_{(x)^i} \right] - C\dot{x}_i \tag{4.1-12}$$

$$I_{(x)}\ddot{\theta}_{(x)} = \sum M_{(x)} - C^*\dot{\theta}_{(x)} \tag{4.1-13}$$

式中：$D_{(x)^i}$——第i个颗粒的接触阻尼；

　　　　C和C^*——相对于运动速度$\dot{x}_i$和角速度$\dot{\theta}_{(x)}$的整体阻尼系数，Cundall 假定整体阻尼系数分别与颗粒的质量与惯性矩成正比，$C = \alpha m_{(x)}$，$C^* = \alpha I_{(x)}$，α为比例系数。

4.2　颗粒流数值模型理论方法

4.2.1　数值模型状态要求

颗粒离散元属于显示求解的数值方法，颗粒间接触力的计算广泛采用 Kelvin 模型（图 4.2-1），颗粒间接触力与颗粒间的重叠量及颗粒刚度成比例关系，其中，法向刚度描述的是总法向力和总法向位移之间的关系，切向刚度描述的是剪切应力增量和剪切位移增量之间的关系。

$$\begin{cases} F_i^n = K^n U^n n_i \\ \Delta F_i^s = -k^s \Delta U_i^s \end{cases} \tag{4.2-1}$$

由式(4.2-1)可知，计算时需要输入颗粒的刚度参数，如果所生成模型的初始重叠量较大，那么在离散元计算中，就会产生初始扰动力（应变能），与真实的物理模型产生较大偏差。在颗粒刚度确定的情况下，颗粒间的接触力与重叠量成正比关系。当颗粒刚度较大且若边界约束或者颗粒间粘结力消失时，颗粒间应变能的释放就会造成颗粒飞溢出边界的现象，掩盖了材料变形破坏机理的实际情况，因此是数值模拟必须避免的。

图 4.2-1　Kelvin 模型颗粒间接触力示意图

由于颗粒离散元法模拟材料力学行为的第一步就是初始模型生成，即用颗粒单元将研究对象离散化，在感兴趣的区域内生成颗粒体系。为了使模拟结果接近真实的物理过程，一个合理的模型需满足如下要求：

（1）所生成的颗粒体系堆积密度能够反映模拟对象的真实情况。如在模拟土体的力学行为时，需要生成密度较小的颗粒体系，而用离散元法模拟岩石材料的破坏与损伤时，则要求生成密度相对较大的颗粒体系。

（2）所生成模型的颗粒尺寸分布满足指定要求。离散元模拟结果因尺寸分布的不同会

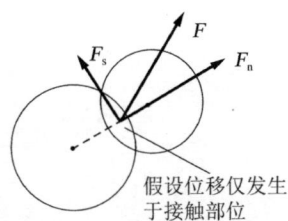

有较大差异，因而颗粒的尺寸分布应与模拟对象的尺寸分布对应。

（3）颗粒间的接触精度足够高。要求模型生成算法所生成的颗粒体系中相邻颗粒间的重叠量足够小，需要尽可能提高算法精度从而减小颗粒间的重叠量。

（4）体系中颗粒与边界紧密接触，完整耦合。要使位于边界处的颗粒与边界相切，并且边界与颗粒体系间的孔隙尽可能小，由此便于外荷载的施加，否则模拟结果与实际物理模型会产生较大差异。

（5）体系中颗粒处于受力平衡状态。在生成的初始构形中，每个颗粒所受合力为零，否则，在离散元计算中，即使在不施加外荷载的情况下，个别颗粒也会在重力作用下发生运动，与实际情况不符。

（6）适用于任意形状的边界。在实际工程的模拟中，所研究对象的形状是千差万别的，因而，模型的生成算法必须能够适应各种边界条件。

4.2.2　模型边界刚性伺服法

对于实际不连续介质工程领域问题，材料分布及边界条件往往比较复杂。因此快速有效地建立可靠度较高的数值计算模型对实际工程具有重要指导意义。

在采用膨胀法原理构建初步颗粒模型后，由于模型边界 Wall 转向部位颗粒很容易产生应力集中现象，且由于模型边界是固定的，不同位置的颗粒间因重叠量的不同，应力状态差异性很大。此时，若以该颗粒模型开始进行数值模拟，在施加边界条件（即移除边界 Wall 束缚）时局部应力集中的颗粒间应变能的快速释放会直接造成颗粒快速大量逃逸。因此，模型必须保证在施加边界条件时颗粒间应力处于很低状态，对于复杂的边界约束 Wall 采用伺服机制可很好地实现该目标（图 4.2-2）。

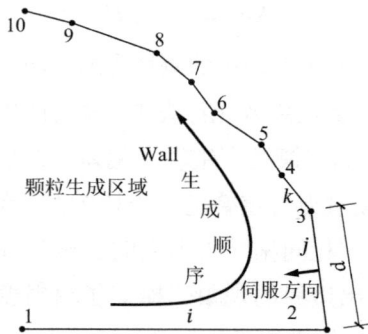

图 4.2-2　边界 Wall 伺服示意图

边界伺服法实现低应力复杂模型，即在动态膨胀法模型构建基础上，通过低应力边界伺服最大可能地释放颗粒间的应变能，并促使颗粒位置不断调整实现区域均匀孔隙率。

这需要对边界 Wall 施加一定的速度来以表示恒定约束力，二维情况下边界 Wall 的法向速度可写为

$$\dot{u}_n^w = G(\sigma^{measured} - \sigma^{required}) = G\Delta\sigma \tag{4.2-2}$$

其中

$$\sigma^{\text{measswed}} = \sqrt{f_{\text{w}x}^2 + f_{\text{w}y}^2}/A \tag{4.2-3}$$

式中：$f_{\text{w}x}^2$，$f_{\text{w}y}^2$——边界 Wall 与颗粒在 x、y 方向的接触力；

　　　　A——边界 Wall 面积，对于厚度视为 1 的二维问题，取 $A = d$，d 为边界 Wall 长度。

若将 Wall 法向速度 $\dot{u}_{\text{n}}^{\text{w}}$ 分别投影至水平方向 x 和竖直方向 y，则下一时间步 Wall 伺服速度为

$$\begin{cases} v_{ix} = \dot{u}_{\text{n}}^{\text{w}} \cdot n_x \\ v_{iy} = \dot{u}_{\text{n}}^{\text{w}} \cdot n_y \end{cases} \tag{4.2-4}$$

式中：n_x，n_y——第 i 个边界 Wall 的在 x，y 方向的单位向量，法向向量方向指向颗粒生成区域；

　　　　v_{ix}，v_{iy}——第 i 个边界 Wall 水平方向和竖直方向的伺服速度。

通过不断调整水平和竖直方向的伺服速度，同时统计颗粒与边界 Wall 的接触数目，然后计算下一时步的伺服参数 G，再次获得边界 Wall 法向速度开始下一时步的伺服，这样不断循环，直至调整所有边界 Wall 平均接触应力达到指定要求。

若 N_c 是边界 Wall 与颗粒的接触数目，$k_{\text{n}}^{(\text{W})}$ 为平均接触刚度，则单位时间步内由边界 Wall 运动引起的接触力变化量为

$$\Delta F^{(\text{W})} = k_{\text{n}}^{(\text{W})} N_c \dot{u}_{\text{n}}^{(\text{W})} \Delta t \tag{4.2-5}$$

边界 Wall 的平均接触应力改变量为

$$\Delta \sigma^{(\text{W})} = k_{\text{n}}^{(\text{W})} N_c \dot{u}^{(\text{W})} \Delta t / A \tag{4.2-6}$$

由于边界 Wall 应力必须小于测试应力与理论应力差值的绝对值，若假定存在一个应力释放因子 α，则有

$$|\Delta \sigma^{(\text{W})}| < \alpha |\Delta \sigma| \tag{4.2-7}$$

联立式(4.2-8)～式(4.2-10)，可知

$$\frac{k_{\text{n}}^{(\text{W})} N_c G |\Delta \sigma| \Delta t}{A} < \alpha |\Delta \sigma| \tag{4.2-8}$$

从而可得伺服调整系数为

$$G = \frac{\alpha A}{k_{\text{n}}^{(\text{W})} N_c \Delta t} \tag{4.2-9}$$

在边界伺服结束后，由于边界 Wall 在伺服过程中位置的变动会造成边界 Wall 具有一定的位移量。假定第 i 个边界 Wall 法向位移量为

$$\Delta l_i = k \cdot \sqrt{\Delta x_i^2 + \Delta y_i^2} \tag{4.2-10}$$

其中，$k = \begin{cases} -1.0 , & \text{边界 Wall 向内移动} \\ +1.0 , & \text{边界 Wall 向外移动} \end{cases}$，则边界伺服后颗粒模型相对于原始模型区域的面积变化量为

$$\Delta S = \sum \Delta l_i \cdot d_i \tag{4.2-11}$$

式中：d_i——第i个边界 Wall 的长度。

此处采用指数形式进行膨胀。若设膨胀过程分n级施加，每级膨胀颗粒半径的膨胀量为$\xi_i(i \leqslant n)$，则第i级膨胀时颗粒半径实际膨胀系数m'可表示为

$$m' = \eta^{\xi_1+\xi_2+\cdots+\xi_i} \qquad (i \leqslant n) \tag{4.2-12}$$

定义膨胀指数为$\lambda = \xi_1 + \xi_2 + \cdots + \xi_i$，不难得出，当$\lambda < 1.0$时理论膨胀系数$\eta$过大，而当$\lambda > 1.0$时理论膨胀系数$\eta$过小，仅当$\lambda = 1.0$可使面积变化量$\Delta S = 0$，则最优膨胀系数即为此时的颗粒半径实际膨胀系数$m'$。但由于伺服机制的存在，$\Delta S$等于零难以实现，故该问题转化为$|\Delta S| \to 0$时$\lambda$的取值问题。

若定义边界伺服后颗粒模型相对于原始模型区域的面积变化比为$\delta(\delta \in [0,1])$，则δ可表示为

$$\delta = \left|\frac{\Delta S}{S} \times 100\%\right| = \left|1 - \frac{1-n}{m^2} \cdot m'^2\right| = \left|1 - \frac{1-n}{m^2} \cdot \left(\eta^{\xi_1+\xi_2+\cdots+\xi_i}\right)^2\right| = f(\xi_i) \tag{4.2-13}$$

λ-δ曲线如图 4.2-3 所示。

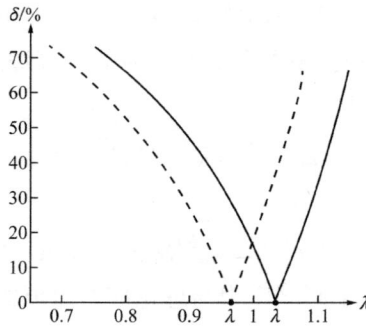

图 4.2-3　λ-δ曲线

根据上述方法得到的低应力均匀孔隙率颗粒模型可确定模型颗粒几何特征，而按照材料实际分布情况，可将不同材料用一个或多个多边形区域控制。此时，通过判断模型颗粒形心位于的材料区域便可实现颗粒的材料分类。

对一个任意形状的多边形，设其边数与节点数为N_P个，第i个颗粒的圆心坐标为(x_c, y_c)，则以该圆心水平向右侧作一条射线，通过判断该射线与多边形交点个数n_p的奇偶性可实现颗粒是否位于该多边形区域内的识别。若以"0"表示颗粒位于多边形外，"1"表示颗粒位于多边形内，则有

$$G(n_p) = \begin{cases} 0, & n_p\text{为偶数} \\ 1, & n_p\text{为奇数} \end{cases} \tag{4.2-14}$$

采用 PFC2D 和 AUTOCAD 构建的复杂离散颗粒模型可视化程度高，颗粒生成、边界伺服等操作方便简单。AUTOCAD 与 PFC2D 接口通过在 AUTOCAD 中用 Polyline 多义线表示模型边界，相邻点构成一个边界 Wall，同时采用 3DFACE 表示颗粒投放区域，则可自动判别边界 Wall 的法向、长度等信息，并生成 PFC2D 命令流。最后调用该命令流即可得

到所需低应力、均孔隙率颗粒模型。其具体流程如图 4.2-4 所示。

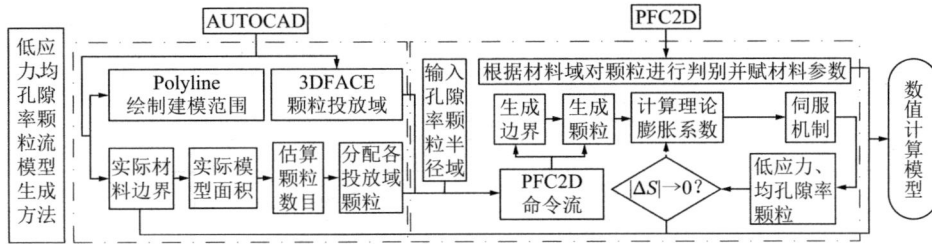

图 4.2-4　复杂离散颗粒模型构建方法流程

4.2.3　模型边界柔性伺服法

为了使颗粒体系充分运动达到均匀、低叠加量等要求，通常采用 Cundall 提出的刚性伺服原理对模型施加一定围压，促使颗粒体系达到目标初始应力状态，然后赋予接触参数进行加载力学特性研究。由于刚性伺服是通过刚性平面对模型进行挤压而施加相应的应力，而在此过程中模型边界只能产生一致的运动。这在一定程度上会致使模型内部出现应力不均匀的现象。而 Kuhn 等提出采用柔性伺服来对模型施加目标压力，可较好地改善边界必须一致变形的问题。由于柔性伺服是通过创建柔性颗粒链，并通过柔性颗粒对颗粒体系施加力以实现对颗粒体系模型施加目标应力的效果，因此各颗粒可根据其所受的荷载自动调整位置，不需模型边界发生一致运动，使得内部颗粒可较自由地根据应力状态调整位置，进而使得模型内部颗粒达到均匀的应力状态。无疑后者在颗粒模型体系构建时有更好的适用性，但柔性伺服体系的构建受控于颗粒力链刚度与颗粒体系刚度比值、伺服速度以及目标颗粒体系参数的共同影响，需要深入探讨。

此处基于 Corriveau 提出的柔性伺服原理，在此基础上构建了二维任意模型的软伺服圆形颗粒体系构造方法，探讨了边界条件对颗粒体系合理模型构建的影响，提出了构建任意形状的复杂目标应力状态的颗粒体系模型的方法，并在此基础上探讨了柔性伺服方法对实现复杂应力场颗粒模型的适用性。

如图 4.2-5 所示为二维任意形状模型，其边界由 14 段线段构成，因此可适用任意凹凸形状，并假定各线段垂直向内方向为伺服正方向（图中箭头所示方向）。根据模型的边界，确定边界的各个顶点，并生成 14 个顶点颗粒（如图 4.2-5 所示，顶点颗粒即为 vp 颗粒），固定各顶点颗粒的位置，在后续伺服过程中不允许顶点颗粒发生移动。然后根据模型边界生成柔性颗粒链（图 4.2-4 中的 1~14 柔性颗粒链），每条柔性颗粒链的端点颗粒即为顶点颗粒。柔性颗粒链与顶点颗粒的半径均相同，允许颗粒之间有一定的重叠量。为了模拟围压的柔性施加，则必须保证柔性颗粒间只传递力不传递力矩，所以柔性颗粒间采用接触粘结模型（Potyondy 等，2004）。为了保证在伺服过程中，柔性颗粒链不发生断裂，对柔性颗粒链施加较高的粘结强度。此模型的面积为 41.1365m²，颗粒总数为 18548，其中边界颗粒 951 个，内部颗粒 17597 个。内部颗粒和边界颗粒的相关参数如表 4.2-1 所示。

内部和边界颗粒参数   表 4.2-1

内部颗粒		边界颗粒	
半径/m	0.02～0.03	半径/m	0.0209
接触模型	线性模型	接触模型	线性接触粘结模型
emod	1e8	emod	1e7
kratio	3.0	kratio	3.0
damp	0.2	dp_naratio	0.7
porosity	0.15	dp_sratio	0.5
density	2000	cb_tens	1e200
bond gap	0.0	cb_shears	1e200

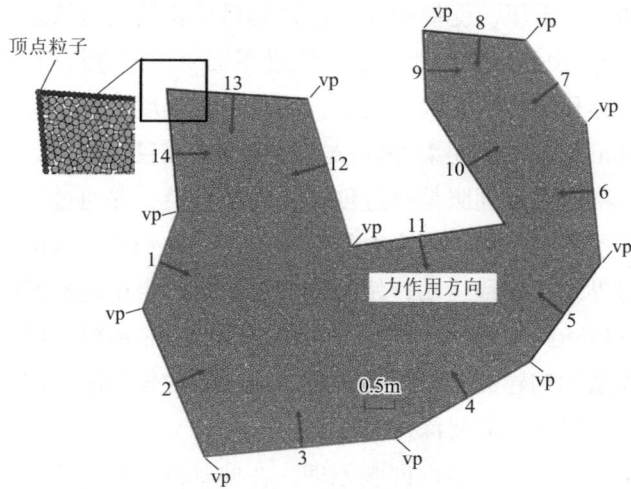

图 4.2-5 初始模型构建图

在模型内部生成颗粒，并采用动态膨胀法使颗粒充满整个模型（Yang，2013）。在模型内部布置较多的测量圆以监测模型内的应力状态、颗粒配位数等信息。测量圆所测物理量的值：

$$Q_a = \frac{Q_m}{A} \qquad (4.2\text{-}15)$$

式中：Q_a——测量圆所测得物理量的值；

Q_m——测量区域的物理量的总值；

A——测量圆的面积（2D）或体积（3D）。

平均应力 $\bar{\sigma}_{ij}$ 计算采用 Christoffersen 提出的原理：

$$\bar{\sigma} = -\frac{1}{V}\sum_{N_c} \boldsymbol{F}^{(c)} \bigotimes \boldsymbol{L}^{(c)} \qquad (4.2\text{-}16)$$

按照一定的规则布置测量圆，且应使每个测量圆包括 20 个接触以上。如图 4.2-6 所示，其为 213 个测量圆所测应力值的分布情况，应力在 0.85～1.15MPa 之间的测量圆数量占测量圆总数的 98.12%，所有测量圆应力平均值为 1MPa。此方法构建的应力状态基本处于目标应力附近，即此方法可构建较理想的应力状态。采用一系列测量圆可减少传统由一个测量圆所测应力代表整体应力而产生的误差。

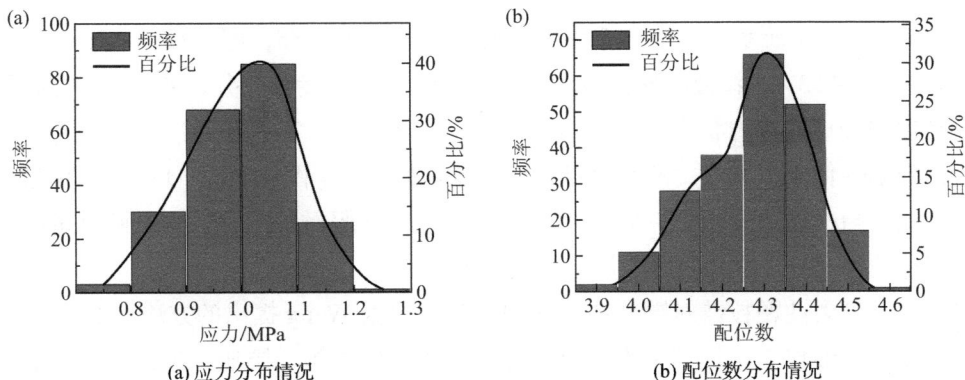

(a) 应力分布情况　　　　　(b) 配位数分布情况

图 4.2-6　测量圆布置

此外，颗粒间力传递的必要条件就是颗粒之间形成接触，而细观结构的重要特性就是接触点的密度，其可用颗粒的配位数来描述，其定义为：

$$C = \frac{2N_c}{N_t} \tag{4.2-17}$$

式中：N_c，N_t——试样中实际接触（法向接触力大于零）的数目和试样中总的颗粒数。

有效配位数 C_e 为颗粒体系中所有产生接触的颗粒的平均接触数，即：

$$C_e = \frac{2N_c}{N_t - N_F} = \frac{2N_c}{N_e} \tag{4.2-18}$$

式中：C_e——有效配位数；

　　　N_F——悬浮颗粒数量；

　　　N_e——所有产生接触的颗粒的数量。

因为悬浮颗粒与周围颗粒不产生接触，所以有效配位数的概念更加合理地反映了颗粒体系颗粒之间的接触状态和力的传递情况。

当悬浮颗粒较少，颗粒相互接触更充分，颗粒之间力的传递更自由。颗粒间的接触力由颗粒间的相互重叠量控制，所以颗粒之间能够充分、合理地接触是颗粒之间合理传递力的前提条件。颗粒之间的接触力为：

$$F_n = k_s \Delta \delta_n \tag{4.2-19}$$

$$F_s = k_s \Delta \delta_s \tag{4.2-20}$$

式中：F_n、F_s——颗粒法向、切向接触力；

　　　$\Delta \delta_n$、$\Delta \delta_s$——颗粒法向、切向重叠量；

　　　k_n、k_s——法向、切向刚度。

$$\frac{1}{k_n} = \frac{1}{k_n^{(1)}} + \frac{1}{k_n^{(2)}} \tag{4.2-21}$$

$$\frac{1}{k_s} = \frac{1}{k_s^{(1)}} + \frac{1}{k_s^{(2)}} \tag{4.2-22}$$

式中：$k_n^{(1)}$、$k_n^{(2)}$——相互接触的两个颗粒的法向刚度；

$\quad\quad k_s^{(1)}$、$k_s^{(2)}$——互相接触的两个颗粒的切向刚度。

如图 4.2-6（b）所示，颗粒体系中颗粒配位数均大于 3.85，配位数在 4.0～4.5 的颗粒占颗粒总数的 99.53%，颗粒的配位数均较大，即颗粒之间接触充分，接触力传力路径更多样，更易达到合理的应力状态。

考虑到柔性伺服过程中，模型边界允许有少量的变形 [图 4.2-7（c）]，所以模型边界附近的测量圆需与模型边界留有一定距离，否则可能在伺服过程中存在测量圆测量的部分区域中物理量的值为 0，即会使所测量的物理量失真。

然后，通过柔性颗粒链对颗粒体系施加荷载。根据 Wang 提出的方法，如图 4.2-7（d）所示，可在柔性颗粒上施加集中力，以实现对离散元模型施加围压，进而实现离散元柔性加载模拟。

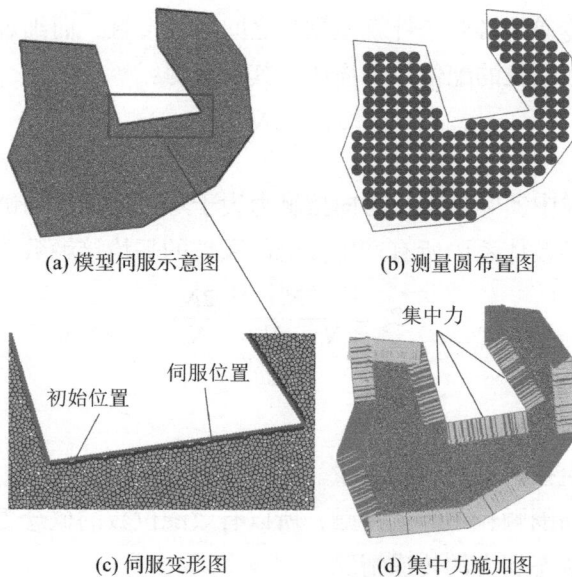

(a) 模型伺服示意图　　　　　(b) 测量圆布置图

(c) 伺服变形图　　　　　(d) 集中力施加图

图 4.2-7　模型柔性伺服

如图 4.2-8 所示，对柔性颗粒施加集中力，该集中力为：

$$F_x = F_c \frac{y_1 - y_2}{\sqrt{(y_1 - y_2)^2 + (x_1 - x_2)^2}} \tag{4.2-23}$$

$$F_y = F_c \frac{x_1 - x_2}{\sqrt{(y_1 - y_2)^2 + (x_1 - x_2)^2}} \tag{4.2-24}$$

$$\frac{F_x}{2} = F_{xa} = F_{xb} \tag{4.2-25}$$

$$\frac{F_y}{2} = F_{ya} = F_{yb} \tag{4.2-26}$$

式中，F_c为 ab 部分的等效集中力；F_{xa}、F_{xb}分别为F_c作用在颗粒a和颗粒b上的x方向集中力；F_{ya}、F_{yb}分别为F_c作用在颗粒a、b上的y方向上的集中力。

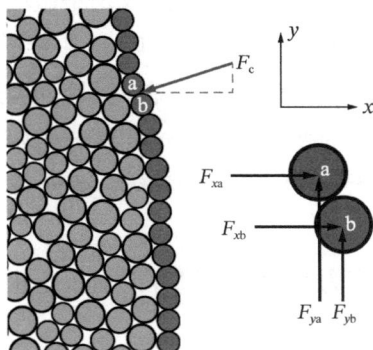

图 4.2-8　等效集中力原理图

此处基于模型内部所有测量圆监测的应力平均值与目标应力值的差值来进行动态伺服，其伺服公式为：

$$t'_r = t_r \times \left(1 - \frac{\sigma_m - \sigma_r}{\sigma_r}\right) = t_r \times \frac{2\sigma_r - \sigma_m}{\sigma_r} \tag{4.2-27}$$

式中：t_r——第r时步施加的等效集中力；

　　　t'_r——第$r+1$时步所需施加的等效集中力；

　　　σ_r——模型所需要的应力；

　　　σ_m——所有测量圆监测的应力平均值。

图 4.2-9 为伺服稳定后的力链图。在伺服过程中颗粒在所受荷载的作用下，在模型内部移动、调整，直至应力状态达到目标应力状态（图 4.2-9 左图）。为了使颗粒能够较自由地移动，在伺服阶段给颗粒设置较小的阻尼。颗粒在移动、调整的过程中，可能会出现局部涡旋，而形成局部涡旋的颗粒群在模型伺服稳定后会形成环状力链骨架（图 4.2-9 右图）。在环状力链骨架中心可能存在悬浮颗粒，悬浮颗粒与周围颗粒不存在接触，所以不会对周围颗粒产生力的作用，这也就是颗粒群产生局部涡旋现象的原因。

图 4.2-9　伺服稳定后的力链图

在较大尺度上来看，模型力链是较为均匀的，即该模型的应力状态较为均匀。在小尺度上来看，边界施加的作用力并没有被所有颗粒均匀承担，而是一部分颗粒承担了较大的力,即力链较粗的颗粒承担了较多的力,这也就是颗粒体系中存在的"骨架效应"。为使颗粒体系内部力的传递更自由、充分,可考虑将悬浮颗粒半径略微增大直至其与周围颗粒产生 2 个接触为止。由于悬浮颗粒数量很少,且仅是略微增大悬浮颗粒半径,所以增大悬浮颗粒半径后对颗粒体系的孔隙率几乎不产生影响。

由于柔性伺服是允许柔性颗粒链变形的,即在柔性伺服过程中允许试样产生变形,但是伺服过程中试样不能产生过大的变形,否则试样就与原始试样区别较大。所以,为保证伺服后试样的外形不发生较大变化,则必须控制柔性伺服过程中试样的面积改变率(2-Dimension)在容许范围内。

现定义柔性伺服面积改变率为柔性伺服过程中面积变化量的绝对值与试样原始面积的比值。

$$A_c = \frac{|A_p - A_i|}{A_i} = \frac{|\Delta A|}{A_i} \tag{4.2-28}$$

式中: A_c——柔性伺服面积改变率;

A_p——柔性伺服每时刻的试样面积;

A_i——试样初始面积;

ΔA——模型面积改变量。

如图 4.2-10 所示,点 a、b、c、d 即为颗粒的初始圆心位置,而 a'、b'、c'、d' 分别为伺服过程中对应的颗粒圆心位置。四边形 $abb'a'$ 的面积即为 ab 颗粒移动所产生的面积改变量,面积改变量均取绝对值。为计算四边形 $abb'a'$ 的面积,假设四点坐标分别为,$a(x_1, y_1)$,$b(x_2, y_2)$,$a'(x_1', y_1')$,$b'(x_2', y_2')$,则四边形 $abb'a'$ 的面积为:

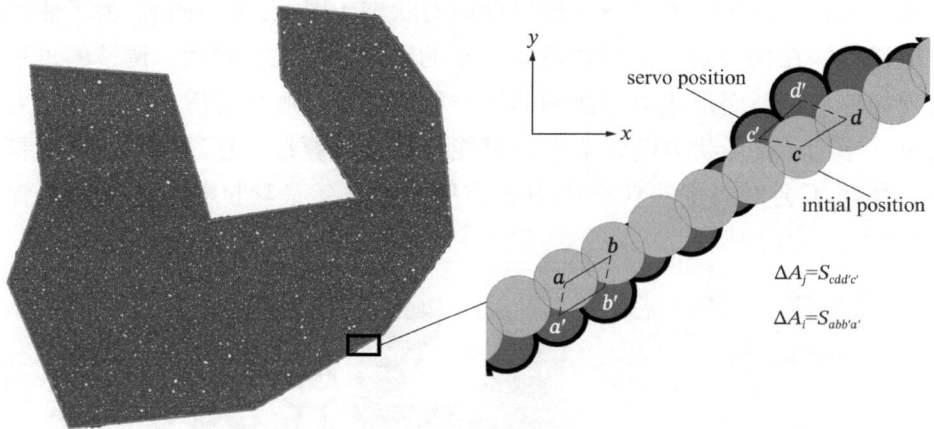

图 4.2-10　柔性伺服面积改变率计算原理

$$\Delta A_i = \frac{1}{2}|(x_1 y_2 - x_2 y_1) + (x_2 y_1' - x_1' y_2) + (x_1' y_2' - x_2' y_1') + (x_2' y_1 - x_1 y_2')| \tag{4.2-29}$$

整个模型的面积改变量为所有相邻柔性颗粒间面积改变量的和。柔性伺服流程如图 4.2-11 所示。

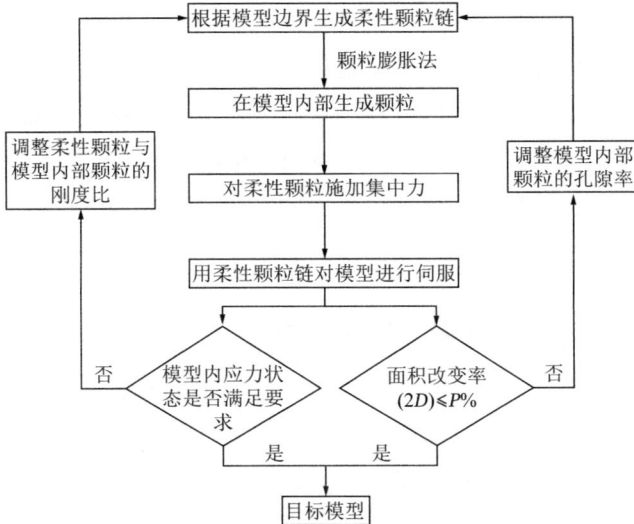

图 4.2-11　柔性伺服流程图

4.3　细观参数优化确定方法

数值模拟效果会受到许多因素影响，比如计算模型、参数（水力参数、力学参数、温度参数等）、本构关系等。事实上，对模型合理的简化和对已有的许多岩土体本构模型的选择并非特别困难，然而如何获取能够用于数值计算时岩土体的力学参数并非易事，传统的室内力学试验（如单轴压缩、三轴压缩、直剪、巴西劈裂等试验）均能获取岩土体的宏观力学参数；然而数值模拟方法中基于连续理论的不连续法、离散元法，尤其是颗粒离散元法中由于细观参数与实际试验得到的宏观参数间并不是一一对应关系，因此通过宏观试验现象、加载曲线作为依据来标定岩土体的细观参数是该数值模拟方法不可缺少的一步，如图 4.3-1 所示。

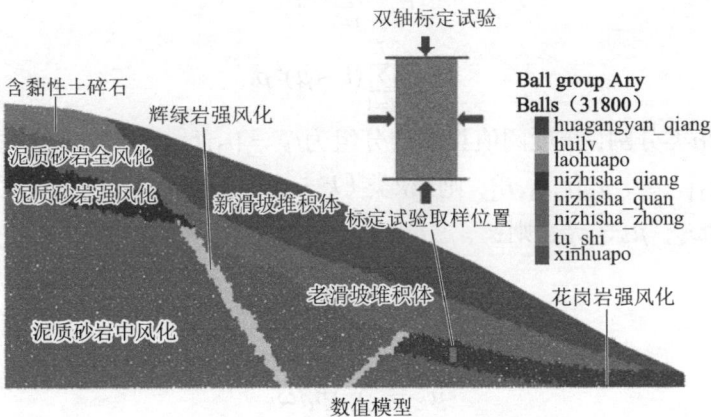

图 4.3-1　细观参数标定过程

Cho 等（2007）研究表明采用离散元方法模拟岩石的应力-应变曲线，不仅需要合适的细观参数，还需要针对不同矿物标定不同的细观力学参数才能获得理想的效果，因此细观力学参数的标定仍需要考虑岩石的不同矿物组成。然而当前该领域研究较少，因此借助于图像识别技术获取典型花岗岩岩块的细观组成，并建立二维颗粒离散元数值试样，通过室内试验标定细观参数，给出了一种可以获取不同类型矿物、细观参数简单、快速标定流程，并基于得到的宏细观力学参数标定规律得到不同岩土体细观力学参数，除此之外还研究了不同细观力学组成条件对岩石宏观力学性质的影响。

4.3.1 岩石细观组成分析与模型构建

计算机中的数字图像是由像素点构成，每个像素点的因素均由红、绿、蓝三个分量合成。数码相机可以获取 RGB 彩色图像，如式(4.3-1)所示，三维矩阵可以用来表示像素点：

$$f(x,y) = \begin{bmatrix} f(1,1) & f(1,2) & \cdots & f(1,N) \\ f(2,1) & f(2,2) & \cdots & f(2,N) \\ & \cdots & \cdots & \\ f(M,1) & f(M,2) & \cdots & f(M,N) \end{bmatrix} \tag{4.3-1}$$

式中：$f(x,y)$——像素(x,y)处的颜色值（$0\sim255$）。

获取不同矿物组分的比例与分布情况是识别岩石材料的细观结构特征主要目标。为避免各种因素（如光照等）对图像识别的影响，对原始图像进行灰度化以及消噪、中等滤波处理，提高不同矿物之间的对比性。图像识别是将图像划分成不同的部分和子集，提取图像中不同矿物的边界的过程。此处采用简单有效、使用广泛的 Ostu 图像分割算法，其对图像单阈值分割效果较好，但对于图像两种以上多灰度子集的图像分割需要推广到多阈值分割。其基本思路为：设一张图像的灰度分级为$[0,L]$，灰度为i的像素个数为n_i，则像素总个数为$N = \sum\limits_{i=1}^{L} n_i$，不同灰度值出现的概率为$p_i = n_i/N$，整幅图像灰度的均值、方差分别用$\mu$、$\sigma^2$表示，则：

$$\mu = \sum_{i=1}^{L} i p_i \tag{4.3-2}$$

$$\sigma^2 = \sum_{i=1}^{L} (i - \mu)^2 p_i \tag{4.3-3}$$

对阈值进行n类分割，灰度阈值具体的分组为$t_k = \{t_1, t_2, t_3, \cdots, t_{n-1}\}$，每组范围$T_1[0, t_1]$，$T_2[t_1, t_2]$，$T_3[t_2, t_3]$，$\cdots$，$T_n[t_{n-1}, L]$，则第$k$类（$k = 0,1,\cdots,n-1$）占总灰度的比重、灰度均值、方差标记为$\omega_k$，$\mu_k$，$\sigma_k^2$，则：

$$\omega_k = \sum_{i=t_k}^{t_{k+1}} p_i \tag{4.3-4}$$

$$\mu_k = \sum_{i=t_k}^{t_{k+1}} i p_i / \omega_k \tag{4.3-5}$$

$$\sigma_k^2 = \sum_{i=t_k}^{t_{k+1}} (i - \mu_k)^2 p_i / \omega_k \quad (1 < t_k < L) \tag{4.3-6}$$

可得到类内灰度特性离散程度的统计度量阈值类内差，$\sigma_W^2 = \sum_{k=0}^{n-1} \omega_k \sigma_k^2$，并由约束方程 $\sigma_B^2 + \sigma_W^2 = \sigma^2$，推导后得到多阈值类间差 σ_B^2，当其最大时表明每两类之间距离统计最大化，得到最优阈值组后对数字图像进行分割。由于 Ostu 算法在推广到多阈值分割时，分割个数 n 越多会导致计算量过大和计算时间较长。此处对包含三种矿物的花岗岩图像进行阈值分割，所以只需要将图像中灰度分割为三个阈值，则值类间差为：

$$\sigma_B^2 = \omega_0 \omega_1 (\mu_0 - \mu_1)^2 + \omega_0 \omega_2 (\mu_0 - \mu_2)^2 + \omega_1 \omega_2 (\mu_1 - \mu_2)^2 \tag{4.3-7}$$

对花岗岩图像进行图像识别与阈值划分，得到花岗岩矿物细观结构表征和阈值分割图如图 4.3-2 所示，云母、石英、长石灰度值范围分别为 0~50、50~150、150~250，云母、石英、长石面积百分比为 4.81%、35.86%、59.32%。Ostu 多阈值图像分割算法对花岗岩细观表征识别效果较好，为颗粒离散元数值模型构建提供依据。

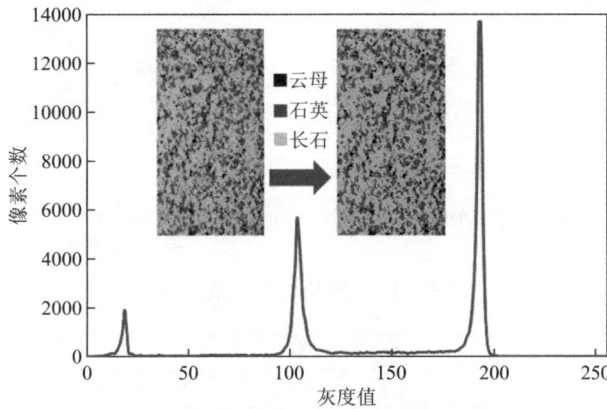

图 4.3-2　岩土图像矿物识别及 Ostu 阈值分割图

4.3.2　数值"试样"制备

在获得试样不同矿物组成的基础上，基于元胞自动机原理建立与矿物组成比例一致的二维离散元试样，使接触良好的圆盘自动演化随机生成矿物细观结构从而近似模拟岩石的结构特征。然而数码相机拍摄的矿物图像具有唯一性，完全按照数字图像建立数值模型代表性仍然较差。因此在模型构建过程中只要矿物含量的比例、分布能够与图像基本一致，就能较好地反映不同矿物组成对宏观力学性质的影响。

假定岩石中含有 T 类矿物，初始时颗粒属性默认为含量最多的矿物，其他矿物通过设置种子随机演化生成，每一种矿物第 S 个种子周围选择 i 个相互接触的颗粒进行元胞自动演化，根据矿物组分含量判断种子周围颗粒矿物类型，矿物种子周围第 i 个颗粒成为同类型矿物的概率为：

$$\eta_i = (A_i - A_S)/A_i \tag{4.3-8}$$

式中：A_i——数值试样中第 i 种矿物最终的目标面积（二维）；

　　　A_S——该矿物产生第 S 个矿物种子时的已有面积，直至该种矿物含量满足要求，如图 4.3-3 所示。

这不仅考虑了矿物生成的随机性，"聚团"效应也得到充分体现，虽然每块"聚团"的真实形状与数字图像不完全一致，但"聚团"分布是随机的，可得到矿物含量、分布与数字图像基本一致的离散元数值模型，元胞自动机演化程序流程如图 4.3-4 所示。

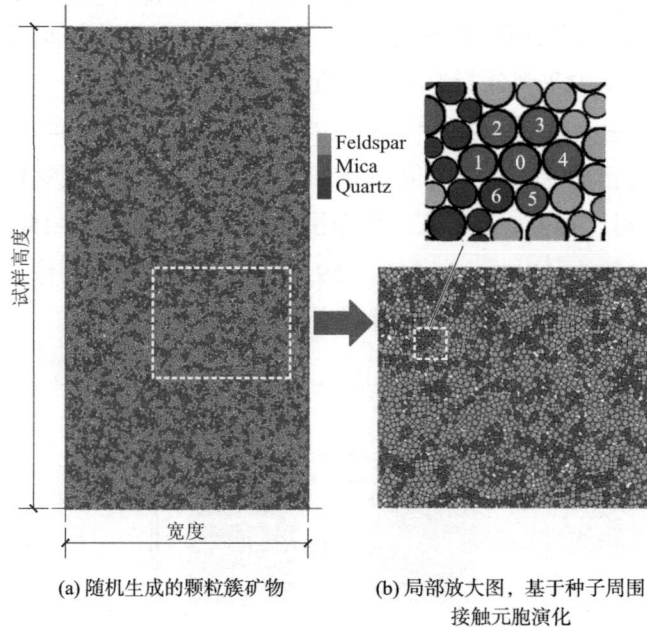

(a) 随机生成的颗粒簇矿物   (b) 局部放大图，基于种子周围接触元胞演化

图 4.3-3 随机颗粒生成方法

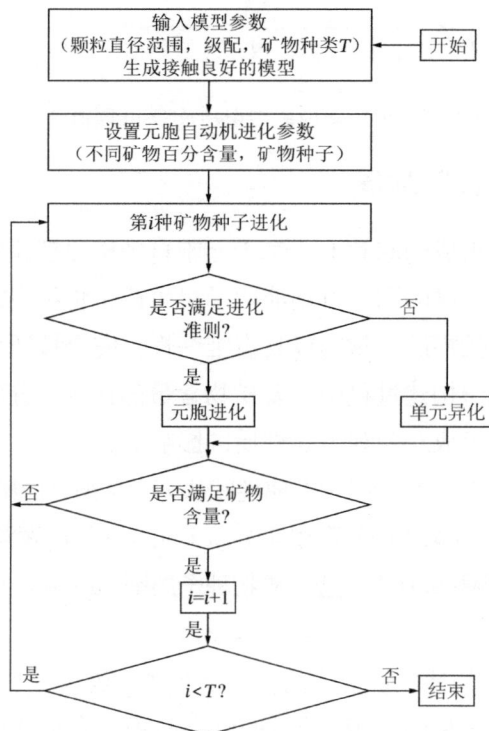

图 4.3-4 元胞自动机演化流程

4.3.3　细观力学参数标定流程

基于 Potyondy 提出的线性平行粘结模型（LPBM, linear parallel bond model）适用于模拟强胶结脆性材料的力学性质。线性平行粘结模型组成结构如图 4.3-5 所示，由线性和平行粘结元件组成。线性组件只能传递颗粒间的弹性相互作用，不能承受拉力和转动；粘结组件提供粘结作用并传递颗粒之间的力和力矩，直至其接触处的相对运动超过粘结强度，随后粘结断裂并退化为线性模型。平行粘结模型中力与力矩的继承关系如下：

$$F_c = F_l + F_d + F_b \tag{4.3-9}$$

$$M_c = M_b \tag{4.3-10}$$

式中：F_l——线性力；

$\quad F_d$——阻尼力；

$\quad F_b$——粘结力；

$\quad M_b$——粘结力矩。

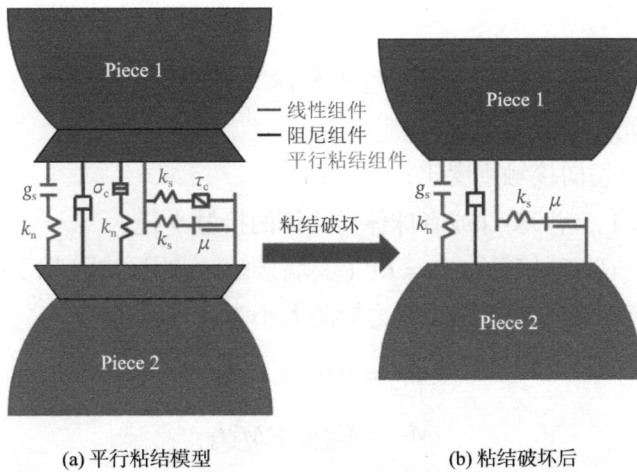

(a) 平行粘结模型　　　　　　　(b) 粘结破坏后

图 4.3-5　平行粘结模型组成结构

在线性平行粘结模型中，线性组件由阻尼力和线性力组成。阻尼力的施加通过在计算时步中对所有颗粒应用指定的阻尼系数α（此处默认值为 0.7）来对系统的能量进行耗散，阻尼力的大小为：

$$F_d = -\alpha |F| \operatorname{sign}(V) \tag{4.3-11}$$

式中：$|F|$——不平衡力量级大小；

$\quad \operatorname{sign}(V)$——颗粒的速度的符号（正负）。

线性力可分解为：

$$F_l = F_n^l n_i + F_s^l t_i \tag{4.3-12}$$

式中：F_n^l——法向分量；

$\quad F_s^l$——切向分量；

n_i，t_i——单位矢量。

法向和切向接触力（相对更新）分别为：

$$F_n^l = F_{n0} + k_n g_s \tag{4.3-13}$$

$$F_s^l = F_{s0} + k_s g_s \Delta\delta_s \tag{4.3-14}$$

式中：k_n——接触法向刚度；

$\quad g_s$——两个颗粒重叠量；

$\quad F_{n0}$——初始法向接触力；

$\quad k_s$——切向刚度；

$\quad F_{s0}$——初始状态下的剪切力；

$\quad \Delta\delta_s$——相对上一时步的剪切位移增量。

当$F_s > \mu F_n$时，令$F_s = \mu F_n$，$\mu = \min(\mu^1, \mu^2)$为颗粒间的摩擦系数。

为使模型体现岩石试验过程中的泊松效应，横向和纵向变形满足变形规律，这可通过设置法向与切向刚度比实现：

$$k_n = AE^*/L \tag{4.3-15}$$

$$k_s = k_n/k^* \tag{4.3-16}$$

式中：E^*——线性元件中有效模量；

$\quad k^*$——法向与切向接触刚度比；

$\quad A = 2rt$，$t = 1$，r为球-球或者球体与墙体的接触半径；

$\quad L = R^{(1)} + R^{(2)}$(球-球接触)，$L = R^{(1)}$(球-墙接触)；$R^{(1)}$、$R^{(2)}$为两个接触颗粒的半径。

平行粘结组件部分的平行粘结力和力矩的大小为：

$$F_i^b = F_n^b n_i + F_s^b t_i \tag{4.3-17}$$

$$M_b = M_n^b n_i + M_s^b t_i \tag{4.3-18}$$

式中：F_n^b，F_s^b——法向和切向粘结力；

$\quad M_n^b$，M_s^b——扭矩和弯矩，二维时扭矩为0，

$$M_s^b = M_s^b - k_n I \Delta\theta_s$$

式中：I——粘结截面的惯性矩，$I = 2/3R^3 t$，$t = 1$；

$\quad \Delta\theta_s$——弯曲相对旋转增量，$\Delta\theta_s = (w_s^2 - w_s^1)\Delta t$。

4.3.4　参数标定依据

在数字图像拍摄处位置，钻取三组 50mm×100mm 试样，进行室内常规单轴压缩力学试验，得到轴向应力-应变曲线如图 4.3-6 所示。

考虑试验结果存在一定的离散性，选取试验 2 的应力-应变曲线位作为标定目标。单轴压缩条件下得到杨氏模量为 21.04GPa，单轴抗压强度（UCS）为 216.43MPa，泊松比为 0.22。除此之外，还进行了 3 组巴西劈裂试验，获得巴西劈裂强度（BTS）15.31MPa、19.96MPa、

16.45MPa，UCS 与 BTS 之比在 13.0～15.0 范围内。

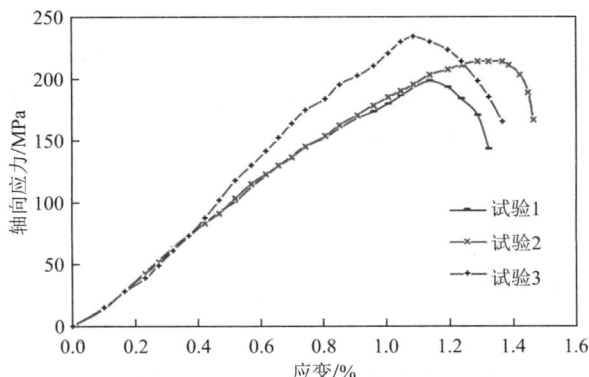

图 4.3-6　单轴压缩试验轴向应力-应变曲线

目前对岩石材料宏细观参数关系基本认识为：①细观粘结模量$\bar{E}^*$与宏观杨氏模量E相关；②k^*与岩石弹性变形阶段的泊松比相关；③法向与切向粘结强度的比值与数值试验宏观破坏模式密切相关。粘结破坏前平行粘结组件参数同时影响试样压缩、拉伸条件下的力学行为，粘结破坏后模型退化为线性组件，其只影响受压时试样的力学行为，细观有效模量E^*、刚度比取值与平行粘结组件相同。基于细胞自动机方法制备的离散元数值试样模型尺寸为 2m × 4m，颗粒采用直径 5～10mm 的圆盘，共 35794 个，根据伺服机制采用 1MPa 围压对试样进行压紧，接触间隙按照$1e^{-3}$激活获得 81935 个接触。具体标定流程如下。

（1）LPBM 中的充填-基质粘结强度比由室内试验得到的压拉强度比确定。

以含量较多的长石为基质，石英和云母为填充物，通过改变充填基质粘结强度比分析试样单轴压缩与拉伸强度比（压拉强度比）随细观粘结强度比的变化规律，其他参数按照经验取值并保持不变，得到结果如图 4.3-7 所示。脆性岩石的抗压强度与抗拉强度的比值为 8.0～15.0，细观充填基质粘结强度比应为 0.1～0.2，所以选取石英与长石的粘结强度比为 0.15，石英与云母粘结强度比为 0.12。

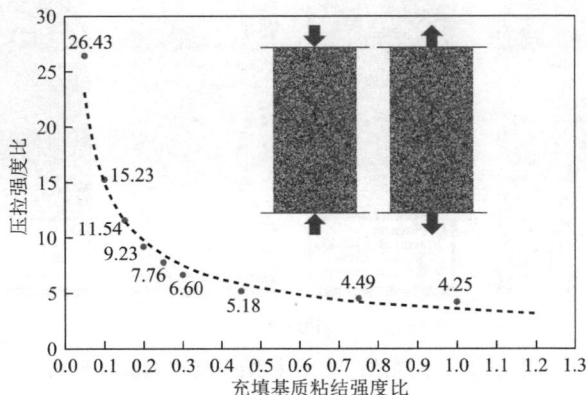

图 4.3-7　充填基质粘结强度比与压拉强度比的关系曲线

根据宏观杨氏模量标定单轴拉伸数值试验细观粘结有效模量。基于对石英、长石、云母宏观变形难易程度的认识，石英、长石抵抗变形能力接近且比云母较好，假定云母、长石、石英的细观模量比为1:1:0.2。线性元件中的有效模量初始设置为一较小值，通过等比例改变不同矿物粘结有效模量$\overline{E}^*$大小，其他参数保持不变进行单轴拉伸试验，拟合得到杨氏模量与石英粘结有效模量的关系式，

$$E = 0.673\overline{E}^* + 0.207 \tag{4.3-19}$$

式中：E——宏观杨氏模量（GPa）；

$\overline{E}^*$——石英粘结有效模量（GPa）。

由于实验室内测得E为21.04GPa，可求石英粘结有效模量为30.96GPa。

（2）固定粘结有效模量值，等比例改变线性元件中不同矿物有效模量进行单轴压缩试验，拟合得到杨氏模量与其取值关系：

$$E = 0.211E^* + 19.007 \tag{4.3-20}$$

式中：E——宏观杨氏模量（GPa）；

E^*——线性元件中石英的有效模量（GPa）。

已知杨氏模量为21.04GPa，可求E^*应为9.64GPa。

（3）假定花岗岩内部不同矿物的刚度比相同，标定影响宏观泊松比大小的细观参数法向切向刚度比k^*，改变k^*的大小进行单轴压缩，拟合得泊松比μ与k^*的对应关系如下：

$$\mu = 0.0815k^* + 0.0024 \tag{4.3-21}$$

将泊松比$\mu = 0.22$代入，得k^*为2.7。

（4）通过改变矿物颗粒法向-切向粘结强度比(σ_c/τ_c)研究数值试样破坏形式。

通过分别设置颗粒体系的法向-切向粘结强度比分别为0.5、1.0、2.0得到破坏形式如图4.3-8所示。从图中可以看出，法向-切向粘结强度比的比值越大，颗粒间出现剪切破坏的趋势越明显；比值越小时，颗粒间出现法向破坏的概率越大；Potyond认为在花岗岩中不能完全排除微张拉裂隙的存在，张拉和剪切微裂隙均可能出现，应设置法向粘结强度等于切向粘结强度，因此此处取法向-切向粘结强度比为1.0并保持该值不变。

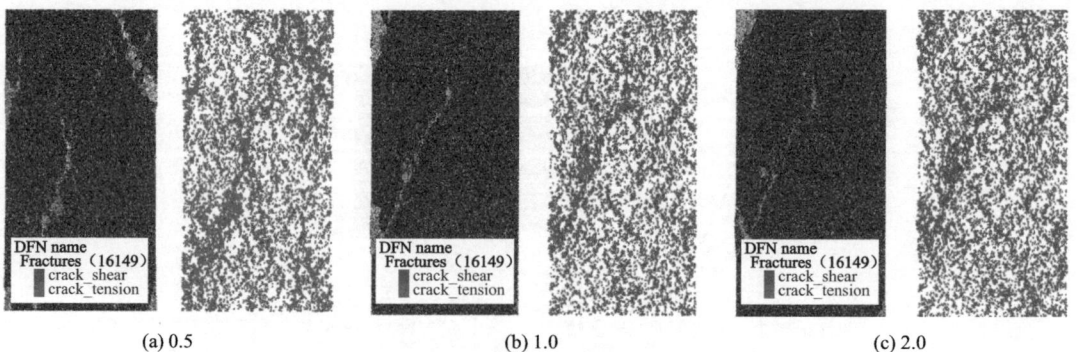

(a) 0.5 (b) 1.0 (c) 2.0

图4.3-8 不同法向-切向粘结强度比的破坏形式

（5）假定初始状态时切向和法向粘结强度的大小均为100MPa，在基准上同时乘以

0.1、0.3、1.0、1.5、3.0、4.0、5.0 进行单轴压缩数值试验，得到 UCS 与切向粘结强度的公式如下：

$$UCS = 0.612\overline{\tau}_c + 24.82 \tag{4.3-22}$$

将试验峰值强度 216.43MPa 代入，得张拉和剪切强度为 312.43MPa。

（6）由于各参数间也会相互影响，根据实际模拟值（图 4.3-9）对参数进行微小的调整，得到花岗岩不同组分的细观模型力学参数拟合结果如表 4.3-1 所示。

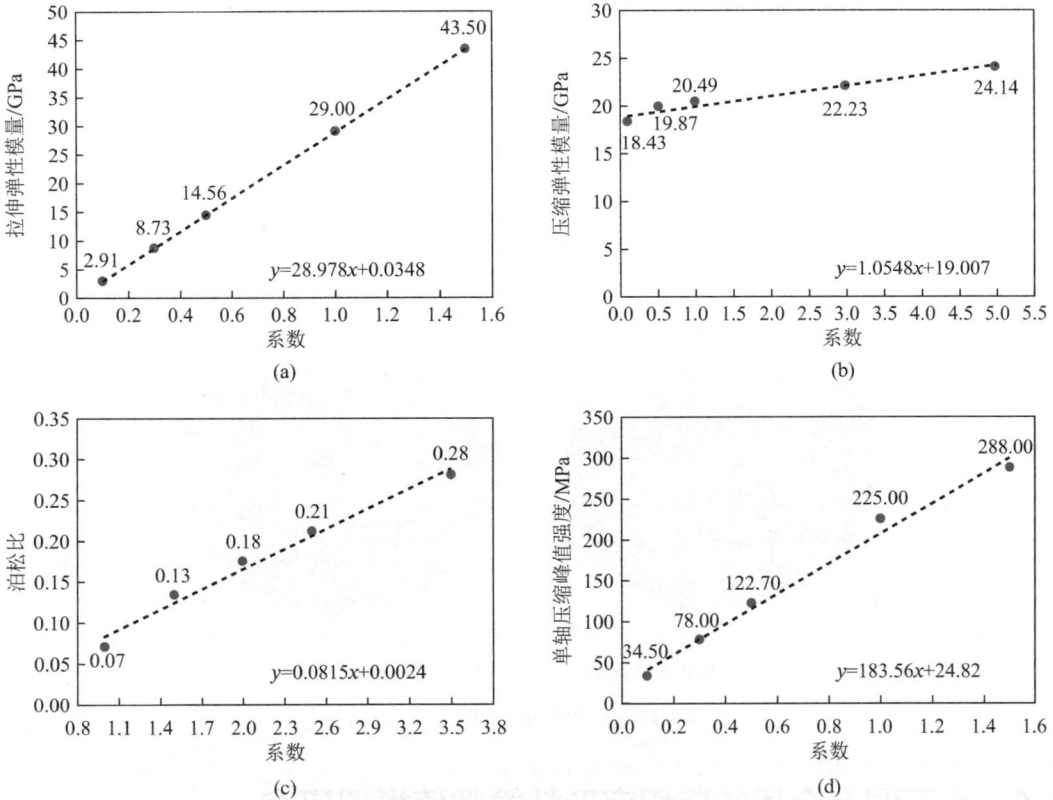

图 4.3-9　力学参数拟合结果

花岗岩不同组分的细观模型参数标定结果　　　　　　　　表 4.3-1

矿物组成	线性有效模量 E^*/GPa	平行粘结有效模量 $\overline{E}^*$/GPa	法向/切向刚度比	法向/切向粘结强度比	法向粘结强度/MPa	切向粘结强度/MPa
云母	1.9	6.8	2.7	1.0	49.6	49.6
石英	7.5	28.0	2.7	1.0	66.2	66.2
长石	9.6	32.0	2.7	1.0	332.5	332.5

单轴压缩数值试验与室内试验应力-应变曲线对比结果如图 4.3-10（a）所示，得到 E 为 20.5GPa，UCS 为 225.54MPa，这些结果与实验室内 2 号试验结果获得的杨氏模量 21.04GPa 与单轴强度 216.43MPa 比较吻合。除此之外，为了对比验证，进行了巴西劈裂数值模拟试验，但单轴拉伸强度直接与室内巴西劈裂强度对比，并不能较好地说明

数值计算参数标定结果。另外，巴西劈裂数值试验获取到其巴西劈裂强度为 16.7MPa，巴西劈裂圆盘模型如图 4.3-10（b）所示。数值计算结果可以看出二维圆盘模型的微裂纹分布表明微拉伸裂纹的扩展是数值试样的主要破坏模式，与实验室试验中观察到的现象相似。

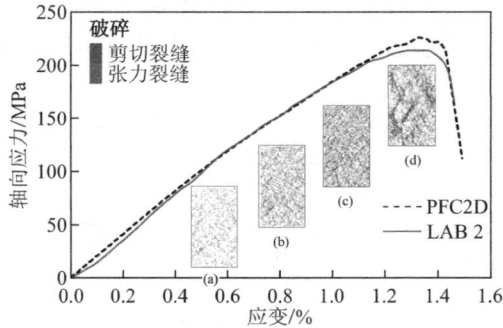

(a) 单轴压缩试验和数值计算结果对比

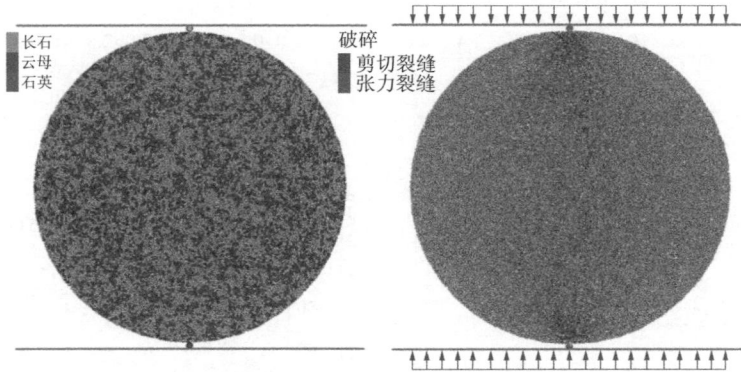

(b) 巴西试验模型（左）和微裂纹分布（右）

图 4.3-10　参数标定后的验证数值试验

4.4　土石混合介质的剪切变形特性数值模拟研究

土石混合体由于其颗粒粒度变幅剧烈，级配复杂且难以控制，其强度和变形指标亦随颗粒组成、块石分布、含石率、胶结程度、含水率变化较大，因而造就土石混合体力学参数确定困难的特点。

尽管如此，多年来国内外学者依旧采用了许多方法对土石混合体这种特殊地质介质的特性进行了研究。如 Holtz 和 Gibbs 于 1956 年指出类似于土石混合体这类满足尺寸与颗粒级配要求的土石混合介质试验才能够反映实际情况，后来 Chandler 则进一步指出当试样中含有异常大砾石时强度值会大幅提高，但该值并不是该介质的准确强度。Lindquist 等通过室内、室外试验对土石混合体抗剪强度特征与块石含量的关系进行了大量的试验研究。徐文杰等运用数字图像处理技术对土石混合体的力学性质进行了研究。赫建明等则从材料结构出发构建了土石混合体二维颗粒流随机结构模型，并进行

114

了压剪变形破坏的数值试验。这些研究均表明块石含量、岩性、颗粒级配组成以及细粒物质组成等在很大程度上影响着混合介质的物理力学性质，尤其是抗剪强度特征。但是不管是室内三轴、剪切试验还是室外原位试验，由于试样存在一定的随机性及试验条件的限制，这些方法均不能准确测定相关的强度和变形参数，难以为实际工程提供土石混合体的综合强度变形指标。此外，试验成本高、可重复性差更是加大了研究难度。因此，寻找一种经济有效的参数确定途径，对了解土石混合体这类介质力学特性具有十分重要的意义。

由于土石混合体是一种非常复杂的不连续散体介质，故采用非连续的颗粒离散元数值模拟技术优势明显。此处通过现场试验颗粒粒度累计曲线建立了三维颗粒离散元直剪试验模型，探讨了不同参数和正应力下的剪胀率，分析了岩性、级配、块石含量对土石混合体力学性质的影响。

4.4.1　直剪模拟系统

颗粒离散元 PFC3D，即三维颗粒流程序，是通过离散单元法来模拟圆球形颗粒介质的运动及其颗粒间的相互作用。它采用数值方法将材料分为有代表性的颗粒单元，期望利用局部模拟的结果来研究连续性本构计算的边值问题。目前，它已逐渐成为模拟固体力学和颗粒流问题的一种有效手段。此处通过颗粒离散元 PFC3D，结合土石混合体现场试验数据建立了模拟不同含石率、岩性及颗粒级配组成的土石混合体混合介质的大型直接剪切试验模型。

（1）剪切盒模型

根据室内大型直剪试验的规格，剪切盒尺寸取 60cm（长）×60cm（宽）×50cm（高），上、下剪切半盒高度均为 25cm。在试验时保持下剪切半盒不动，推动上剪切半盒匀速运动，同时使用伺服加载机制保持正应力恒定。此外，模型采用 PFC3D 中 Wall 模拟剪切试验外墙，并认为外墙是刚度远大于土石颗粒刚度的刚性体。

（2）混合介质颗粒

颗粒离散元 PFC3D 中土、石均使用圆球颗粒近似模拟，而实际上土石料一般是不规则的，均存在一定的棱角，且其颗粒间的接触模式与球形颗粒接触亦有所不同（实际颗粒间不容易产生滚动），故为了更准确地模拟土石混合体的力学性质，可通过不断地调整球形颗粒间的摩擦系数来近似，颗粒的摩擦系数越大，则颗粒可认为越粗糙，模型颗粒间的接触模式越接近于实际试样。

土石混合体中土石构成是一个相对的概念，工程中断面规模及尺寸变化均会使土石混合体内部结构发生相应变化。因此，土石混合体不同于传统概念中粉土、黏土等细粒土体，其粒度范围随着研究尺度的变化而变化，粒径上限也可能由几毫米达到几十厘米。故要研究土石混合体的内部细观结构，首要问题便是确定一定研究尺度范围内土石粒径的分界阈值。Medley（1995）、Linquist（1994）等在对 Franciscan 等地分布的土石混合体的研究中发现，土石混合体具有很重要的一个性质——比例无关性（Scale-independence），并定义土石的划分判据为：

$$f = \begin{cases} R & d \geqslant d_{\text{thr}} \\ S & d < d_{\text{thr}} \end{cases} \tag{4.4-1}$$

$$d_{\text{thr}} = 0.05 L_{\text{c}} \tag{4.4-2}$$

式中：R——块石；

　　　S——土颗粒；

　　　d——块体粒径；

　　　d_{thr}——土石阈值；

　　　L_{c}——研究区域的特征尺寸，对于长方体试件取为三个方向的最小尺寸。

为匹配室内直剪试验剪切盒尺寸，本次模拟最大颗粒粒径限定为 60mm。由于相同体积下颗粒数量随着颗粒半径减小成几何指数增加，尤其当颗粒数量多于 30000 时，计算机的计算效率显著降低，因此为减少计算时间颗粒半径亦不可太小。根据徐文杰、武明等人的研究成果，此处以 20mm 作为土石粒径阈值，将小于该粒径的颗粒默认为土，这样颗粒数目可以得到控制，从而使得计算时间较合理。模型设定混合介质的孔隙率为 0.35，由于土石混合体中土-石颗粒分布不可能一次达到要求，故可先根据最初级配组成生成孔隙率低于设定值的数量一定的颗粒，然后通过同比例放大半径直至达到要求。此外，由于生成后的颗粒可能会有一定的重叠量，造成颗粒组合体的应力分布不均，还需对颗粒初始能量进行释放并通过重新排列方可使得各处孔隙率近似一致，因此，此处采用 PFC3D 中的 FISH 语言编程进行了初始应力调整。

（3）室内试验数据

取典型土石试样，含石率介于 30%～70% 之间，岩块组成主要为灰岩和玄武岩，内部块石尺寸较大，但具有一定的磨圆度。由于其内部组成物质岩块的尺寸影响难以成样，且现场试验条件困难、成样条件差等因素，故只是从现场取样进行了 4 组重塑试样的直接剪切试验，第 1 组为颗粒小于 20mm 的"纯土"重塑样，第 2～4 组分别为含石率 30%、50%、70% 的重塑样。图 4.4-1～图 4.4-4 分别对比了不同含石率下重塑试样直剪试验和数值模拟试验的剪切应力-切变位移特征曲线。

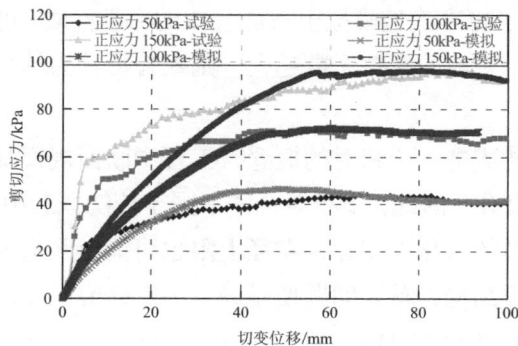

图 4.4-1　"纯土"重塑试样直剪试验与数值模拟对比

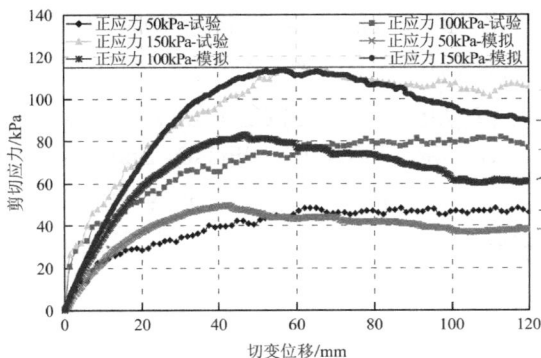

图 4.4-2　含石率 30%重塑试样直剪试验与数值模拟对比

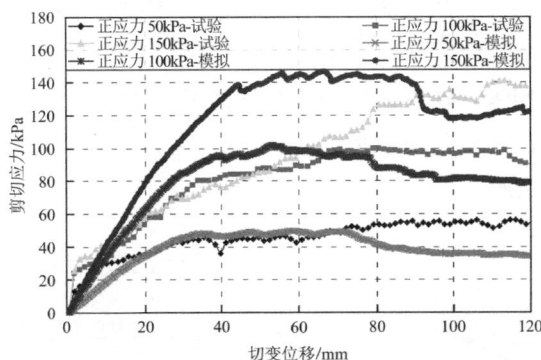

图 4.4-3　含石率 50%重塑试样直剪试验与数值模拟对比

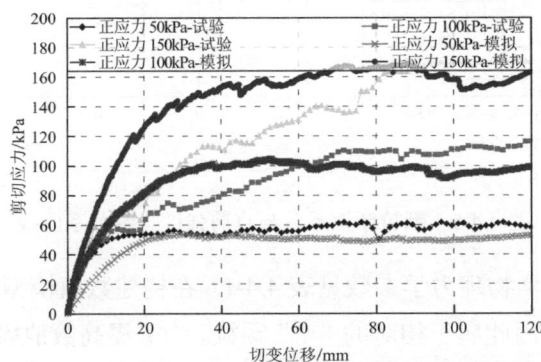

图 4.4-4　含石率 70%重塑试样直剪试验与数值模拟对比

4.4.2　颗粒细观力学参数

采用颗粒流方法进行数值模拟首先需要对细观参数进行标定，即设置合适的细观参数使得其宏观性质与宏观参数相匹配。根据 Cundall 提出的参数标定流程，一般采用双轴压缩试验得到单轴抗压强度（UCS）、杨氏模量和泊松比、黏聚力与摩擦角，并采用优化方法使得宏观特征与试验相吻合。但土石混合体混合介质主要为散体颗粒，试验资料亦为直剪试验，因此可直接采用重塑样剪应力-变形特征曲线进行标定。颗粒材料在直剪试验过程中受颗粒构成、几何、分布的影响，岩石颗粒杨氏模量一般可认为保持不变，而接触刚度与

117

颗粒半径则线性相关，因此，此处数值试验采用改变颗粒弹性模量进行，而介质刚度可通过式(4.4-3)、式(4.4-4)进行估算：

$$E_c = \begin{cases} k_n/2t & \text{PFC2D} \cdot \text{disk} \cdot \text{mode} \\ k_n/4R & \text{PFCC2D} \cdot \text{PFC3D} \cdot \text{Sphere} \cdot \text{mode} \end{cases}$$ (4.4-3)

$$\overline{E}_c = k^{\overline{n}}(R^{(A)} + R^{(B)})$$ (4.4-4)

式中：k_n——颗粒法向刚度；

R——颗粒半径；

t——圆盘厚度。

对于典型案例的土石混合体颗粒细观参数取值，由于泥质胶结能力差，重塑样的胶结强度可忽略不计，因此数值模拟直剪试验主要受颗粒法向、切向刚度以及颗粒粗糙度f控制。刚度取值采用宏观弹性模量与泊松比试算得到，而颗粒粗糙度不仅与块石的形状有关、还与含石率等因素密切相关，图 4.4-5 为颗粒摩擦系数与直剪强度参数关系曲线。据此判断，不同含石率下的混合介质摩擦系数是不同的，需要调整摩擦系数以适应含石率，从而使得结果更加接近室内试验。

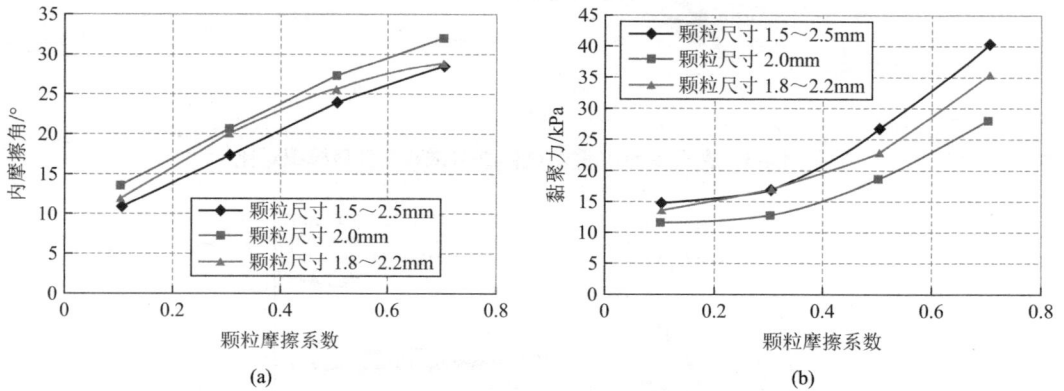

图 4.4-5 颗粒摩擦系数与直剪强度参数关系曲线

不同含石率下重塑样物理力学参数见表 4.4-1。在构建数值模型时，土颗粒认为是剔除 2mm 以上颗粒的散体，因此属于相对的"土"颗粒。为了提高数值模拟计算效率，采用 1.8-2.2mm 自动生成，其颗粒间滑动摩擦系数取 0.6。在不同含石率下通过刚度值试算所得数值模拟曲线与试验曲线对比校正，最终确定的"土""石"颗粒细观参数（表 4.4-2）可使数值模型试验结果与重塑样相一致。

不同含石率下重塑样物理力学参数　　　　　　　　　　表 4.4-1

参数	含石率			
	纯土	30%	50%	70%
内摩擦角/°	26.5	34.9	40.1	46.0
黏聚力/kPa	25	20	15.9	12.1

土石颗粒细观参数　　　　　　　　　表 4.4-2

颗粒	切/法向刚度比	法向刚度/（MN/m）	不同含石率摩擦系数				颗粒密度/（kg/m³）
			纯土	30%	50%	70%	
土粒	1.0	5	0.6	1.0	2.2	3.0	2700
岩块	1.0	500	0.6	1.0	2.2	3.0	2700

4.4.3　直剪试验数值模拟

（1）直剪试验模拟

直剪试验（图 4.4-6）采用固结快剪方式，为保证整个剪切过程稳定须采用较小的剪切速度，此处控制加载速度为 0.1mm/s，运行时间步以小于程序计算确定的最小时间步为准，根据试算结果，取为 5×10^{-7}s。直剪试验模拟分为五个步骤进行，即剪切盒生成→级配混合料生成→生成均布低应力→施加垂向正应力→推动剪切盒剪切。在剪切过程中，正应力采用墙体伺服保持不变，推动上半剪切盒向右侧移动，除伺服 Wall 和移动 Wall 外其他剪切盒面均固定，则上部伺服 Wall 的变形曲线即为剪胀曲线，移动 Wall 的位移即为剪切位移。

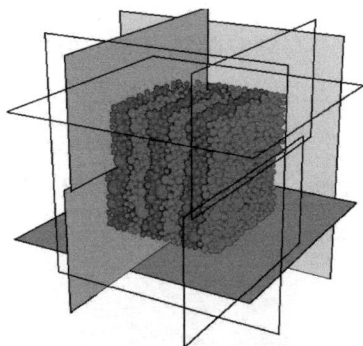

图 4.4-6　直接剪切试验模拟系统

（2）确定剪切屈服面

为了确定剪切屈服面的位置，以模型内所有颗粒在达到初始应力时位置为基准，与剪切应变达到 15% 时剪切盒内颗粒位置进行对比，并在垂直方向上采用宽度值逐步加密的统计方法，计算颗粒速度（变形）平均值，得到剪切过程中不同位置颗粒速度统计曲线如图 4.4-7 所示。由于土石颗粒尺寸的不同，不同颗粒间的咬合能力不同，土石混合体土石混合介质的剪切屈服面并非为圆滑的平面，如图 4.4-8 所示，而是受屈服面粒径尺寸的影响，存在一个剪切带，剪切带内变形以设计平面为中心呈 S 形变化。在两倍最大块石粒径以外颗粒的速度基本一致，而剪切带范围内的颗粒则急剧变化，这表明剪切带的宽度大致影响两倍最大粒径范围。

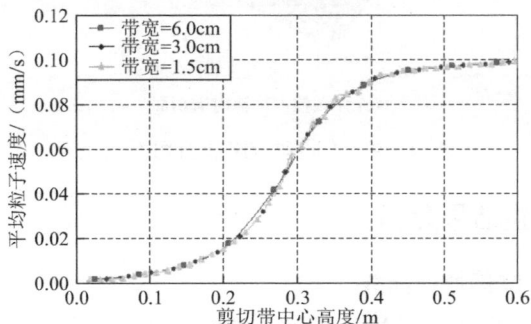

图 4.4-7　剪切过程中不同位置颗粒速度统计

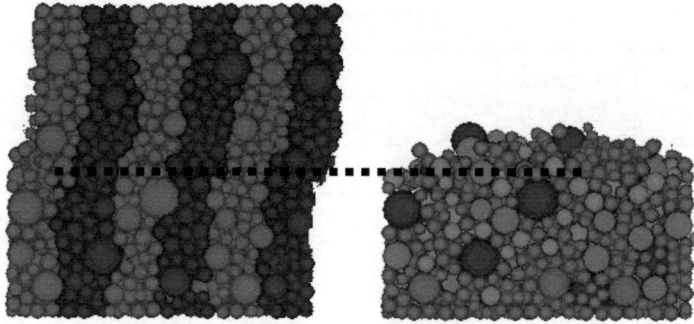

图 4.4-8　剪切过程中颗粒变位对比及剪切面

与颗粒随机分布的剪切面相比（图 4.4-9），大颗粒越多，则更容易在剪切面附近出现较大的坑槽，而当块石尺寸较小时，则剪切面相对较平整。这表明当块石尺寸较大时，大颗粒翻转与错位需要的接触力则越大，其变位将影响更远区域的颗粒，从而使得峰值强度提高、剪切强度增大，这与实际情况是一致的。

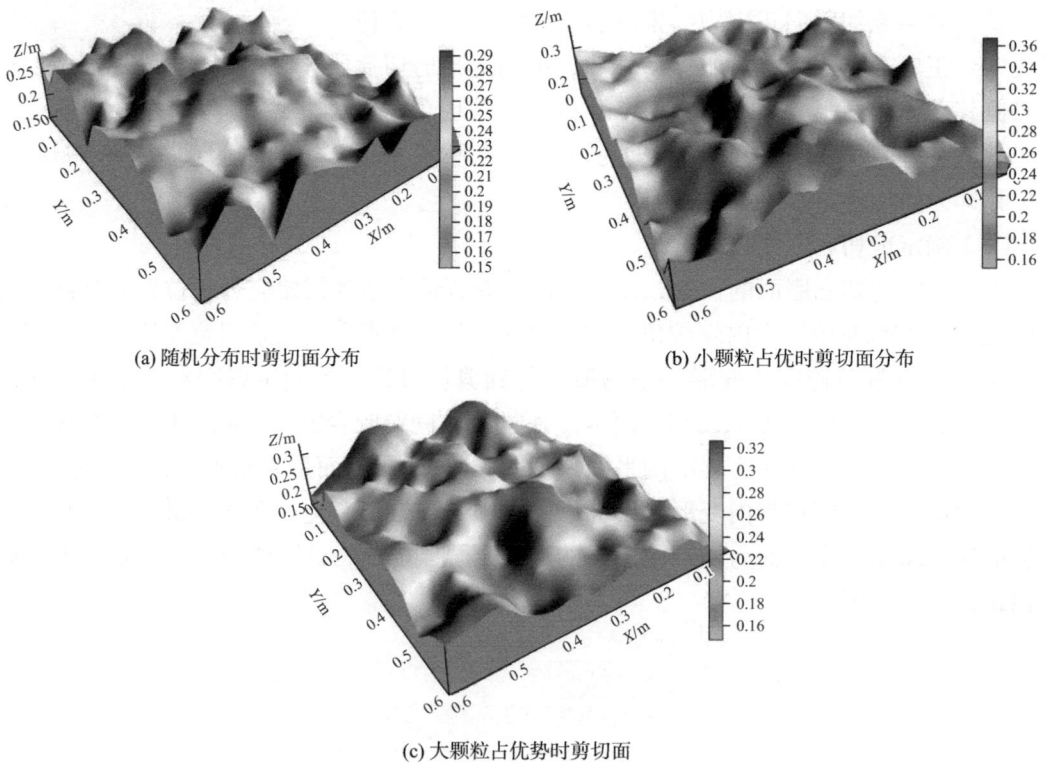

(a) 随机分布时剪切面分布

(b) 小颗粒占优时剪切面分布

(c) 大颗粒占优势时剪切面

图 4.4-9　不同颗粒组成剪切面变化

4.4.4　数值试验结果分析

（1）剪切应力-切变位移特征曲线

如图 4.4-1～图 4.4-4 所示，在初始剪切阶段剪应力与剪切位移近似呈弹性变化，其变形主要由颗粒间的弹性接触引起；随着剪切的进行，部分颗粒产生分离，剪切盒内颗粒开始克服阻力移动、旋转或翻越，导致介质发生剪胀，此过程剪切应力-切变位移呈现硬化特性，而峰值强度继续提高；当剪切盒内运动颗粒完全克服下伏颗粒的阻力后，承载力达到峰值；此后剪切面两侧颗粒间摩擦力呈现小范围起伏变化，剪切应力-切变位移特征曲线出现了一定的软化现象。

在试样固结施加正压力后，颗粒间会存在一定的变形，并以应变能形式存储。如图 4.4-10 所示，在初始剪切阶段，应变能开始继续增加，但随着剪切的进行应变能增加至峰值后会逐步下降，最终接近初始剪切以前值。在整个剪切过程中，颗粒间的摩擦作用逐渐明显，摩擦能不断增加，同时剪切带内局部颗粒在剪切过程中获得了一定的速度，具有了一定的动能，尤其是当剪切强度达到峰值后，动能变化较为明显，但该部分能量与前两类能量相比较小，在剪切初始阶段则更小，可忽略不计。

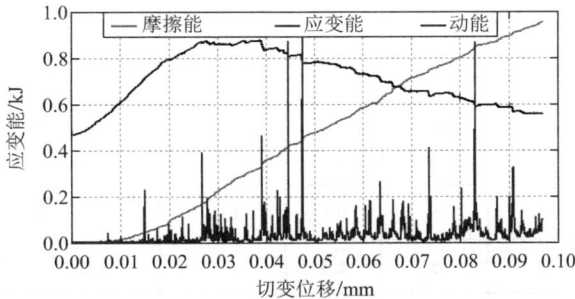

图 4.4-10　剪切试验过程中的能量变化

（2）颗粒细观参数对抗剪强度的影响

土石颗粒的刚度、介质摩擦系数对混合介质的抗剪性能都有影响。通过对比分析不同参数下抗剪强度指标变化（表 4.4-3）可知，土石混合体内部含石率对其力学性质具有十分重要的影响，它在某种程度上控制了滑面的形成和形态；块石的存在使得其内部滑面出现了"绕石"现象，从而使得土石混合体剪切面较均质土体情况更为"曲折"，而块石间由于相互摩擦及咬合产生的较强咬合力是造成土石混合体这类特殊的地质体内摩擦角较高的根源，并且该影响随着内部含石率的增大而更为明显。

在土体刚度确定的条件下，块石颗粒的刚度越大即充填块石越硬，则岩块平移、翻转或翻越的挠动影响范围将越大，从而使得剪切面亦越粗糙；而当土体颗粒刚度与块石颗粒刚度相近时剪切面则越平整。对充填的岩石颗粒，其弹性模量可认为是定值，但按照颗粒流方法计算原理，其颗粒刚度随粒径变大而变小，因此根据上式固定弹性模量，而取刚度随级配尺寸平均值变化。在含石率为 50%，摩擦系数为 2.2，块石尺寸为 2～6cm 的条件下，采用随机分布生成混合介质模型进行直剪试验模拟，结果表明：在土体刚度一定时，软岩充填（弹性模量 5×10^8MPa）的混合介质φ、c 分别为 39.6°、15.7kPa，而硬岩充填（弹性模量 5×10^9MPa）的混合介质φ、c 分别为 42.1°、14.4kPa；当充填岩石颗粒刚度一定时，软弱基质（弹性模量 5×10^6MPa）的混合介质φ、c 分别为 39.6°、15.7kPa，而较硬基质（弹性模量 5×10^8MPa）的混合介质φ、c 分别为 47.2°、31.7kPa。不难发现无论是基质颗粒还是充填颗粒的模量的增加，都可以一定程度提高混合介质的内摩擦力；当基质颗粒刚度增加时黏聚力相应提高，而当充填介质颗粒刚度增加时黏聚力反而降低；当颗粒刚度固定时，若颗粒间的粗糙程度增加，同样也可使得抗剪强度大幅提高；而当颗粒刚度、颗粒粗糙程度均一定时，抗剪强度却随含石率提高反而降低，这与试验数据不符，造成这种情况的原因在于土石刚度近似恒定的数值模拟中摩擦系数随含石率的不同发生了变化。

不同参数下抗剪强度指标变化　　　　　　　　　　　　表 4.4-3

	含石率/%	土弹性模量/×10⁶ MPa	石弹性模量/×10⁸ MPa	摩擦系数	内摩擦角/°	黏聚力/kPa	不同正压力下剪胀率/%		
							0.1MPa	0.5MP	1.0MPa
土颗粒刚度影响	50	5	5	2.2	39.6	15.7	2.59	1.54	1.31
	50	50	5	2.2	44.0	19.5	3.12	2.74	2.38
	50	500	5	2.2	47.2	31.6	3.09	2.69	2.43
石颗粒刚度影响	50	5	10	2.2	40.7	14.9	2.77	1.84	1.46
	50	5	50	2.2	42.1	14.4	3.07	2.16	1.70
摩擦系数影响	50	5	5	0.5	25.2	10.3	1.84	1.53	-0.03
	50	5	5	1.0	30.9	13.5	2.24	1.43	0.05
	50	5	5	2.0	40.1	15.6	2.62	1.67	1.17
含石率影响	0	5	5	2.2	39.8	7.2	1.59	1.55	1.36
	30	5	5	2.2	51.1	19.2	2.70	1.73	1.17
	70	5	5	2.2	32.3	25.8	2.89	1.88	1.07

（3）颗粒级配构成对抗剪强度的影响

在块石含量相同情况下，不同级配颗粒构成使得剪切面变化甚大。相同含石率条件下考虑不同颗粒级配试验可分析粒径分布对抗剪强度的影响，具体方案如表 4.4-4 所示。

不同颗粒级配计算方案　　　　　　　　　　　　表 4.4-4

类型	"土"含量	岩石颗粒质量百分含量/%			
	<2cm	2~3cm	3~4cm	4~5cm	5~6cm
小颗粒占优	50%	20.0	15.0	10.0	5.0
粒径均匀	50%	12.5	12.5	12.5	12.5
大颗粒占优	50%	5.0	10.0	15.0	20.0

通过三组试验对比发现，颗粒均匀、小颗粒占优、大颗粒占优的抗剪内摩擦角分别为39.6°、38.5°和40.9°，黏聚力分别为 15.7kPa、20.3kPa 和 13.7kPa，与重塑试验块石含量 50% 时抗剪参数（内摩擦角 40.1°，黏聚力 15.8kPa）相比，颗粒均匀试验与重塑试验结果更为

接近；大尺寸块石存在时，内摩擦角增加，黏聚力降低，反之，岩石颗粒接近土颗粒尺寸时，内摩擦角则较试验值偏小；此外，大颗粒占优时较易发生剪胀（表 4.4-5），小颗粒岩石较多时剪胀率则较低；在高围压下土石混合体介质特性表现为应变硬化、低剪胀率，甚至少量试样发生了剪缩现象，而在低围压下则易发生剪胀现象，这与重塑样试验结果基本一致。

不同级配条件下试验结果　　　　　　　　　　　　　　　　　　表 4.4-5

参数		小颗粒占优	颗粒均匀	大颗粒占优
石颗粒弹性模量/MPa		5e8	5e8	5e8
土颗粒弹性模量/MPa		5e6	5e6	5e6
摩擦系数		2.2	2.2	2.2
内摩擦角/°		38.5	39.6	40.9
黏聚力/kPa		20.3	15.7	13.7
不同正应力下剪胀率/%	0.1MPa	2.09	2.58	2.46
	0.5MPa	1.53	1.83	1.58
	1.0MPa	0.08	0.31	0.05

（4）岩块介质含量对抗剪强度的影响

在颗粒构成相同的条件下，保持颗粒摩擦系数（取 2.2）不变，将块石刚度增大 10 倍，介质内摩擦角增加了 2.5°，这表明混合介质所含岩块颗粒刚度增加虽然可使得抗剪强度提高，但增幅有限，与重塑样试验结论不符。通过试验资料分析可知，在块石含量比较小的情况下，颗粒接触以土颗粒间为主，此时介质抗剪强度主要来自克服土体颗粒间的摩擦；而当块石含量较高时，颗粒接触则以土-石接触、石-石接触为主，块石的摩擦系数将会导致较大的摩擦力，从而使得抗剪强度显著提高。因此，含石率的提高导致介质抗剪强度增加主要是由于颗粒间接触土-石、石-石接触比例的提升造成，亦是由剪切带内块石之间的咬合力提供。根据原型试验资料分析，颗粒摩擦系数与含石率近似存在二次抛物线递增关系：

$$f = 0.0004\eta^2 + 0.0037\eta + 0.5785 \tag{4.4-5}$$

式中：f——颗粒流计算所需的摩擦系数；

　　　η——含石率百分数（%）。

采用该式分别计算出含石率为 0、30%、50% 及 70% 下的摩擦系数变化情况，如图 4.4-11 所示，强度指标与试验值对比如图 4.4-12 所示，结果吻合程度较好。同时，由于含石率的提高，颗粒的粗糙程度提升，剪切带内颗粒移动、旋转或翻越需要克服更大阻力，相应则有更多的变形能转化为摩擦能；在相同围压下，剪胀率随含石率增加而提高，在相同含石率下，剪胀率随围压增加反而下降，如表 4.4-6 所示。

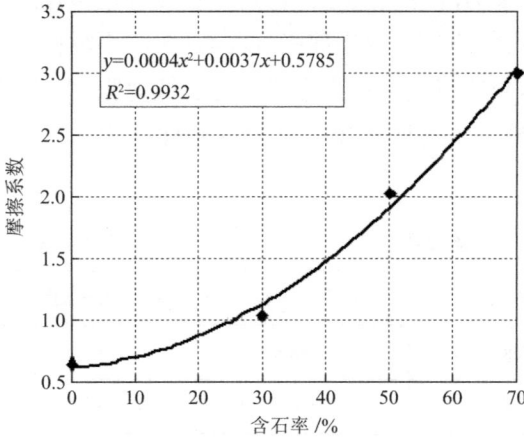

图 4.4-11　摩擦系数与含石率关系曲线

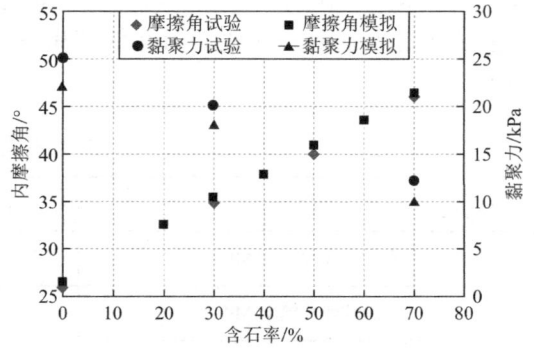

图 4.4-12　宏观抗剪强度参数与含石率关系

不同含石率下剪胀率（单位：%）　　　　　　　　　表 4.4-6

含石率	正应力		
	0.05MPa	0.1MPa	0.15MPa
0	1.50	1.33	1.09
30%	2.80	2.42	2.34
50%	3.02	2.94	2.83
70%	3.34	3.11	2.98

4.4.5　研究结论

基于颗粒流方法和室内剪切试验，进行了土石混合体介质的直接剪切试验模拟，主要结论如下：

（1）土石混合体直剪试验剪切面并非一个平面，而是存在一个带内变形以设计平面为中心呈 S 形变化剪切带，块石最大粒径越大剪切面影响范围越广，块石刚度越大剪切面则越粗糙。

（2）块石存在某种程度上控制着滑面的形成和形态，并造成了内部滑面出现的"绕石"现象，它和块石间由于相互摩擦及咬合产生的咬合力是土石混合体具有较高的内摩擦角的根源；颗粒刚度和颗粒间粗糙程度的增加在一定程度上均可提高介质内摩擦角，但基质颗粒刚度增加，黏聚力相应提高；充填介质颗粒刚度增加，黏聚力反而降低。

（3）由于本节直剪数值试验采用正应力较低，当土石混合体试样存在大尺寸块石时，内摩擦角增加，黏聚力降低，且较易发生剪胀；当岩石颗粒接近土颗粒尺寸时，内摩擦角则较试验值偏小，剪胀率较低；在高围压下其介质特性表现为应变硬化、低剪胀率，不排除剪缩的情况，而在低围压下则容易发生剪胀现象，这与重塑样试验结果基本一致。

（4）混合介质所含颗粒刚度增加虽然可使得抗剪强度提高，但提高幅度有限。通过原型试验对比发现，土石颗粒剪切面的摩擦主要是由块石间的咬合力提供，在结构组成相近条件下，颗粒摩擦系数与含石率近似呈二次抛物线递增关系，按此规律设置的粗糙摩擦系数能贴近原型试验。

（5）此处颗粒离散元数值试验与室内重塑样试验吻合程度较好，因此，该方法可作为工程土石混合体确定力学参数的有益补充。

4.5　土石混合体三轴压缩力学特性研究

土石混合体是一种不良地质体，它由低强度的土颗粒与高刚度的岩石块体胶结构成，其力学特性受介质内部的细观介质和胶结程度控制，力学参数确定非常困难。如何考虑土石混合体细观结构，进而建立其力学参数确定方法具有重要的理论及工程实践价值。

当前，土石混合体力学参数与变形特性主要通过原位试验、室内试验及数值模拟等方法进行研究，力学参数、变形特性主要由土石混合体细观结构来控制。Miller 等在对黏土与粗砂构成的混合物进行三轴室内试验发现，当含砂率在 50%～70%时，随着含砂率的提高，内摩擦角逐渐增大，而黏聚力逐渐减小。Kristensson 等利用离散元法研究了土石混合体剪切破坏特性，研究发现破坏特征受块石形状影响较为显著。Kuenza 等通过对土石混合体进行扭剪试验，结果发现，含石率对土石混合体强度具有较大影响，当含石率小于 40%时，土体主要受力；当含石率大于 40%时，土体与块石共同受力。Irfan 和 Tan 研究了粗颗粒含量对土石混合体强度的影响，通过室内试验研究发现，当含粒率小于 10%时，随着粗颗粒含量的增加对抗剪强度基本没有影响；当含粒率大于 30%时，随着粗颗粒含量的增加，土石混合体抗剪强度显著增加；当含粒率在 10%～30%时，抗剪强度依然由细粒主导，粗颗粒对抗剪强度影响较小。

近年来，借助数值模拟技术研究土石混合介质的力学性质发展迅速，已经成为研究岩土力学特性的一种重要手段。二维情况下土石混合细观介质的强度试验可通过数字图像处理技术及骨料随机重构技术等实现，如 Tanshman 采用数值图像处理及 CT 技术对混凝土沥青骨料进行了研究，通过定量分析得到了骨料分布的"微结构张量"，Yue 等采用数字图像有限元分析了香港地区的花岗岩内部细观结构，建立了细观模型对力学特性进行了数值模拟研究。三维情况则可通过三维 CT 扫描及三维颗粒随机重构，石崇、沈俊良通过对颗粒进行三维激光扫描，研究了卵石、碎石颗粒的形状参数，结果发现：对相同体积碎石和卵石而言，体积越小，则卵石和碎石的表面积差距越小，所产生的力学性质影响区别越小；卵石的整体形状系数要普遍高于碎石。然后通过三轴压缩试验或剪切试验进行，获得了较符合土石混合体力学特性的结果。

此处在室内三轴压缩试验基础上，利用文献中傅里叶随机构形法生成三维随机颗粒，然后与土颗粒压紧构造土石混合体试样，进而开展三轴压缩试验，研究含石率、细观结构等对介质强度特性的影响，为该类介质的强度参数确定提供参考。

4.5.1　三轴数值压缩试验容器

数值试验按照室内三轴试验系统尺寸设计，高200mm、宽101mm，随机构造骨架颗粒模板如图4.5-1（a）所示，其中第一排为磨圆度较好的土石混合体，第二排是工程中常用的碎石颗粒，第三排为非常粗糙的胶结颗粒，利用不同类型的骨架模板随机构造颗粒投放到如图4.5-1（b）所示的模型约束墙内，然后再在骨架颗粒外生成土颗粒；三维情况下墙由若干个三角面组成。生成模型时首先通过上下墙与侧壁墙对试样进行伺服处理，然后控制上下墙体进行压缩加载试验。

压缩加载试验中，上面墙体缓慢地向下移动，移动速度被控制为0.0005m/s；底面墙体在试验过程中保持固定不动；压缩过程中利用伺服机制在侧壁墙体上施加恒定的围压应力。

(a) 不同细观骨料的构造　　　　　　　　　(b) 数值试验装置

图4.5-1　三维压缩装置示意图

4.5.2　数值试样的制备

土颗粒采用ball来模拟，块石在室内试验基本是不破碎的，因此块石采用不破碎的刚性簇（clump）来模拟，制样步骤如下：

（1）首先，在PFC里生成一定大小的土颗粒，为了消除尺寸效应，土颗粒尺寸小于模拟装置边长的1/80即可，由于最小边长101mm，因此土颗粒直径小于1.2mm即可，此处土体颗粒直径范围取为1.0～1.2mm，如图4.5-2（a）所示。

（2）利用图4.5-1（a）所示骨架颗粒模板，利用PFC3D中自带的随机投放法生成clump随机块石，块石颗粒尺寸范围为5～20mm；块石颗粒如图4.5-2（b）所示。

（3）由于块石clump与土颗粒ball之间存在重叠，影响模拟效果，因此，遍历所有的ball，将与clump重合的ball删除，然后施加接触参数令土-石相互作用弹开，即可得到三维土石混合体随机细观结构模型，用于离散元数值模拟，土石混合体如图4.5-2（c）所示。

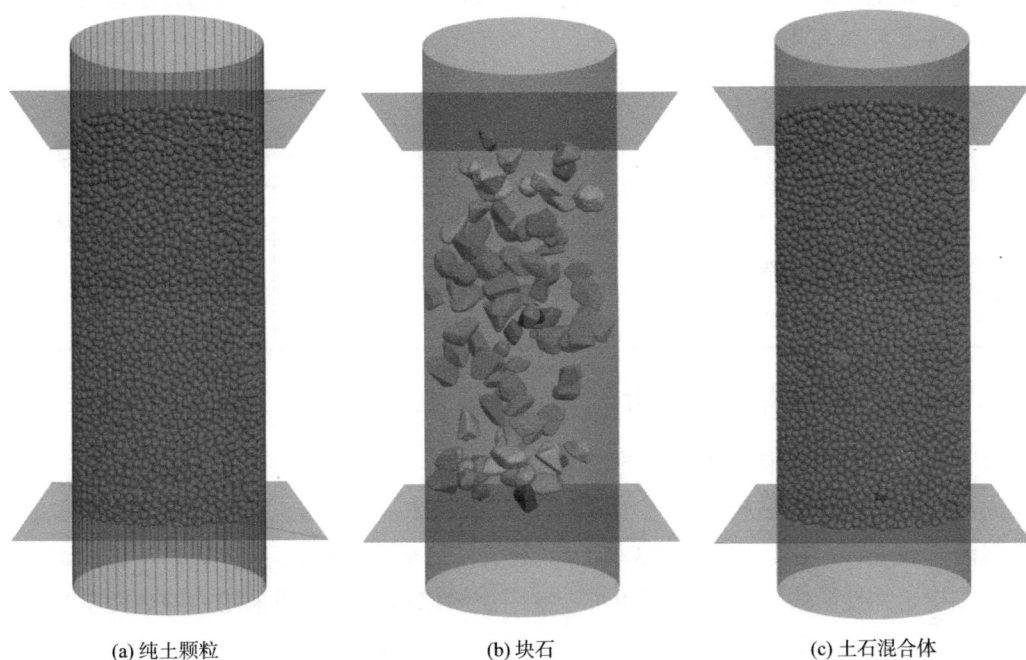

|(a) 纯土颗粒　　　　　　　(b) 块石　　　　　　　(c) 土石混合体|

(a) 纯土颗粒　　　　　　　　　(b) 块石　　　　　　　　　(c) 土石混合体

图 4.5-2　土石混合体生成示意图

4.5.3　土石细观参数的标定

参数标定的过程中，材料的宏观参数与细观参数之间的关系并不是一一对应的，一个宏观参数的变化可能会使多个细观参数发生变化，他们之间具有明显的非线性关系，因此 PFC 模型的参数标定是一个非常复杂的过程。在使用 PFC 模型进行试验的时候，模型颗粒的大小及组合方式确定的情况下，需要不断地调试模型的细观参数，直到模型的宏观响应与所需模型的宏观参数接近时，参数标定方才结束，得到的细观参数即所需标定的结果。针对土石混合体，内部存在土-土、土-石、石-石三类接触，均采用接触粘结模型（CBM）来模拟，基于该模型此处在大量尝试基础上建议采用如下参数标定过程：

（1）先设置材料强度为一个比较大的值，然后调整颗粒的弹性模量，即 E_c 来匹配材料的宏观弹性模量，一般细观弹性模量与宏观弹性模量成正相关。调整颗粒的法向和切向刚度比值，即 k_n/k_s 匹配材料宏观的泊松比，研究表明，泊松比与刚度比之间成正相关。经过多次尝试后，确定 E_c、k_n/k_s 的取值，再利用 $k_n = 2E_c$，即可得到 k_n、k_s 的取值。

（2）得到了想要的弹性响应之后，开始标定颗粒间接触粘结强度 σ_c、τ_c，接触粘结强度 σ_c、τ_c 对峰值强度影响较大，τ_c/σ_c 的比值对试样的破坏形式具有一定影响，一般取 τ_c/σ_c 比值为 1.0，通过不断尝试，当峰值强度匹配吻合时，即可得到接触粘结强度 σ_c、τ_c。

（3）通过前两个步骤的标定，可以匹配得到材料在加压过程中峰值强度之前的细观参数，如果需要重现材料的峰后行为，则需要调整颗粒的摩擦系数 μ，但该参数目前没有一个合适的取值标准。

通过对纯土按照上面方法进行标定，块石参数通过 Yoon 等提出的方法进行标定，最终土石细观参数如表 4.5-1 所示。

材料细观参数　　　　　　　　　　　　　　　　　　表 4.5-1

材料	密度/（kg/m³）	刚度/（N/m）		黏聚力/（N/m）		摩擦系数
	ρ	k_n	k_s	F_n^b	F_s^b	μ
土体	2000	4e6	2e6	6.0e2	6.0e2	0.45
块石	2700	4e7	4e7	2.0e6	2.0e6	1.0

4.5.4　数值计算结果分析

（1）含石率对土石混合体参数的影响

通过对含石率 30%试样的三个不同围压（200kPa、400kPa、800kPa）数值模拟研究，并与室内试验进行对比，如图 4.5-3 所示，数值模拟得到的应力-应变规律与室内试验基本一致。在初始弹性阶段，数值模拟相对于室内试验略偏小，表明采用的细观力学参数可以合理地反映土石混合体的变形特性。

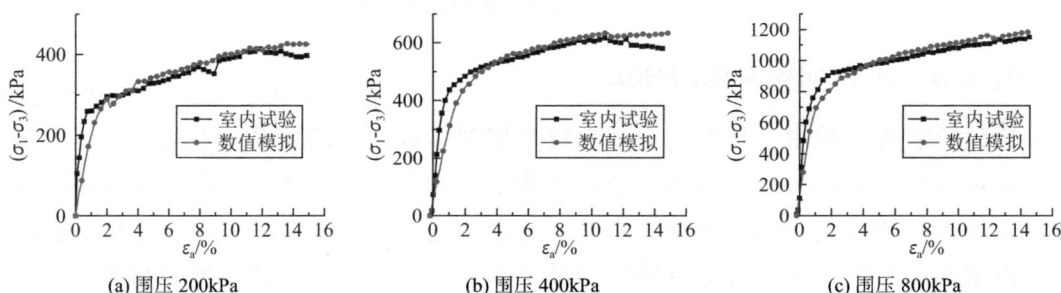

(a) 围压 200kPa　　　　(b) 围压 400kPa　　　　(c) 围压 800kPa

图 4.5-3　不同围压应力应变关系曲线变化规律

在此基础上，分别模拟了含石率为 0、10%、20%、30%、40%、50%、60%、70%的土石混合体试样，应力-应变曲线如图 4.5-4 所示，加载初期为直线段，同一含石率下，围压越大，强度越高。土石混合体表现出硬化特征，随着围压的增大，硬化现象愈加显著。

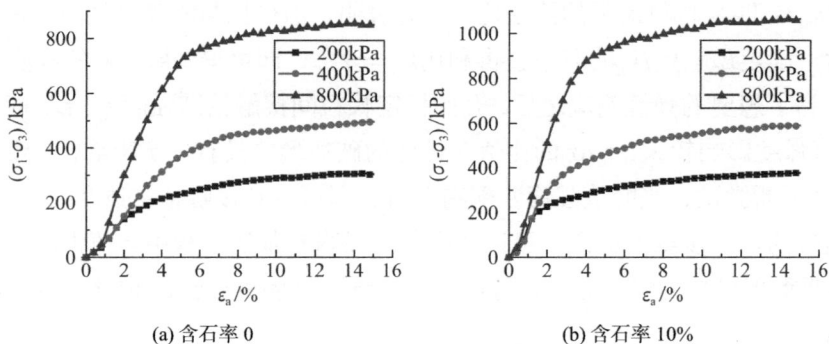

(a) 含石率 0　　　　　　　　(b) 含石率 10%

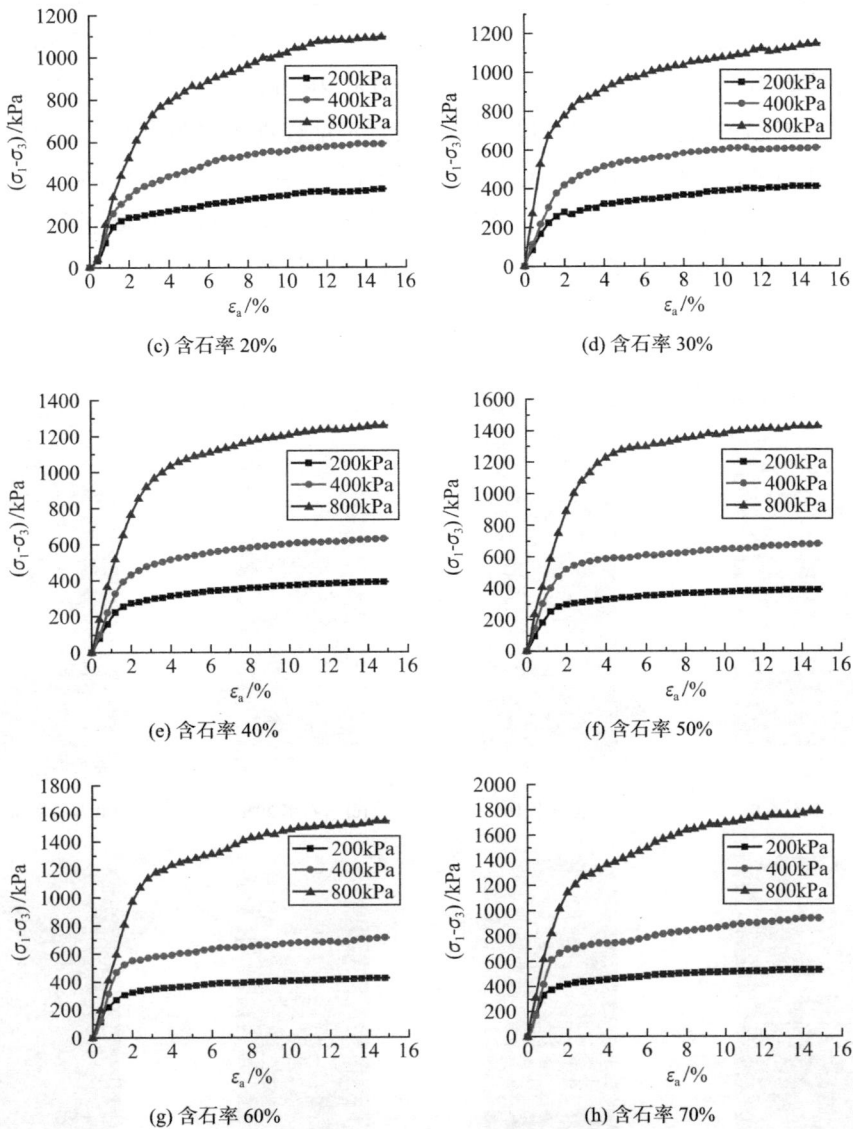

(c) 含石率 20%　　　　　　　　　(d) 含石率 30%

(e) 含石率 40%　　　　　　　　　(f) 含石率 50%

(g) 含石率 60%　　　　　　　　　(h) 含石率 70%

图 4.5-4　不同含石率试样的应力-应变曲线

（2）粗骨料形状影响

为了研究含石率对土石混合体力学特性的影响，在块石级配相同的条件下，采用不同粗糙程度粗骨料分别模拟了含石率为 0、10%、20%、30%、40%、50%、60%、70%的土石混合体试样，如图 4.5-5 所示，对每种含石率，分别建立 5 组数值模型，围压分别采取 200kPa、400kPa、800kPa，对每组黏聚力和内摩擦角进行统计，汇总结果如表 4.5-2 所示。

整理表 4.5-2 数据，得到土石混合体黏聚力与内摩擦角随含石率变化关系曲线，如图 4.5-6 所示。

图 4.5-6 表明，随着含石率的增加，土与块石的内摩擦角不断增大，而土与块石混合

体的黏聚力先减少后增大。随着含石率增大，块石之间挤压、咬合作用显著，内摩擦角增加显著，具体表现为当含石率从 0 增大到 70%时，其内摩擦角从 16.0°增大到 35.6°。当土石混合体含石率从 0 增大到 50%时，黏聚力从 48.2kPa 减小到 20.6kPa，主要是由于低含石率下土体起主要受力作用，块石的加入会一定程度上降低黏聚力；而当含石率从 50%增大到 70%时，土石混合体黏聚力从 20.6kPa 增大到 34.1kPa；此时黏聚力的增加主要是由于高含石率下块石之间咬合、挤压作用显著，一定程度上提高了黏聚力。数值模拟规律与一些学者试验得到的规律基本吻合，表明颗粒离散元模拟土石混合体具有很好的效果。

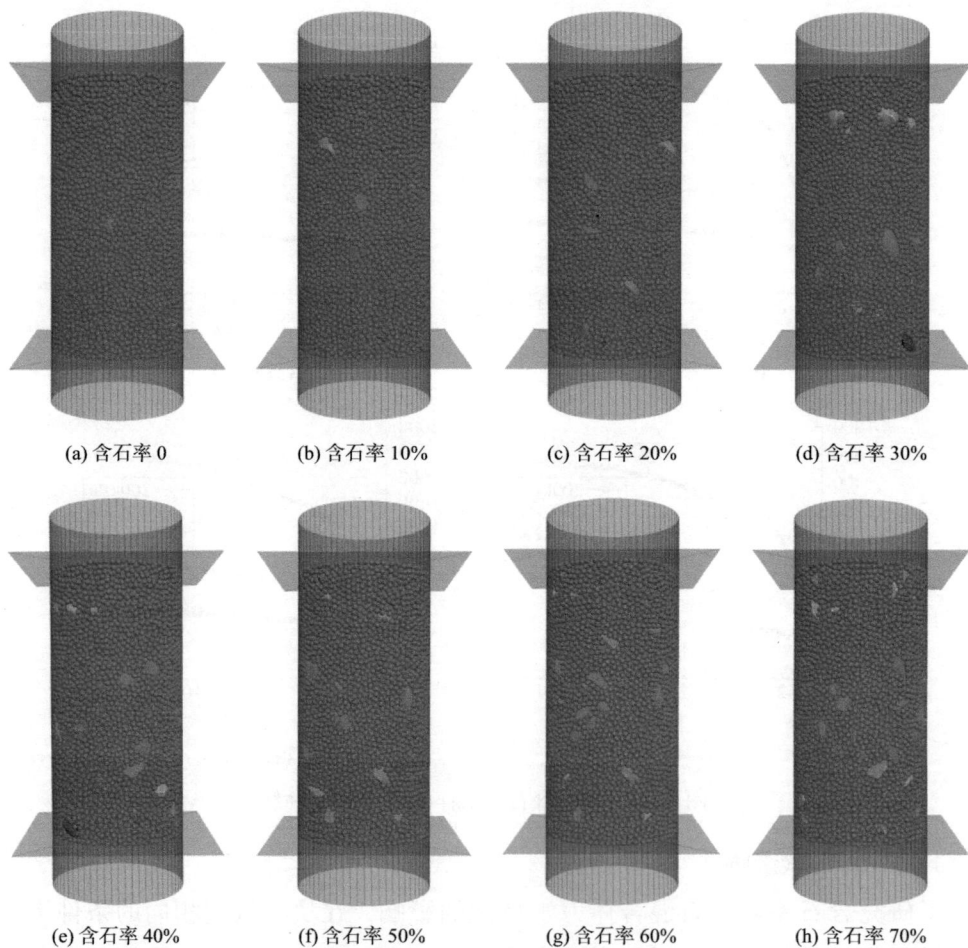

| (a) 含石率 0 | (b) 含石率 10% | (c) 含石率 20% | (d) 含石率 30% |

| (e) 含石率 40% | (f) 含石率 50% | (g) 含石率 60% | (h) 含石率 70% |

图 4.5-5 不同含石率模型图

不同含石率下的强度参数统计 表 4.5-2

编号	含石率 W_g/%	φ/°	c/kPa	含石率 W_g/%	φ/°	c/kPa
1	0	18.2	50.6	10	20.3	40.2
2	0	15.5	53.5	10	18.4	41.3
3	0	14.5	46.2	10	18.3	38.5

续表

编号	含石率W_g/%	φ/°	c/kPa	含石率W_g/%	φ/°	c/kPa
4	0	16.4	44.7	10	19.5	43.9
5	0	15.3	45.8	10	19.8	45.1
平均值	0	16.0	48.2	10	19.3	41.8
1	20	22.1	37.8	30	24.0	29.8
2	20	20.6	36.7	30	23.4	28.4
3	20	21.8	37.2	30	25.2	32.2
4	20	20.7	35.9	30	24.6	30.5
5	20	21.2	38.7	30	25.1	31.2
平均值	20	21.3	37.3	30	24.5	30.4
1	40	28.3	25.4	50	28.1	20.5
2	40	26.6	26.1	50	28.4	22.8
3	40	25.7	24.2	50	26.3	19.6
4	40	26.6	25.1	50	27.9	21.7
5	40	27.1	24.1	50	29.1	18.3
平均值	40	26.9	25.0	50	28.0	20.6
1	60	31.2	25.6	70	35.5	30.5
2	60	31.8	27.1	70	36.1	34.2
3	60	30.5	24.2	70	34.2	38.4
4	60	29.8	25.4	70	36.8	35.6
5	60	32.4	23.9	70	35.4	31.7
平均值	60	31.1	25.2	70	35.6	34.1

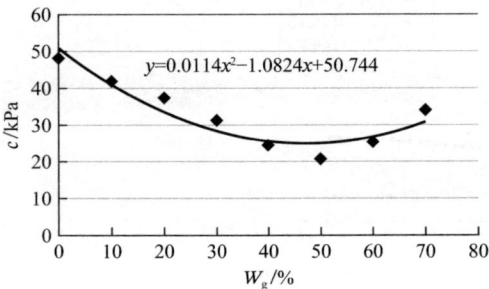
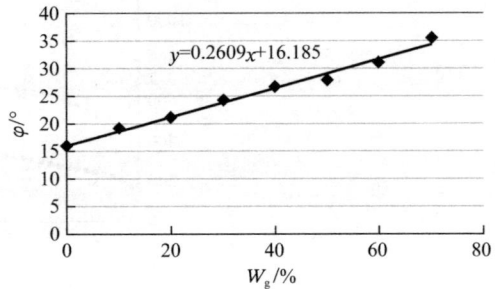

(a)　　　　　　　　　　　　　(b)

图 4.5-6　土石混合体抗剪强度随含石率变化关系

（3）块石随机位置对土石混合体力学特性影响

同一部位土石混合体，随着块石空间分布的不同，强度及力学特性离散性很大。对不同块石随机位置的土石混合体力学特性进行了研究，控制试样含石率为30%，碎石尺寸为10～15mm，三维模型如图4.5-7所示，应力-应变曲线如图4.5-8所示。

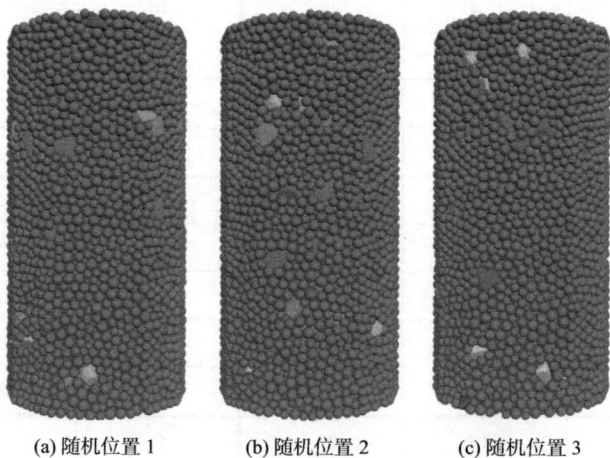

(a) 随机位置1　　　　(b) 随机位置2　　　　(c) 随机位置3

图 4.5-7　块石随机位置分布三维模型

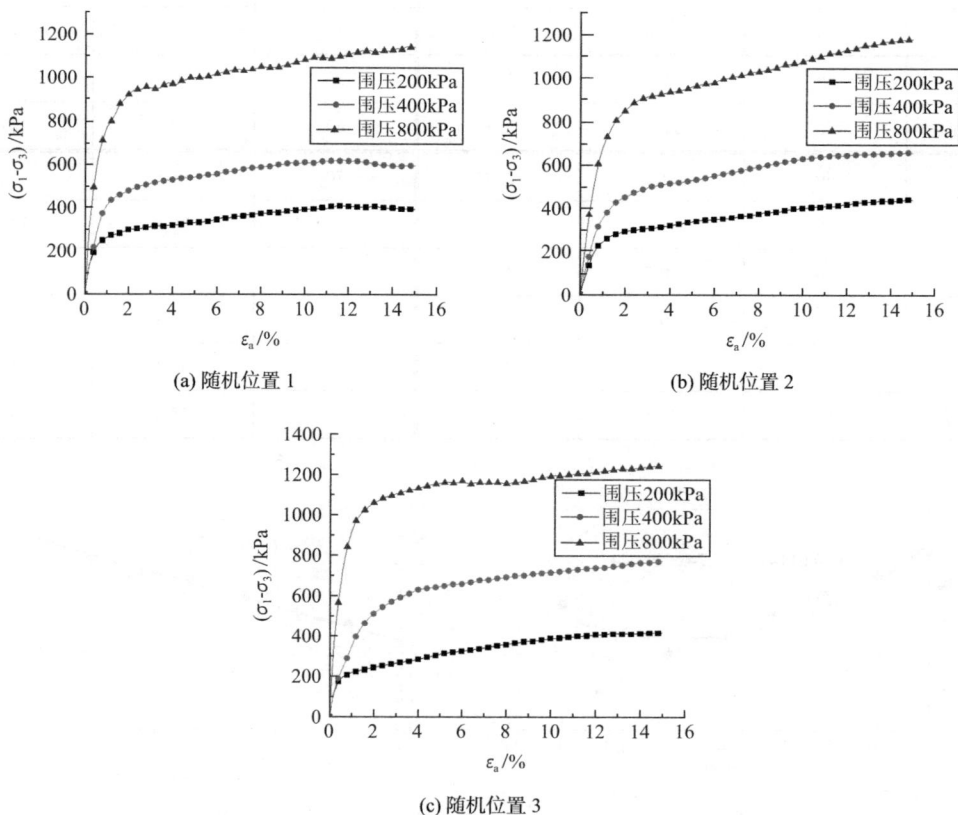

(a) 随机位置1

(b) 随机位置2

(c) 随机位置3

图 4.5-8　不同块石随机位置的应力-应变曲线

从图 4.5-8 中可以发现：①土石混合体的应力-应变曲线为非线性，表现出很强的硬化型特征；②同一试样，围压越大，强度越高；③随着围压的增加，应力-应变曲线出现局部波动，表明内部块石结构发生变化，相互间出现挤压、咬合等作用加强。不同随机位置不同围压下的峰值强度如表 4.5-3 所示，相同试样下峰值强度随着围压呈现线性变化特征，围压越大峰值强度越高。在相同围压、不同随机位置下，峰值强度具有一定离散性。

相同围压不同随机位置下各试样的峰值强度　　　　　　表 4.5-3

块石随机位置	围压/kPa		
	200	400	800
	峰值强度/kPa		
随机位置 1	414.23	618.11	1157.39
随机位置 2	438.82	651.77	1175.41
随机位置 3	417.86	764.29	1239.29

图 4.5-9 为不同块石随机位置下各试样强度包络线，表 4.5-4 为不同块石随机位置下土石混合体强度指标。

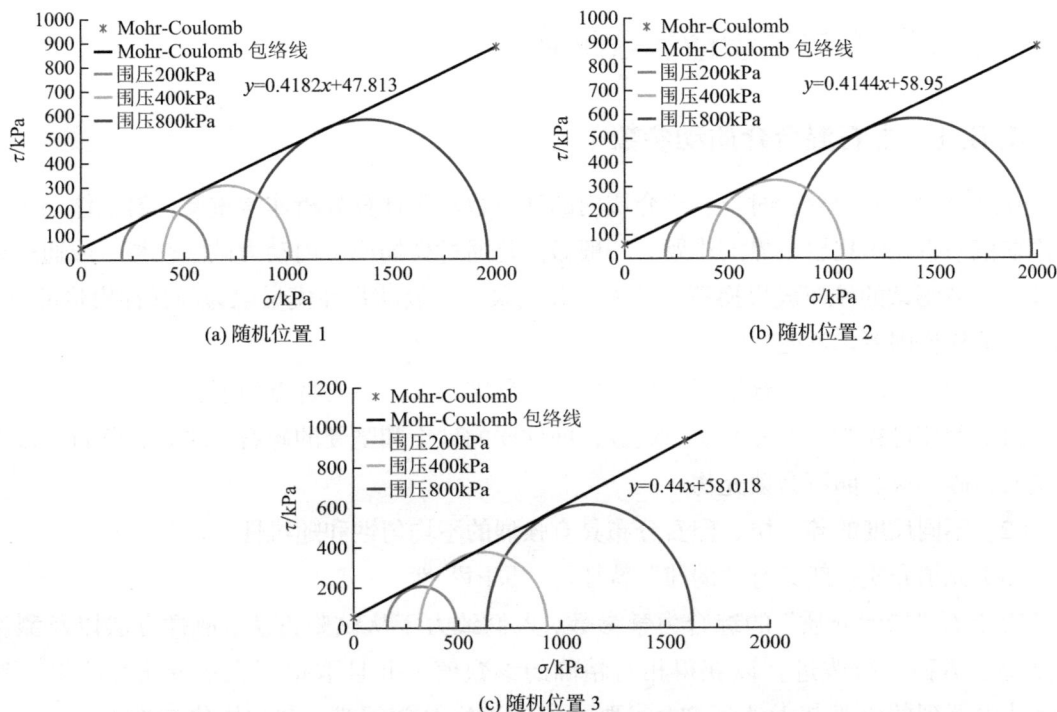

(a) 随机位置 1

(b) 随机位置 2

(c) 随机位置 3

图 4.5-9　块石不同随机位置下各试样强度包络线

不同块石随机位置下土石混合体强度指标　　　　　　表 4.5-4

随机位置	$\varphi/°$	c/kPa
随机位置 1	22.69	47.81
随机位置 2	22.51	58.95
随机位置 3	23.75	58.01

由表 4.5-4 可知，三组试样下的内摩擦角和黏聚力数值大小相差不大，说明利用随机骨料位置进行数值模拟有一定的可信度。

4.5.5　结论

在土石混合介质常规三轴试验基础上，利用颗粒流方法开展了土石混合体三轴压缩试验模拟研究，分析了含石率、骨料细观特征、随机分布对宏观抗剪强度特性的影响，得到主要结论如下：

（1）随着含石率的增加，土与碎石的内摩擦角不断增大，而土与碎石混合体的黏聚力先减少后增大。随着含石率增大，块石之间挤压、咬合作用显著，内摩擦角增加显著。

（2）数值模拟结果与室内试验进行对比发现，两者应力-应变规律基本一致，应力-应变曲线也是硬化型曲线，没有明显的峰值强度。

（3）土石混合体虽然具有一定离散性，但误差不大，说明利用颗粒流数值模拟土石混合体的强度特性具有较好的可信度。

4.6　土石混合体地震动参数研究

4.6.1　土石混合介质动参数

在进行地震动力分析时，岩土介质内的动参数对于计算分析非常重要，岩土体动参数合理取值一直是困扰岩土界的难题。一般做法是通过现场或室内动力试验获得，或通过地震波、声波测试的波速成果换算。若无试验成果，一般动弹性模量取为静弹性模量的 1.3 倍，而泊松比则考虑不变。

工程中遇到的土石混合地层，分布广泛、危害巨大，主要特点如下：

（1）固相可视为"二元介质"组成，即软弱的砂土和坚硬的碎石、块石、卵石，砂土为基质，碎、块、卵石为填充物。

（2）不同尺度的碎、块、卵石分布具有强烈的不均匀性和随机性。

（3）充填介质一般具有"韵律"特征与"聚团"性。

对土石"二元介质"的综合力学参数，人们致力于从试验方法、取样方法以及测量精度等多方面进行改进，以获得相对精确的参数值，并且取得了大量的研究成果。然而，其中遇到的困难却无法回避：①取未扰动试样非常困难；②试样代表性差。由于介质的随机性和不均匀性，任何试样均难以代表整个工程区域；③试样数量有限。工程研究区域往往可达几百平方米，以少量的试样表征整个工程对象的变形、强度特性，明显不合理；④试样尺寸太小，受限于仪器规格和条件，试样尺寸往往很小，在采样时必然要舍弃许多地质信息，试验结果无法反映岩、土体的宏观力学性质；⑤动力特性几乎被忽略。

当前研究一般从静力状态着手，关心的是强度问题，很少考虑二元介质的动力波动特性和变形问题。由于基质与充填介质尺寸不同，形状各异，对弹性波的传播必然有所扰动，体现动力学上的变化。借助数值模拟技术，考虑土石混合体的结构组成研究这种改变，必然可以体现土石混合体的动变形规律。

4.6.2 元胞自动机模型

1）数值试样制备

土石混合体结构的自动机模拟方法，是指在指定的二维空间内，以方形网格形式，根据介质在土石混合体沉积过程中的动力特性，以及工程现场勘查中的级配、分布以及结构特性，拟定其"沉积"的演化规则，通过自动机演化，随机生成土石混合体结构图，从而近似模拟土石混合体的结构特性，一方面考虑了块石、砾石的随机性，另一方面考虑了沉积过程"聚团"效应。虽然不可能完全表示出每块"聚团"的可能形状，但因"聚团"分布亦是随机的，并不会因此影响模拟的最终结果。

根据元胞自动机-生命游戏规则编制元胞演化程序，具体流程如图 4.6-1 所示。元胞自动机模型如图 4.6-2 所示。

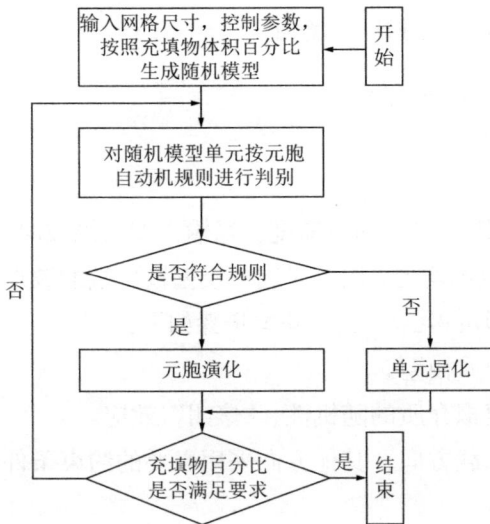

图 4.6-1 元胞演化流程

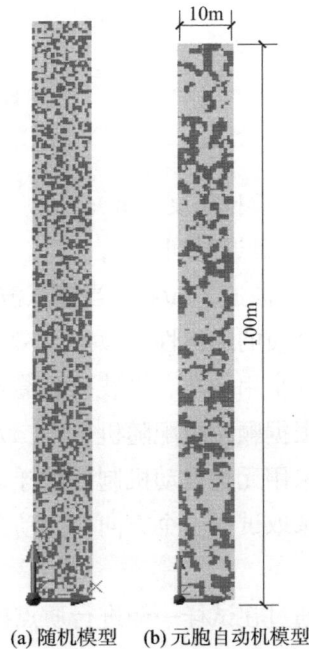

(a) 随机模型 (b) 元胞自动机模型

图 4.6-2 元胞自动机模型

三轴数值模拟试验的基本原理是以计算机为操作平台，借助已有的数值模拟软件建立符合实际的结构模型，施加合理的荷载、力学边界条件替代周围的约束，借此来模拟真实的应力波传播过程，数值试验不受试样大小限制。

2）试验原理与方法

根据弹性波理论，纵波、横波波速可计算公式如下：

$$C_P = \sqrt{\frac{E(1-\nu)}{\rho(1-2\nu)(1+\nu)}} \tag{4.6-1}$$

$$C_S = \sqrt{\frac{E}{2(1+\nu)\rho}} \tag{4.6-2}$$

在不考虑介质非线性情况下，波速只与动弹性模量与动泊松比有关，沿着波传播的方向，由于元胞机模型内基质、充填材料的随机变化，必然导致波速的差异，模型足够大时即可体现出工程区土石混合体的波动特性。如果能够测得其波速，即可通过式(4.6-1)、式(4.6-2)反算出动变形模量与泊松比的值。

如图 4.6-3 所示，在模型的一端输入地震波荷载，当传播至相对端时必然存在不等的延时效应，由于模型的长度一定，即可计算出波速。

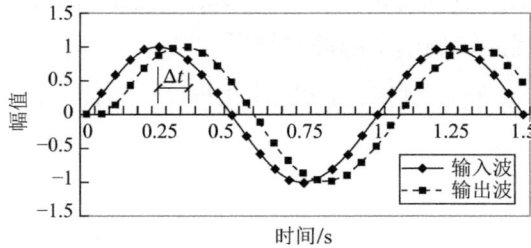

图 4.6-3　波速计算示意图

$$C = L/\Delta t \tag{4.6-3}$$

式中：L——模型长度（m）；

Δt——延迟时间（s）；

C——波速（m/s），当输入波为横波时为横波速度，当输入波为纵波时为纵波速度。

由于介质的随机性，"聚团"效应也不均匀，因此对同一模型输出端的波形采用多点取平均。分别采用横波、纵波荷载输入即可得C_P、C_S。基本步骤如下：

（1）根据颗粒级配随机生成二元介质模型。

（2）采用元胞自动机制备试样，模拟介质的随机性、"聚团"效应。

（3）选取试样一个方向作为动力加载方向，其他方向采用必要的约束条件，如透射边界条件。

（4）通过在试样一侧进行质点振动测试，获得其时间序列。

（5）变换输入地震波的类型，通过具有一定传播距离的时间序列与输入地震波荷载，即可计算出地震波在二元介质中的波速（纵波、横波），基于弹性波原理换算成动弹性模量与动泊松比。

（6）不断变化试样，获取多组参数，计算不同碎块石含量、不同结构组成下的动参数。

由于介质的随机性，弹性波在土石混合体二元介质内传播时波阵面不是平面，为了减少误差，输出波接收端布置相隔 0.5m 布置 10 个测点，波速取平均值。经试算发现，最先与最后到达的波阵面相差在 10m 之内，与波速相比甚小，因此以下计算均不考虑测点位置造成的差别，仅采用平均值考虑。

4.6.3　数值试验结果

（1）元胞材料

某土石混合体工程基质由砂土、粉土构成，充填块石、碎石成分，充填物为变质砂岩、板岩，粒径 5～25cm，占总体积的 25%～40%，表现出明显的"聚团性"和韵律结构特征。地勘资料表明该地层下伏强风化岩体的地震波横波速度在 1000～1500m/s，为了研究土石混合体的波动特性和基质、充填物的影响，假设土石混合体内充填块石、碎石的波动特性与强风化岩体相同，采用《建筑抗震设计标准》GB/T 50011—2010 中五类土的波动参数进行对比研究，见表 4.6-1。

计算模型如图 4.6-2 所示，模型宽 10m，长 100m，在 $z = 0m$ 及 $z = 100m$ 端面上均采用动力黏滞边界，以模拟无限介质内波的传播，及数值试验不考虑模型边界带来的散射效应。

岩土体力学参数　　　　　　　　　　　　　　　表 4.6-1

分类	$V_S/$（m/s）	$\rho/$（kg/m³）	E/GPa	μ	$V_P/$（m/s）
软弱土	120	1700	0.0637	0.3	224
中软土 1	200	1800	0.1872	0.3	374
中软土 2	250	1800	0.2925	0.3	467
中硬土 1	350	1900	0.6052	0.3	654
中硬土 2	450	1900	1.0004	0.3	841
充填介质	1000	2650	6.4130	0.21	1650

（2）充填介质含量的影响

土石混合体二元介质内，基质软弱而波速低，充填介质刚度大、波速高，由于二者相互夹杂，其波动效应异常复杂。

在充填介质含量 25%～40%范围内进行了 35 组试验，得到纵波、横波波速与碎石含量的关系曲线。当充填物含量为零时，此时波速为基质内波速，当充填物含量为 100%时，此时波速为碎石内波速。显然，刚性充填物的含量越高，横波速度越快，两者服从二次抛物线关系（图 4.6-4）：

纵波：$V_P = 0.1703x^2 - 2.7335x + 240.30$

横波：$V_S = 0.1318x^2 - 1.1146x + 128.29$

式中：V_P、V_S——纵、横波波速（m/s）；

　　　　x——碎石含量（%）。

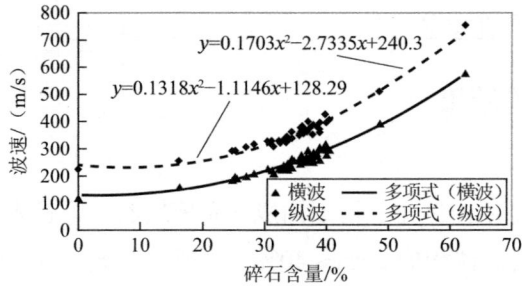

图 4.6-4　横波传播速度与碎石含量关系曲线

为了体现输出波与输入波振幅的变化，定义振幅系数如下：

$$\eta = A_{o}/A_{i} \tag{4.6-4}$$

式中：A_o、A_i——输出、输入波振幅。

各组数值试验的振幅衰减系数见图 4.6-5，碎石含量越高，振幅系数越大，但碎石含量接近的试样振幅系数相差很大，这表明在土石混合体二元介质中，弹性波的衰减主要取决于土石混合体的结构特性。

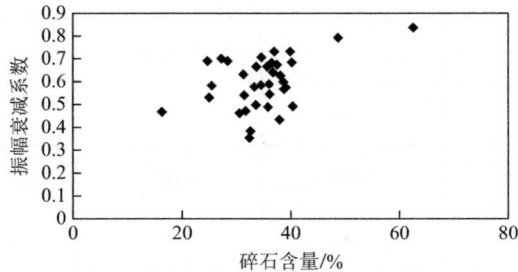

图 4.6-5　振幅衰减系数随碎石含量变化规律

（3）相对模量的影响

由以上分析可知，弹性波在土石混合体二元介质内传播时由于"软硬相间""快慢交替"，从而导致土石混合体综合波速存在差异。

分别采用 5 种模量不同的基质土参数计算横波速度，以基质土弹性模量与充填介质弹性模量比作为横坐标，考察横波速度与相对模量比的关系。如图 4.6-6 所示，可以看出，相同结构构成条件下，弹性波传播速度与相对模量比成对数递增关系。

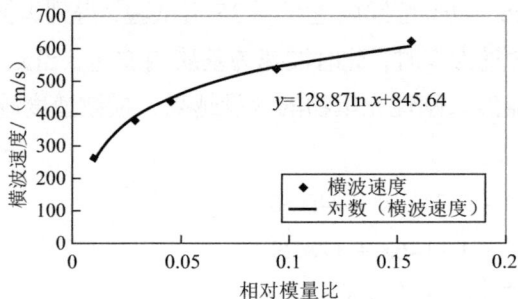

图 4.6-6　横波速度与相对模量比关系

（4）入射波频率的影响

弹性波传播时，作用时间短，应力小，不同频率波在二元介质内的穿透能力不同，因此数值试验中的波速也存在差异。相同土石混合体结构构成条件下，不同入射波频率下的横波速度见图 4.6-7。

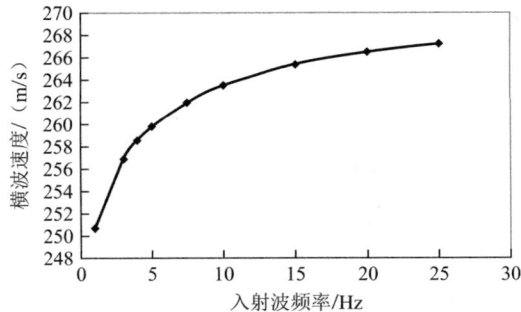

图 4.6-7　横波速度与入射波频率关系

显然土石混合体二元介质符合"两相"介质内高频波速度快、低频波速度慢，横波速度与入射波频率呈指数递增关系。

由于介质构成、"聚团"尺寸的影响，同一数值模型具有不同的自振频率，因此振幅系数并非随输入波频率线性变化，而是随入射波频率增大，先增后减，与系统自振频率相等时振幅系数达到最大（图 4.6-8）。

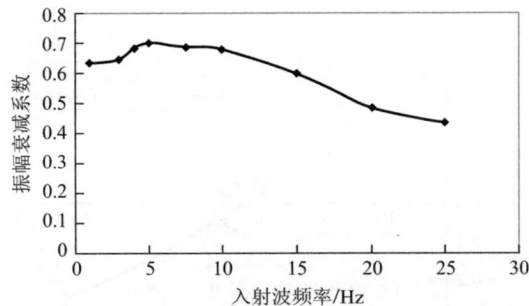

图 4.6-8　振幅衰减系数与入射波频率关系

（5）二元介质内波动规律

土石混合体二元介质具有随机性和聚团性，刚度"软硬相间"，相当于在波的传播路径上随机出现了多个岩体材料界面，由弹性波传播原理可知：弹性波到达材料界面后，会不断发生折射与反射现象，其振幅、方向均会发生改变，这种变化即反映了介质的波动特性，并最终导致了动力学参数上的变化。数值试验研究表明：

（1）刚性充填物的含量越高，横波速度越快，二者服从二次抛物线关系。

（2）相同结构构成条件下，弹性波传播速度与相对模量比呈对数递增关系。

（3）介质内高频波速度快、低频波速度慢，横波速度与入射波频率呈指数递增关系。

（4）岩土介质在外力作用下，其形变具有黏滞性，不仅取决于作用力的大小和时间长短，也决定于岩土介质本身。因此弹性波速与充填物含量密切相关，充填物含量越多则波速越大；而振幅系数与充填物含量关系不大，其主要受充填物"分布结构"影响。

4.6.4 动参数研究

在工程中，往往最直观的是岩土体的动变形参数，即动泊松比与动弹性模量。

（1）动泊松比

根据弹性波原理反算出土石混合体二元介质的等效泊松比。

$$\bar{\nu} = \frac{3K - 2G}{6K + 2G} = \frac{V_P^2 - 2V_S^2}{2(V_P^2 - V_S^2)} \tag{4.6-5}$$

该式表明，当波速比$D = V_P/V_S < \sqrt{2}$时，等效泊松比为负值，这与常规的弹性力学假设$0 < \nu < 0.5$不符。

根据上式，G和K为非负值的弹性介质稳定性的基本要求，只有正模量产生正的回复力。其极限情况是液体的泊松比为"0.5"，另一极限情况是当体积模量为零时，泊松比为"−1"，而不是0。1927年，Love指出作为各向同性固体应力-应变稳定性的条件，没有排除负值泊松比，但这种负值泊松比不可能在各向同性物质中存在。尤其是Lakes教授1987年创造出一种负泊松比的坚韧泡沫新材料，以立方晶系24边多面体对称塌陷制成，他认为负泊松比是由于聚合物泡沫结构的"凹入角结构"产生的，而负泊松比的程度由结构的尺寸决定。另外，格雷戈理在高气饱和、高空隙率和低围压条件下进行的沉积岩试验中得到负泊松比，最大负值达−0.3，见图4.6-9。

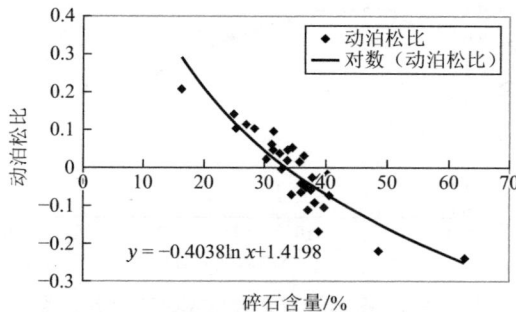

图4.6-9 动泊松比与碎石含量关系

因此，负泊松比现象的存在已经成为事实并广为发现，重要的是如何分析其产生机制。土石混合体属于非均质材料，非均质程度越高，各向异性越大，则负泊松比越有可能产生。尤其是低应力状态，这可以用罗恩伯格（1988）对微观结构的描述来解释，他认为当颗粒间的切向刚度比法向刚度大时，在二维和三维任何各向同性体中都会出现负值泊松比。

（2）动弹性模量

根据弹性波动力学，等效弹性模量可由等效泊松比、介质等效密度及横波传播速度得到。

$$\overline{E} = 2\overline{\rho}V_s^2(1 + \overline{\nu}) \tag{4.6-6}$$

式中：$\overline{E}$——等效动弹性模量；

$\overline{\nu}$——等效泊松比；

$\overline{\rho}$——等效密度，$\overline{\rho} = \eta\rho_r + (1 - \eta)\rho_s$，$\rho_s$、$\rho_r$为基质与充填介质的密度，$\eta$为碎石含量（%）；

其他参数同上。

显然，由弹性波理论转化而来的动弹性模量亦取决于碎石含量（图 4.6-10）。

数值试验表明，土石混合体二元介质内对应力波传播的影响异常复杂，其规律体现出强烈的各向异性，当充填物含量超过一定数值时可能出现负泊松比现象，这也是目前动力学试验与静力学试验变形参数规律难以准确描述的主要原因。

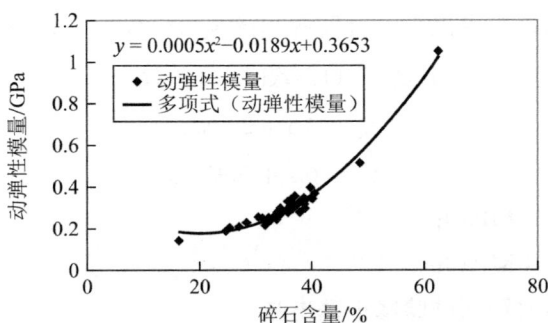

图 4.6-10　动弹性模量与碎石含量关系

4.6.5　研究结论

（1）由基质-砂土和充填物质-碎、块石构成的土石混合体，由于介质的随机性与不均匀性，无论是静参数还是动参数均难以给出，采用元胞机对随机参数单元进行处理，可以模拟土石混合体的随机性与"聚团"性，更好地反映土石混合体的波动力学性能。

（2）采用弹性波理论，通过测量介质的等效波速反算介质动参数是可行的。虽然由于二元介质随机性、离散性影响，但借助统计方法仍可估计出土石混合体等效动参数，是一种获得复杂介质动参数的重要方法。

（3）土石混合体材料具有强烈的各向异性，其"沉积"具有"凹入角结构"特征，因此存在一临界碎石含量，当碎石含量超过此界限时土石混合体综合泊松比表现为负值。

（4）由于土石混合体二元介质的特殊性，动变形参数很难通过室内、现场试验测得，即使得到的离散性也很大。数值模拟方法具有可控性、无破坏性、安全性和可重复性等特点，可以弥补室内及现场试验的不足；不受经费、试验条件限制，从多方面讨论土石混合体的工程特性，加深对土石混合体的规律性认识，可获得供工程设计使用的综合动变形参数，更好地服务于工程实际。

4.7 土石混合体变形强度特性研究

目前对土石混合体的物理力学性质展开专门研究的文献资料较少，很多工程上在面临土石混合体问题时，常常将其考虑成普通第四系沉积物，其结果往往与实际情况有较大出入。

笔者将结合几个典型土石混合体实例，在其物理力学性质的基本物性指标、强度特性、变形特性等三个主要方面展开较深入研究和探讨，以期为相关工程提供参考。

4.7.1 土石混合体基本变形参数分析

依据现行《岩土工程勘察规范》GB 50021 和《建筑地基基础设计规范》GB 50007 确定；承载力根据中国建筑西南勘察设计院提出的N_{120}与f_k的关系确定；变形模量、压缩模量根据《工程地质手册》提供的式(4.7-1)、式(4.7-2)确定。

$$E_0 = 15 + 2.7N_{120} \tag{4.7-1}$$

$$E_s = 6.2 + 5.9N_{120} \tag{4.7-2}$$

式中：E_0——变形模量（MPa）；

$\quad\quad E_s$——压缩模量（MPa）；

$\quad\quad N_{120}$——超重型动力触探试验修正锤击数。

通过笔者单位在数十个工程土石混合体的变形特性进行了大量试验工作，取得了丰硕成果，土石混合体在承载能力、变形特性等方面与大多第四纪松散土石混合体有较大差别。

（1）高承载能力：除表层受扰动的土层外，土石混合体中呈中密状的巨颗粒、粗颗粒土承载能力一般在 750～900kPa 之间，密实状态的巨颗粒、粗颗粒土承载能力一般在 1000～1200kPa 之间，有些具有较好钙质胶结的，其承载能力甚至可达到 1500kPa；土石混合体中细颗粒含量较高的土层，其承载力一般也可达到 600kPa。

（2）变形模量高：中密状的粗颗粒土变形模量$E_{0(0.1\sim0.2)}$一般在 35～50MPa 之间，压缩模量$E_{s(0.1\sim0.2)}$一般在 55～90MPa 之间。

（3）低压缩性：土石混合体的压缩系数$a_{(1-2)}$一般远小于 $0.1MPa^{-1}$，属低压缩性土类。

4.7.2 强度代表体积数值方法研究

土石混合体在工程中表现为软弱的基质材料中镶嵌硬质岩块，含有的不同尺度块石具有明显的不均匀性和随机性，有学者对其成因分类做了归纳，鉴于成因和内部结构的复杂性，沉积物的力学特征较传统土力学和岩石力学复杂。对于二元介质试件模型的力学参数研究，利用数值模拟获得其力学参数的方法越来越被关注。随着数字图像处理技术在岩土工程中的发展，数值模型可以基于相应的原位图像建立起来，以此对土石混合体进行数值模拟研究，分析评价其力学参数，亦有学者基于元胞自动机模型的沉积物数值试样制备方法，以此来研究土石混合体的等效力学参数。选取的试件中不同含石率、不同粒径石块分布使得到的力学参数分布亦不同，即存在统计均匀性，强度代表体积是岩土体力学性质尺寸效应的客观反映，是工程中岩土体力学参数选取的一个基本问题。从理论上讲，进行现场试验或数值模拟试验时，只有所研究的工程岩土体范围大于等于这个体积时，现场或数值模拟试验成果才能反映真实岩土体的性质。针对某大型滑坡沉积物中的典型颗粒组分，考虑含石率以及粒径含量比率，利用随机集合体构造 RAS（Random Aggregate Structure）方法生成土石混合体概念模型，编制程序实现几何模型并最终生成数值模型，分析其强度 REV 尺度，并在此基础上得出等效强度参数。

该方法也可以为室内缩尺试验、大尺度试验及原位现场试验提供可靠借鉴和参考，采用该方法，对应实际研究对象的颗粒级配组成及相应的等效强度参数、模量等变形参数及水文地质参数，也可求得对应的代表体积，为宏观尺度计算分析和评价提供有益支撑和参考。

（1）随机模型建立

以某大型工程场址沉积物为例，由典型灰褐色碎石质砂土、粉土，碎石、块石组成，主要成分为变质砂岩、板岩，块石呈棱角或微圆状，碎石呈近似圆状。含石率约为 50%，由直径 5～20cm 的块石构成，含少量直径小于 5cm 的碎石，局部有约 30cm 直径的块石呈现，其间主要由砂粉土及少量黏土充填，呈稍密—中密状。

通过随机集合体几何构造（RAS）方法编制程序，首先生成域边界，按块体粒度分布特征进行排列，设定块体的最大边数和最小边数，以随机生成的半径 r_i、初始角度 θ_i 及角度增量 φ_i 来构造颗粒轮廓，在极坐标中实现颗粒构成，如图 4.7-1 所示，可以反映块体形状、边界大小及含石率情况，细节参数包括块体间夹层率、角度变幅、粒径分布及各粒径块体所占块体总量比例设定等。

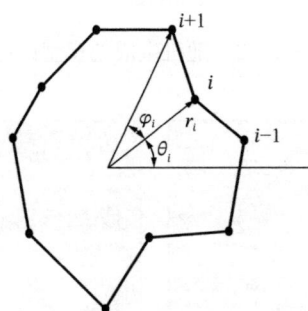

图 4.7-1　颗粒轮廓极坐标示意图

设定试件的含石率为 50%，粒径为 0.03～0.05m 的石块占总量的 20%，0.05～0.20m 范围石块占 70%，0.20～0.30m 范围石块占 10%。在 1.0m×1.0m 边界范围内随机生成的四个模型试件，如图 4.7-2 所示，亦可生成不同边界尺寸的模型，方便进行 REV 尺度计算，如图 4.7-3、图 4.7-4 所示，边界尺寸分别为 0.5m×0.5m、1.0m×1.0m、2.0m×2.0m 及 3.0m×3.0m，并通过程序编制，直接生成对应的划分好网格的数值模型。

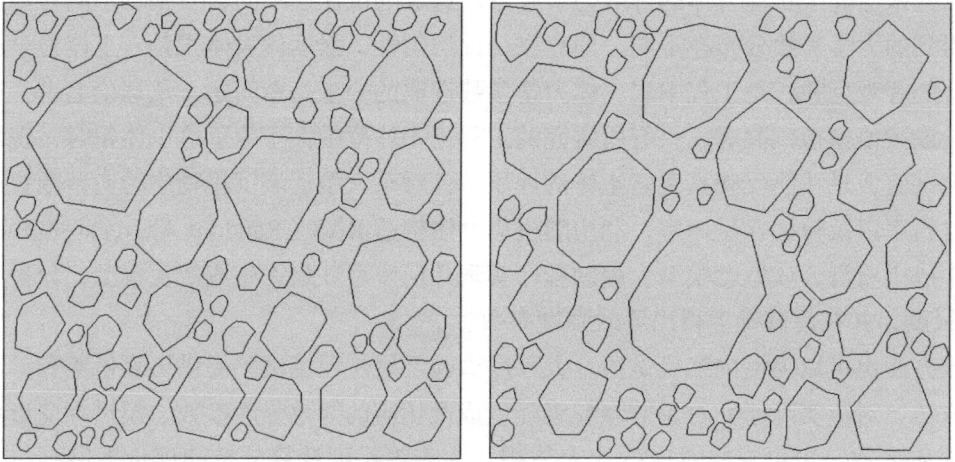

(a) 随机模型 1

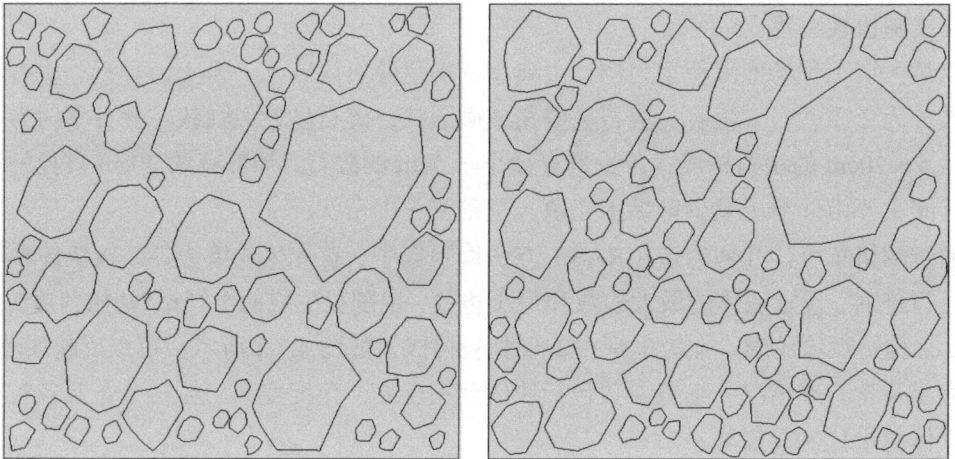

(b) 随机模型 2

图 4.7-2　随机生成的模型试件

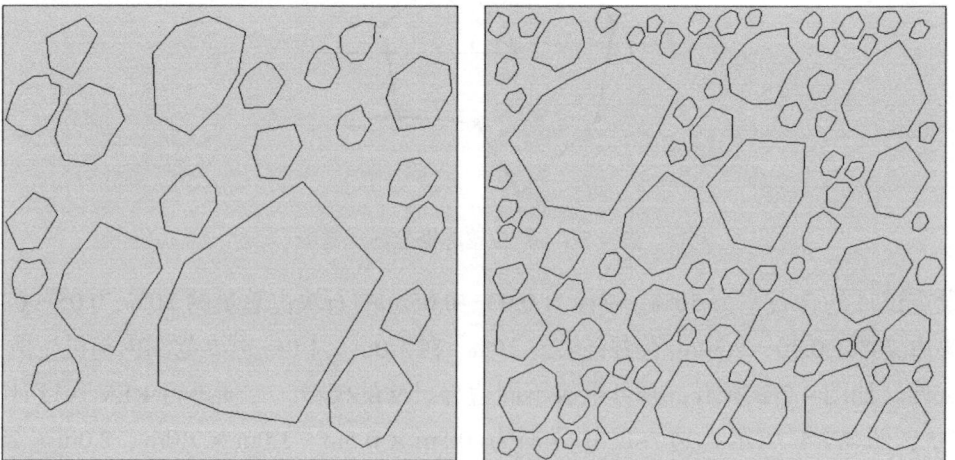

(a) 各尺度几何模型 1

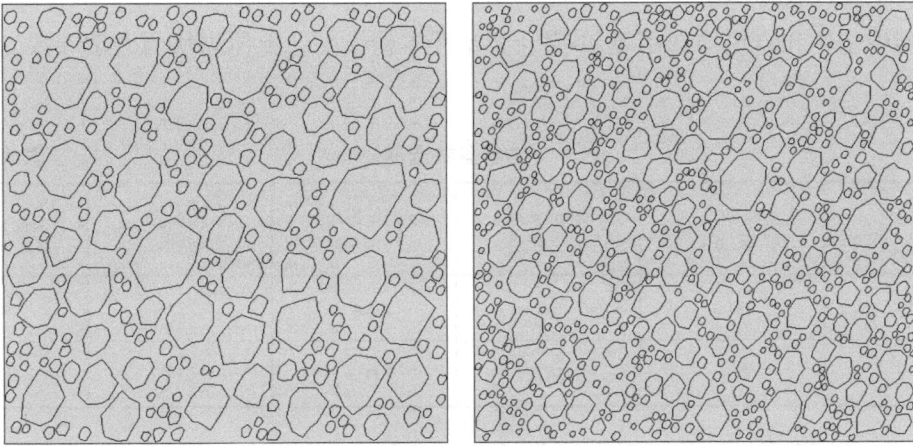

(b) 各尺度几何模型 2

图 4.7-3　几何模型尺寸选取及程序生成

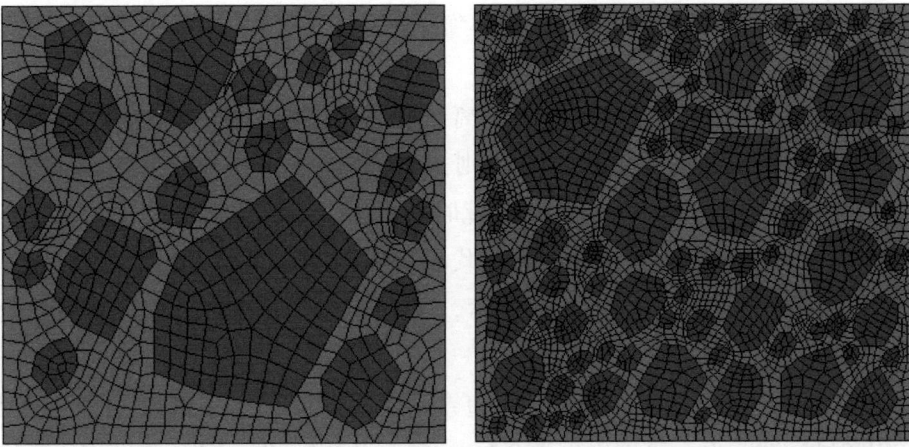

(a) 对应数值模型 1

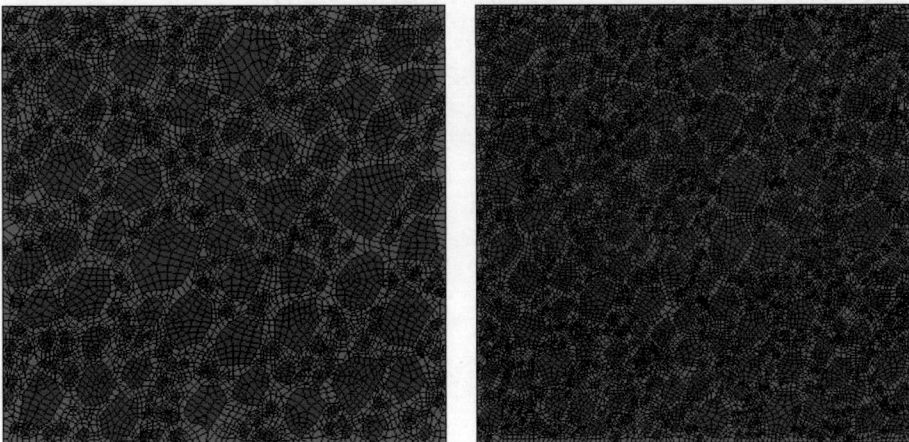

(b) 对应数值模型 2

图 4.7-4　对应数值模型程序生成

（2）强度代表体积

模型中土体和岩块均选用莫尔-库仑弹塑性本构模型，土体岩块与力学参数如表4.7-1所示。

　　　　　　　　　　　　　　　　表 4.7-1

岩土类别	密度/（kg/m³）	体积模量 K/MPa	剪切模量 G/MPa	黏聚力 c/kPa	内摩擦角φ/°
土体	1800	7.3	3.4	22.3	16.3
岩块	2200	34.0	11.3	45.0	33.0

针对该研究对象，选取边长分别为 0.2m、0.3m、0.4m、0.5m、0.6m、0.8m、1.0m、1.2m 共 8 个尺寸的模型，每个尺寸模型生成 5 个随机试件，基本能够反映本试件尺寸强度特性，同时分别进行 0MPa、0.5MPa、1MPa、3MPa 和 5MPa 共 5 组不同围压下的三轴压缩试验，共进行 8×5×5＝200 组三轴压缩试验，统计不同围压下破坏强度值和试件尺寸关系。

通过计算发现，试件尺寸越小，强度离散性越大，当尺寸为 0.8m×0.8m 时强度离散性变小，继续增大试件尺寸离散性则进一步减小，当增大到 1.0m×1.0m 和 1.2m×1.2m 时，强度值差别可以忽略，此时随机土石混合体破坏强度值基本一致，各围压情况下规律均是如此，故认为其强度代表尺寸为 1.0m×1.0m，以单轴情况下破坏强度与试件尺寸关系为例，如图 4.7-5 所示，当试件边长大于 1.0m 时，试件破坏强度值基本不发生变化。

如果不考虑强度代表体积，选取试件边界尺寸小于 1.0m×1.0m，可能会造成较大误差，同样以单轴情况为例，试件边长为 0.2m、0.3m 及 0.5m 时，破坏强度均值较边长 1.0m 时分别增大 39.4%、28.9%和 9.2%，误差曲线如图 4.7-6 所示。

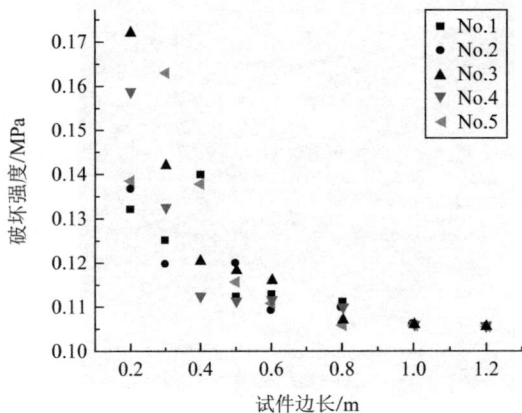

图 4.7-5　破坏强度与试件尺寸关系　　　图 4.7-6　误差与试件边长关系曲线

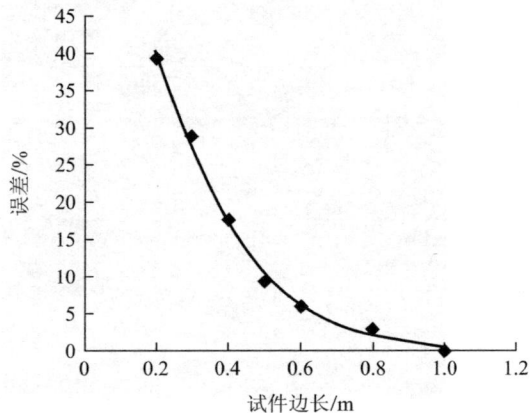

（3）强度参数分析

在低围压条件下，岩土体强度包络线为直线，此时等效强度参数为：

$$\left.\begin{array}{l}\varphi_{\mathrm{e}} = \arcsin\dfrac{(\sigma_1 - \sigma_3)_{i+1} - (\sigma_1 - \sigma_3)_i}{(\sigma_1 + \sigma_3)_{i+1} - (\sigma_1 + \sigma_3)_i} \\[3mm] c_{\mathrm{e}} = \dfrac{\sigma_1 - \sigma_3}{2\cos\varphi_{\mathrm{e}}} - \dfrac{\sigma_1 + \sigma_3}{2}\tan\varphi_{\mathrm{e}}\end{array}\right\}$$

(4.7-3)

式中：φ_{e}、c_{e}——土石混合体等效摩擦角和黏聚力；

$i+1$、i——两次围压不同的三轴强度试验模拟计算；

σ_1、σ_3——每个莫尔圆中最大正应力和最小正应力。

如图 4.7-7 所示，基于强度代表体积，5 个随机试件计算得到的强度参数如表 4.7-1 所示。

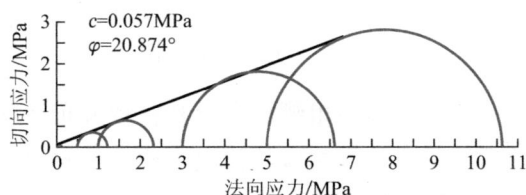

图 4.7-7　强度包络线

通过代表尺寸和强度包络线，抗剪强度参数选取具有代表性，可以用到大型滑坡沉积物稳定性分析计算中。试件在不同围压下应力-轴向应变曲线如图 4.7-8 所示，基本表现出理想弹塑性规律性，随着围压的增大，有整体硬化趋势。塑性区分布见图 4.7-9，计算 15000 步时块石基本未出现塑性区，发生屈服的基本为石块间填充的土体，表现出"欺软怕硬"的特性，塑性区有明显地绕过坚硬石块的趋势，应力传递规律复杂，土体和石块同时承受相应的应力，土体会首先发生屈服，石块与土体接触部位构成其内部的薄弱地带，会发生滑移错动。

计算至 30000 步时，塑性区进一步扩大，塑性区斜向贯穿部分石块，中部块体产生屈服，产生了连续贯通的塑性区，直至延伸到所有块体。

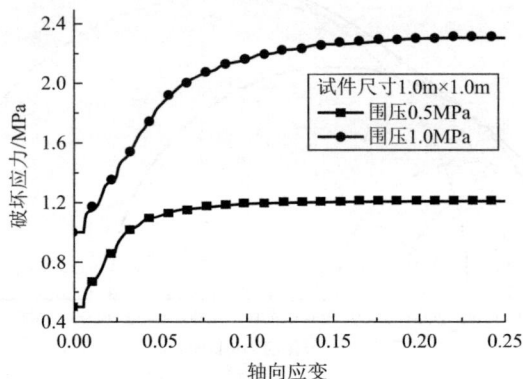

图 4.7-8　破坏应力与轴向应变关系

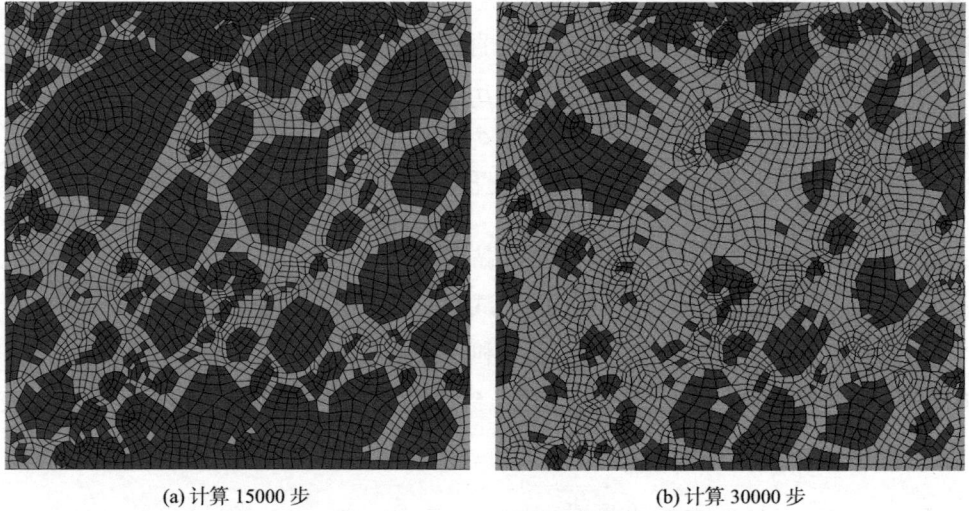

(a) 计算 15000 步   (b) 计算 30000 步

图 4.7-9 塑性区分布图

本研究旨在提供一种方法，在不同粗颗粒含量和粒径分布情况下具有不同的强度、变形特性，针对具体工程地质情况应分析相应的代表体积，等效力学参数应基于本尺度进行研究，所得结论才有意义。针对具体工程，应以地质勘察为基础，得到反映整体性的二元介质分布规律，以此研究代表力学尺度，得到合理的力学参数。

4.7.3 强度特性及强度参数分析

根据典型工程试验结果，在每级不同围压下试样的轴向峰值强度（没有明显峰值强度时，取轴向应变为 15%对应的轴向应力值），可绘制试样在不同围压条件下的极限莫尔应力圆，然后和绘制出与各莫尔应力圆均相切的强度包络线，如图 4.7-10、图 4.7-11 所示。

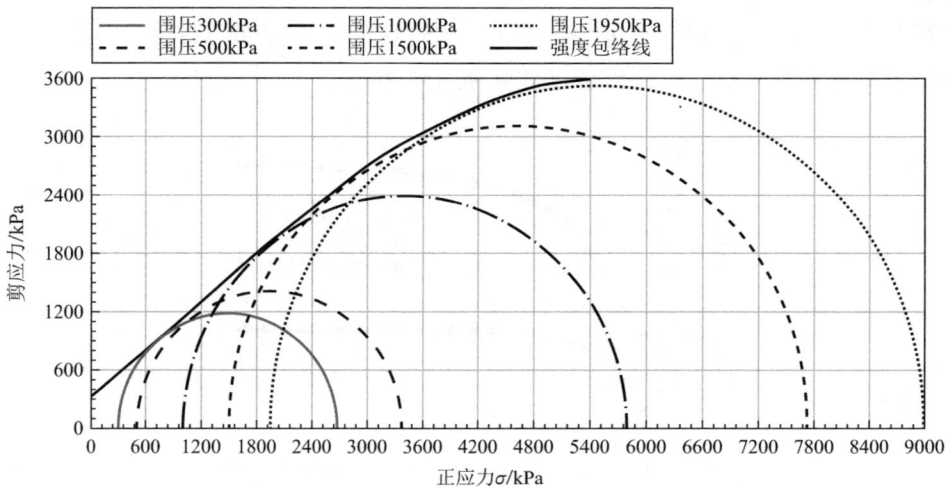

图 4.7-10 天然状态试样极限莫尔应力圆及强度包络线

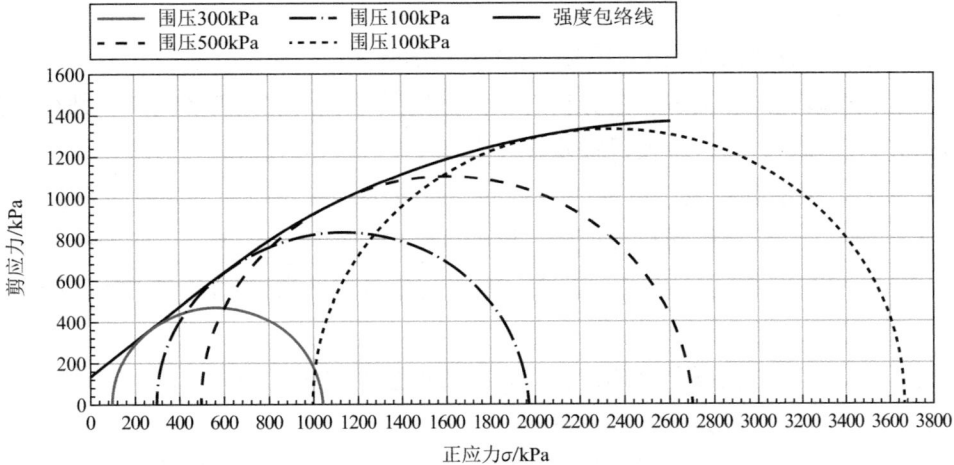

图 4.7-11　饱水状态试样极限莫尔应力圆及强度包络线

从天然试样和饱水试样的强度包络线的特点来看，土石混合体在较低的应力条件下强度包络线呈直线状，符合莫尔-库仑强度理论，通过对包络线直线段的拟合，可得出天然试样和饱水试样在较低应力条件下的强度方程，如下式：

天然试样：

$$\tau = 0.7262\sigma + 307.17 \tag{4.7-4}$$

饱水试样：

$$\tau = 0.6511\sigma + 127.52 \tag{4.7-5}$$

根据上两式可推算出天然试样和饱水试样在较低应力水平下的抗剪强度参数分别为：天然试样黏聚力为307.17kPa，内摩擦角为36°；饱水试样黏聚力为127.52kPa，内摩擦角为33.1°。

当试样所受的应力水平较高时，无论是天然试样还是饱水试样的强度包络线均向下弯曲，呈下凹形状，说明在较高的应力水平下该类土石混合体剪切破坏时并不遵从莫尔-库仑强度理论。

对于这种具有非直线形强度包络线的岩土体，如何评价其抗剪强度，如何确定其抗剪强度参数，一直以来都是学术界研究的热点。

如陈梁生等（1964）提出对于具有非直线形包络线的岩土体可根据实际法向应力的大小，作强度包络线的切线，然后根据该切线与纵坐标轴的交点和倾角确定岩土体在该法向应力下的抗剪强度参数。这种方法实际上认为具有非直线形强度包络线的岩土体在剪切过程中仍然服从莫尔-库仑理论，只是随着法向应力的变化，岩土体的黏聚力和内摩擦角也随之发生变化。但是这种方法难以解释为何随着法向应力的增大，岩土体黏聚力也随之增大。

郭国庆（1985）通过对粗颗粒土的研究认为，对于这种非直线形包络线，其抗剪强度τ与法向应力σ呈幂函数关系：

$$\tau = c + ap_a(\sigma/p_a)^b \tag{4.7-6}$$

式中：p_a——大气压；

　　　c——黏聚力；

a、b——强度参数。

但这种方法没有给出参数a、b明确的物理力学意义。

通过对剪切破坏试样的进一步分析，在高围压条件下，试样破坏时其内部存在较明显的粗颗粒被剪碎现象，这一事实已被众多学者证实。

这似乎可以用来解释上述试验所获得的强度包络线在较高应力条件下偏离直线的原因：高应力条件下，随着粗颗粒被剪碎，导致试样的内摩擦角降低，试样的抗剪强度也相应降低，从而反映在强度包络线上表现为偏离初始直线（莫尔-库仑强度包络线），呈下凹形。

根据上述认识，对土石混合体这种具有非线性强度包络线的岩土体，在评价其抗剪强度，确定强度参数时可按如下方法考虑：

（1）在较低应力条件下，强度包络线呈直线形，其强度参数可按莫尔-库仑理论求解。

（2）在较高应力条件下，如果忽略粗颗粒的剪碎对其黏聚力的影响，则仍然可以按照强度包络线在纵坐标轴上的截距确定其黏聚力，而内摩擦角应是一个随着应力水平的变化而变化的变量，它应是法向应力与强度包络线交点处切线的倾角。

根据上述方法，通过对强度包络线的拟合，可以得到该土石混合体在较高应力水平下的抗剪强度参数如下：

天然状态：黏聚力为 307.17kPa，内摩擦角为$\varphi = \arctan(1.1513 - 1.8 \times 10^{-4}\sigma)$，适用于 $6000\text{kPa} > \sigma > 3000\text{kPa}$ 条件。

饱水状态：黏聚力为 127.52kPa，内摩擦角为$\varphi = \arctan(0.7732 - 2 \times 10^{-4}\sigma)$，适用于 $3000\text{kPa} > \sigma > 800\text{kPa}$ 条件。

通过上述分析，可以对该土石混合体的力学特性得出以下认识：

（1）在低荷载作用下大多试样的应力-应变曲线呈直线状，表现出弹性变形的特点，随着荷载的进一步增大，试样迅速屈服，应力-应变曲线下凹，但是在大多试样整个破坏过程中一般不存在明显的峰值强度，试样表现出应变强化的特点。

（2）发生剪切破坏时，试样大多表现出较明显的剪胀现象，并且围压越低，剪胀现象越明显。

（3）围压对试样刚度的影响，在弹性变形阶段表现甚微，一旦进入屈服阶段，随着围压的增大，刚度也随之增大。

（4）在较低的应力条件下，天然试样和饱水试样的强度包络线均呈直线状，符合莫尔-库仑强度理论，其强度参数可按莫尔-库仑理论求解；当试样所受的应力水平较高时，无论是天然试样还是饱水试样的强度包络线均向下弯曲，呈下凹形状，并不遵从莫尔-库仑强度理论，此时试样的剪切包含有粗颗粒的剪碎过程，试样的内摩擦角是一个随剪切面上法向应力增大而减小的变量。

（5）从工程实际情况来看，河谷土石混合体的厚度一般不超过 100m，因此在一般条件下沉积物所处应力环境很难超过 1MPa，因此据试验结果可以认为在一般工程条件下土石混合体的力学性质符合莫尔-库仑强度理论。

（6）水对土石混合体的黏聚力的影响较大，饱水条件下黏聚力不足天然状态下的二分之一，而对内摩擦角的影响较小，饱水条件下内摩擦角降低不到3°。

综合对河床数个典型土石混合体物理力学性质的试验分析和研究，并结合相关研究成果，研究认为可以对土石混合体的基本物理力学性质作出以下认识：

（1）土石混合体形成时代久远，大多经历了长时期的压密、固结，因此，除沉积物表层外，土石混合体大多具有结构密实、高密度、孔隙体积小的特点。

（2）土石混合体大多具有密实的结构和以巨颗粒为主的物质组成，因此其变形模量、压缩模量较其他松散土石混合体高得多，属典型的高承载力、低压缩性土。

（3）根据对几个典型土石混合体的试验结果，土石混合体大多具有较好的抗剪强度，天然状态下，黏聚力一般可达 150～400kPa，内摩擦角一般为 35°～39°；饱水条件下黏聚力一般也保持在 60～100kPa，内摩擦角一般为 30°～37°。

（4）土石混合体抗剪强度参数中，c对水的敏感要比φ强烈得多。一般饱水条件下，黏聚力降低一半左右，而φ值的变化一般不超过 3°。从试验条件来看，孔隙水压力对于c值的影响也比较明显，而对φ影响则不明显，土石混合体在饱和状态下有效黏聚力约为总黏聚力的一半，而有效内摩擦角与总内摩擦角基本相同。

（5）不同的应力条件对土石混合体的强度特性存在明显的影响，最显著的表现是随着围压的增大，土石混合体的强度包络线逐渐从服从莫尔-库仑定律的直线形状向下产生明显弯曲。在试验中常常会出现随着围压增大，黏聚力明显增大，而内摩擦角明显降低的现象。

（6）虽然土石混合体在高应力条件下强度包络线会表现出非线性，但从试验过程来看，出现这种转变的临界应力一般大于 1MPa，而对于一般沉积物而言，其应力环境很难超过 1MPa，因此在一般工程条件下，可以认为土石混合体的力学性质符合莫尔-库仑强度理论。

4.8　武汉市星空之城项目环境影响评估应用实践

4.8.1　工程概况

武汉星空之城项目由 5 栋 20～30 层商业综合楼、配套商业及两层地下室（隧道下穿区域为一层地下室）组成，总占地面积 45989m²，总建筑面积 240218m²，如图 4.8-1 所示。

星空之城项目两侧邻近轨道交通 8 号线工程幸福大道站及 12 号线工程中一路站—后湖四路站隧道区间（以下简称中后区间），距离幸福大道站约 21.0m，与中后区间的最近距离为 12.0m。

项目的建设可能对轨道交通 8 号线幸福大道站及 12 号线中后区间结构的安全造成一定的影响。故需要针对本项目的周边场地环境、深基坑支护结构设计特点、深基坑施工特点、上部结构的特点及邻近地铁区间的保护要求，开展基础资料收集与分析，利用提出的数值模拟方法分析地下室开挖对邻近地铁结构的安全影响。

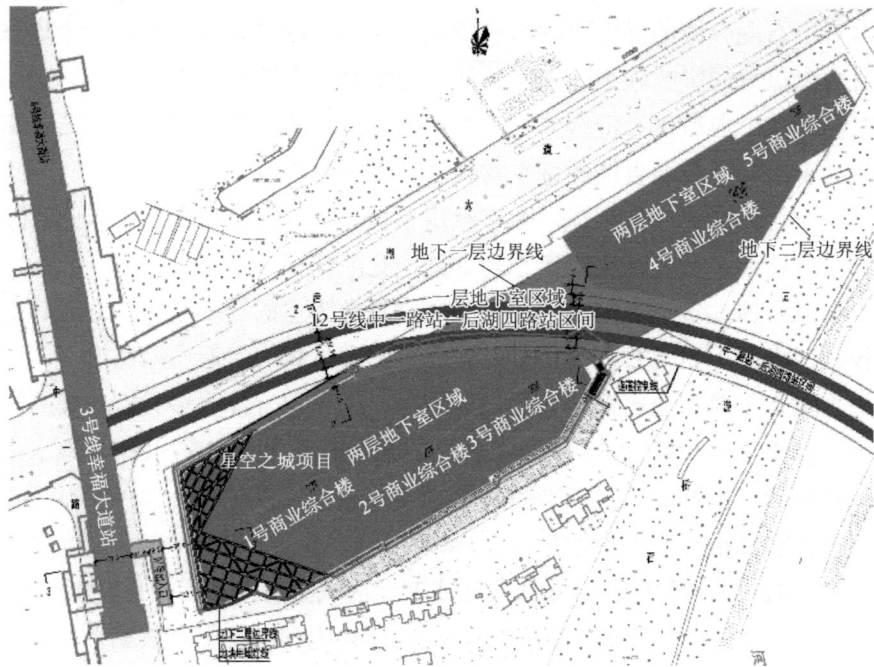

图 4.8-1　星空之城项目平面图

4.8.2　岩土力学参数

本场地在勘探深度 69.6m 范围内所分布的地层除表层分布有①$_1$层杂填土（Q^{ml}）、①$_2$层淤泥质黏土（Q^l）外，其下为第四系全新统冲积成因（Q_4^{al}）的黏性土及砂土，下伏基岩为白垩系下第三系（K-E）泥质粉砂岩。通过第 3 章、第 4 章岩土力学参数确定方法对本项目的岩土介质进行研究，最终确定各岩土层的分布埋藏情况及特征，详见表 4.8-1。

各土层的分布埋藏及主要特征一览　　　　　　　　　　表 4.8-1

地层编号	地层名称	年代及成因	分布范围	层面埋深/m	层厚/m	颜色	状态及密度	压缩性	包含物及其他特征
①$_1$	杂填土	Q^{ml}	全场地	0	1.1～5.1	杂	松散	高	主要由黏性土夹碎石、砖块组成，土质不均，硬质物含量约25%～40%，粒径约0.2～5.0cm，最大可达10cm 堆积年限小于 10 年
①$_2$	淤泥质黏土	Q^l	局部分布	1.1～4.9	0.4～2.6	灰、黑色	软塑—流塑	高	含有少量有机质，具腥臭味，干强度低
②$_1$	粉质黏土	Q_4^{al}	局部缺失	1.9～5.9	0.5～4.0	灰褐色、黄褐色	可塑	中—高	含氧化铁、铁锰质，干强度中等。干强度中等。土质较均匀
②$_2$	粉质黏土		局部分布	3.6～6.4	0.5～2.0	灰褐色、黄褐色	可—硬塑	中	含氧化铁、铁锰质。干强度中等，韧性中等。夹灰白色条纹状高岭土。土质均匀

续表

地层编号	地层名称	年代及成因	分布范围	层面埋深/m	层厚/m	颜色	状态及密度	压缩性	包含物及其他特征
③	粉质黏土		局部缺失	4.6~7.5	0.6~5.2	灰褐色、黄褐色	可塑	中—高	含氧化铁、铁锰质，局部夹粉土，呈中密状态，干强度中等。韧性中等。土质较均匀
④₁	粉质黏土夹粉土		局部缺失	5.3~12.5	0.6~5.8	青灰色	可塑	中	含氧化铁、铁锰质。粉质黏土呈可塑状，韧性中等，干强度中等。粉土呈中密—密实状，土质不均匀
④₂	粉砂粉土夹粉质黏土		全场地	8.8~16.4	0.4~8.1	青灰色	稍密—中密	中	含云母片，呈互层状分布，粉质黏土呈微薄层状分布，粉土呈中密—密实状，粉砂呈稍密—中密状态。土质不均
⑤₁	粉细砂	Q_4^{al}	全场地	11.1~20.8	3.6~14.4	青灰色	中密	中	含石英、云母、长石等矿物，砂质较均匀
⑤₂	细砂		全场地	22.1~29.6	最大揭露厚度16.0m	青灰色	中密—密实	低	含石英、云母、长石等矿物，砂质较均匀
⑤ₐ	粉质黏土		局部分布	19.1~36.0	0.8~4.2	灰褐色	可塑	中	含云母片及少量粉土、粉砂，干强度低、韧性低。以透镜体形式分布于⑤层中
⑥	中细砂夹砾卵石		局部揭露	34.4~39.6	最大揭露厚度10.6m	杂色	中密	低	含石英、云母、长石等矿物，该层以中细砂为主，局部为中粗砂或砾砂，夹圆砾及卵石，含量约5%~30%，局部底部密集，粒径约0.2~4.0cm，最大可达8cm。石英砂岩成分。土质不均匀
⑦₁	强风化泥质粉砂岩		局部揭露	41.2~48.9	0.9~11.6	青灰、灰绿色	强风化	低	原岩结构已破坏，局部含砾石，含量约20%~45%。粒径约0.1~2.0cm。岩芯呈柱状或块状，取芯率约60%~65%
⑦₂	中风化泥质粉砂岩	K-E	局部揭露	42.9~57.0	最大揭露厚度15.3m	青灰、灰绿、红褐色	中风化	视为不可压缩	泥质结构或砂质结构，层状构造，岩芯呈柱状及少量块状，局部胶结较差，取芯率约65%~80%，属极软岩，RQD指数为55%~65%，岩芯较破碎，岩体基本质量等级为Ⅴ级

根据本项目与邻近地铁车站、区间的平面及立体关系以及基坑工程支护结构设计及施工特点，选取靠近地铁侧的典型断面进行有限元计算分析。根据平面位置关系及本项目与地铁结构的先后施工顺序，选取典型剖面（图 4.8-2）进行分析。岩土力学参数如表 4.8-2、表 4.8-3 所示。

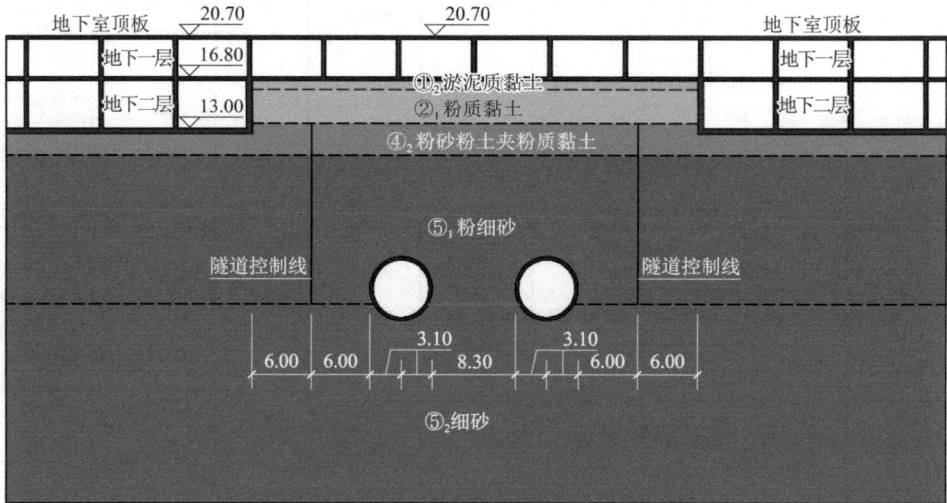

图 4.8-2 典型断面模型

土层材料属性表 表 4.8-2

编号	土层	重度/（kN/m³）	黏聚力c/kPa	内摩擦角φ/°	压缩模量E_s/MPa
1	①₁杂填土	19.0	8.0	14.0	5.0
2	①₂淤泥质黏土	16.8	10.0	4.0	2.5
3	②₁粉质黏土	18.3	19.5	11.5	5.5
4	②₂粉质黏土	19.0	30.0	15.2	8.5
5	③粉质黏土	18.3	13.0	9.0	5.0
6	④₁粉质黏土夹粉土	18.4	15.0	13.0	6.0
7	④₂粉砂粉土夹粉质黏土	18.5	5.0	22.0	9.0
8	⑤₁粉细砂	19.5	0	31.5	17.0
9	⑤₂细砂	19.5	0	34.0	21.0
10	⑤ₐ粉质黏土	17.7	19.5	10.5	5.5

结构材料属性表 表 4.8-3

编号	结构名	弹性模量/（kN/m²）	泊松比	重度/（kN/m³）	备 注
11	C30 混凝土	30000000	0.2	25	支护桩、支撑
12	C40 混凝土	32500000	0.2	25	车站结构
13	C50 混凝土	34500000	0.2	25	隧道衬砌

编号	结构名	类型	结构参数/mm	材料坐标系	备　注
21	支护桩	梁	H700 × 300 × 13 × 24@900	单元坐标系	等效厚度 572mm
22	支撑	梁	1100(B) × 800(H)	单元坐标系	
23	车站结构	梁	600	单元坐标系	
24	隧道衬砌	梁	350	单元坐标系	

4.8.3　隧道施工对拟建项目的影响分析

选取本工程地下室与地铁区间结构作为典型计算剖面，如图 4.8-3 所示。

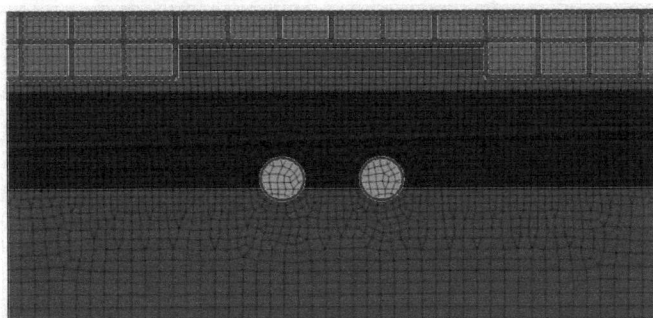

(a) 工况 1：初始地应力形成

(b) 工况 2：地下室结构完成

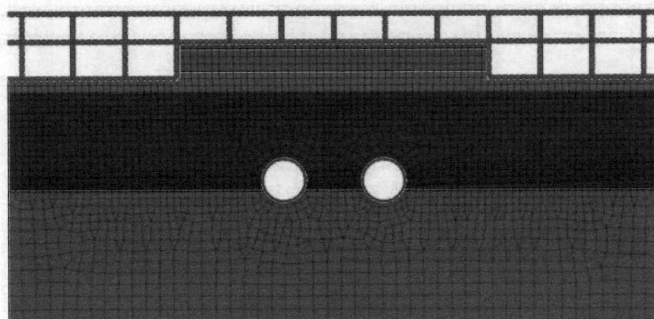

(c) 工况 3：中后区间隧道施工

图 4.8-3　典型计算剖面

　　本次二维数值计算分析模型中，土体采用平面应变单元模拟，本构模型为德鲁克-普拉格（Drucker-Prager）弹塑性模型；地下室结构及地铁区间结构采用平面应变单元模拟，本构模型为弹性模型，按照工程设计方案中构件实际截面特性确定。

　　模型左右边界固定水平位移，底部边界固定水平竖向位移，上部边界为地表自由面；自重荷载取重力加速度。

　　通过数值计算，得出各工况下整体模型及星空之城项目的横向、竖向位移，如图4.8-4～图4.8-6所示。

(a) 工况1：横向位移云图（初始地应力形成）

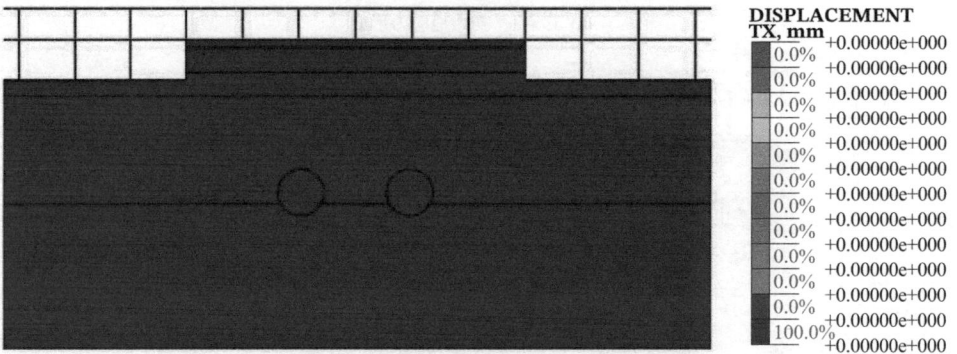

(b) 工况2：横向位移云图（地下室结构完成）

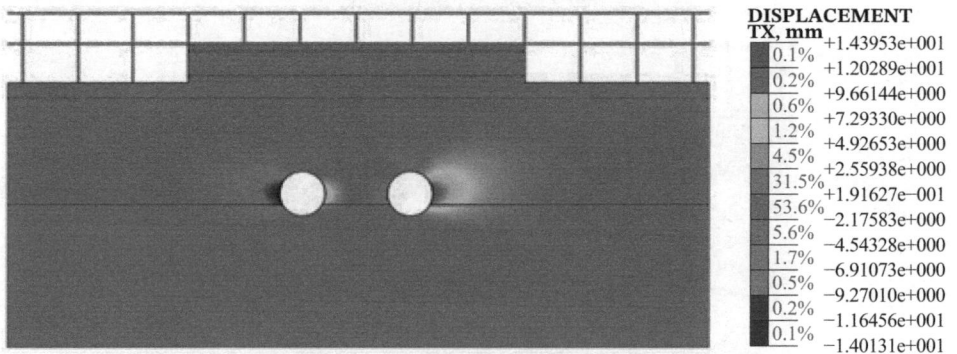

(c) 工况3：横向位移云图（中后区间隧道施工）

图4.8-4　整体模型横向位移云图

(a) 工况 1：竖向位移云图（初始地应力形成）

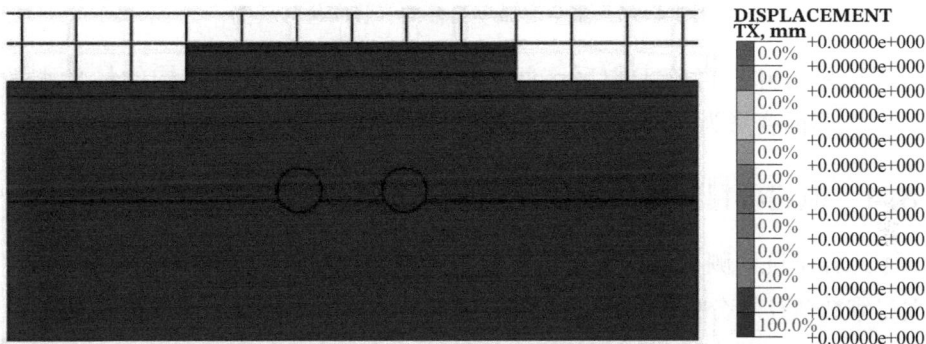

(b) 工况 2：竖向位移云图（地下室结构完成）

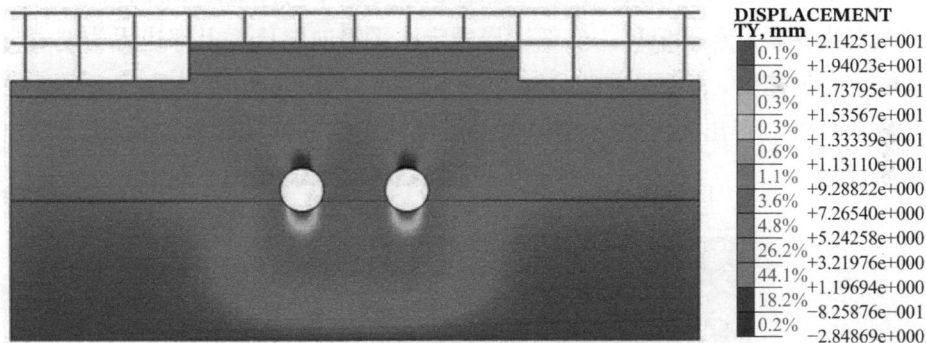

(c) 工况 3：竖向位移云图（中后区间隧道施工）

图 4.8-5　整体模型竖向位移云图

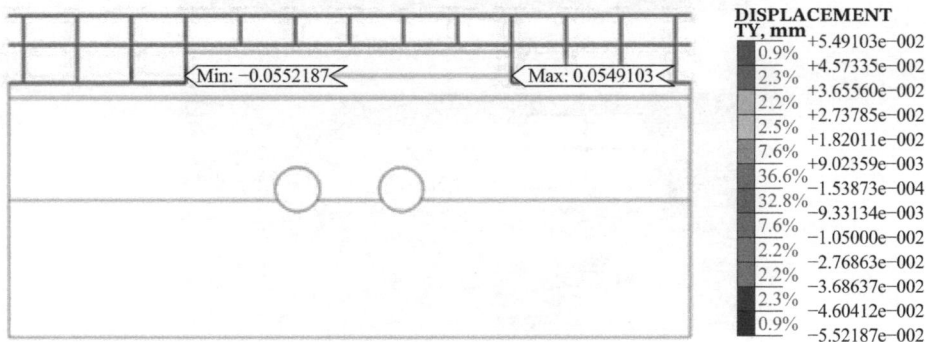

(a) 工况 3：横向位移云图

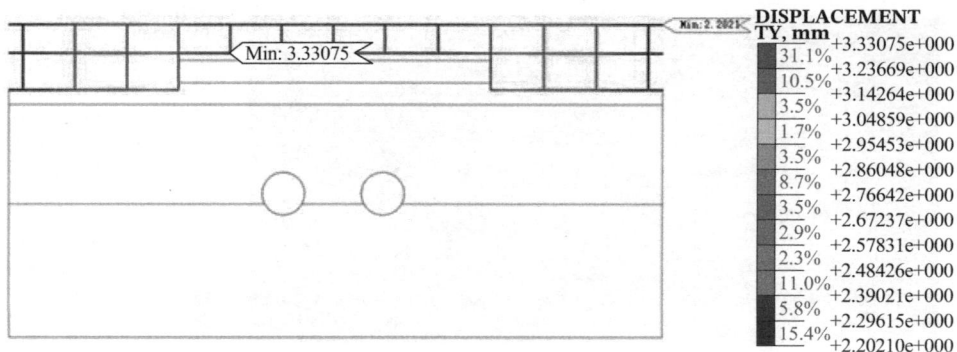

(b) 工况 3：竖向位移云图

图 4.8-6　星空之城项目横向、竖向位移云图

由计算结果可知：当施工中后区间隧道时，星空之城项目结构的最大水平变形为 0.05mm，最大竖向变形为 3.33mm。隧道施工对星空之城项目的影响满足要求。

4.8.4　拟建项目实施对地铁站影响分析

选取本工程基坑西侧与地铁车站结构作为典型计算剖面，如图 4.8-7 所示。

本次二维数值计算分析模型中，土体采用平面应变单元模拟，本构模型为德鲁克-普拉格（Drucker-Prager）弹塑性模型；基坑支护结构、地下室结构及地铁车站结构采用平面应变单元模拟，本构模型为弹性模型，按照工程设计方案中构件实际截面特性确定。

模型左右边界固定水平位移，底部边界固定水平竖向位移，上部边界为地表自由面；自重荷载取重力加速度。

通过数值计算，得出各工况下整体模型及地铁车站的横向、竖向位移，如图 4.8-8～图 4.8-10 所示。

(a) 工况 1：初始地应力形成

(b) 工况 2：地铁结构完成

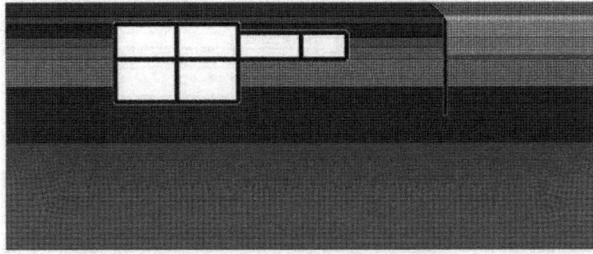

(c) 工况 3：支护桩施工完成

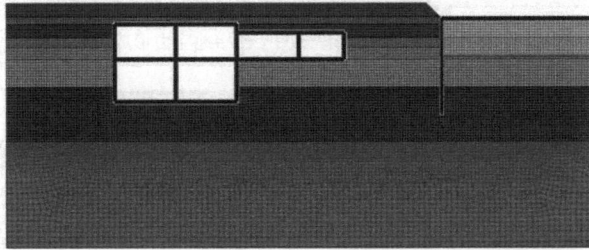

(d) 工况 4：开挖并施作支撑

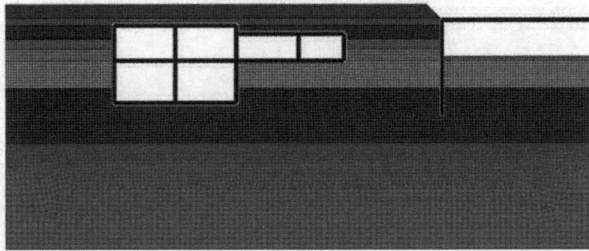

(e) 工况 5：开挖至坑底

(f) 工况 6：施工底板及地下二层楼板，拆除支撑

(g) 工况 7：施工顶板

图 4.8-7　典型计算剖面

DISPLACEMENT
TX, mm
0.0%	+0.00000e+000
0.0%	+0.00000e+000
0.0%	+0.00000e+000
0.0%	+0.00000e+000
0.0%	+0.00000e+000
0.0%	+0.00000e+000
0.0%	+0.00000e+000
0.0%	+0.00000e+000
0.0%	+0.00000e+000
0.0%	+0.00000e+000
100.0%	+0.00000e+000
	+0.00000e+000

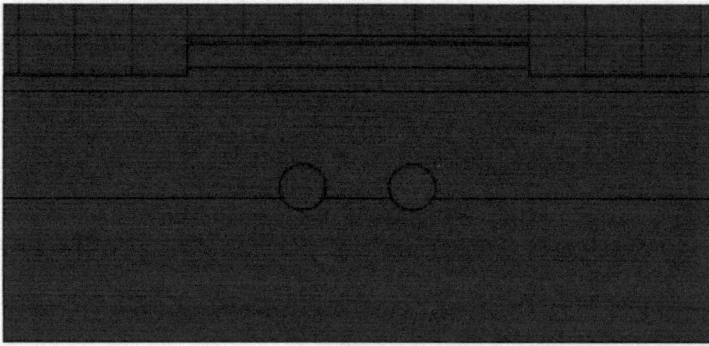

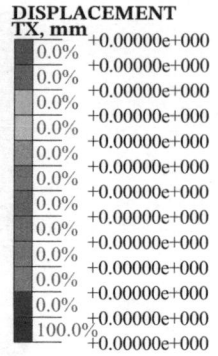

(a) 工况 1：横向位移云图（初始地应力形成）

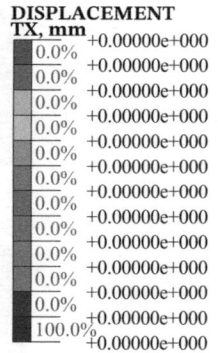

DISPLACEMENT
TX, mm
0.0%	+0.00000e+000
0.0%	+0.00000e+000
0.0%	+0.00000e+000
0.0%	+0.00000e+000
0.0%	+0.00000e+000
0.0%	+0.00000e+000
0.0%	+0.00000e+000
0.0%	+0.00000e+000
0.0%	+0.00000e+000
0.0%	+0.00000e+000
100.0%	+0.00000e+000
	+0.00000e+000

(b) 工况 2：横向位移云图（地铁结构完成）

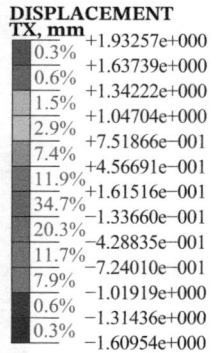

DISPLACEMENT
TX, mm
0.3%	+1.93257e+000
0.6%	+1.63739e+000
1.5%	+1.34222e+000
2.9%	+1.04704e+000
7.4%	+7.51866e-001
11.9%	+4.56691e-001
34.7%	+1.61516e-001
20.3%	-1.33660e-001
11.7%	-4.28835e-001
7.9%	-7.24010e-001
0.6%	-1.01919e+000
0.3%	-1.31436e+000
	-1.60954e+000

(c) 工况 3：横向位移云图（支护桩施工完成）

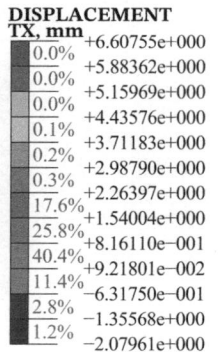

DISPLACEMENT
TX, mm
0.0%	+6.60755e+000
0.0%	+5.88362e+000
0.0%	+5.15969e+000
0.1%	+4.43576e+000
0.2%	+3.71183e+000
0.3%	+2.98790e+000
17.6%	+2.26397e+000
25.8%	+1.54004e+000
40.4%	+8.16110e-001
11.4%	+9.21801e-002
2.8%	-6.31750e-001
1.2%	-1.35568e+000
	-2.07961e+000

(d) 工况 4：横向位移云图（开挖并施作支撑）

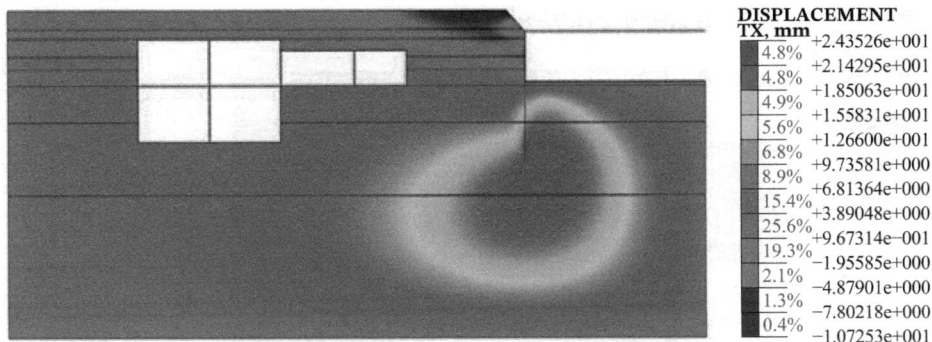

(e) 工况 5：横向位移云图（开挖至坑底）

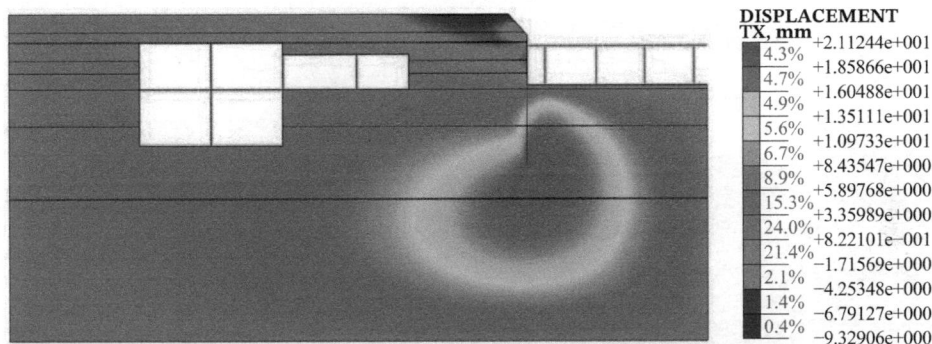

(f) 工况 6：横向位移云图（施工底板及地下二层楼板，拆除支撑）

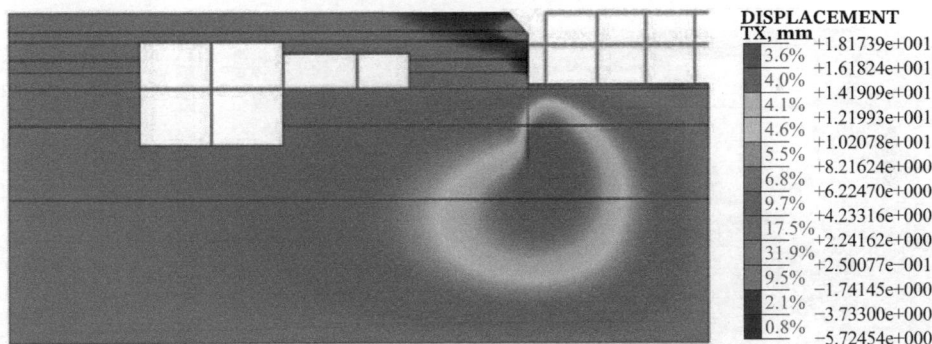

(g) 工况 7：横向位移云图（施工顶板）

图 4.8-8 整体模型的横向位移云图

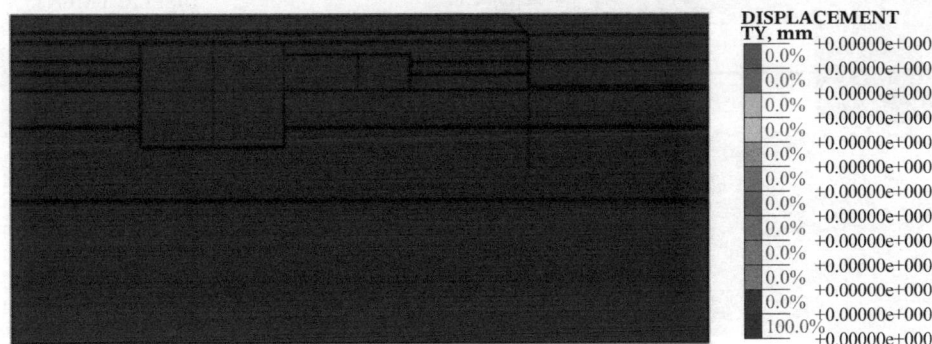

(a) 工况 1：竖向位移云图（初始地应力形成）

DISPLACEMENT
TY, mm

0.0%	+0.00000e+000
0.0%	+0.00000e+000
0.0%	+0.00000e+000
0.0%	+0.00000e+000
0.0%	+0.00000e+000
0.0%	+0.00000e+000
0.0%	+0.00000e+000
0.0%	+0.00000e+000
0.0%	+0.00000e+000
0.0%	+0.00000e+000
100.0%	+0.00000e+000
	+0.00000e+000

(b) 工况 2：竖向位移云图（地铁结构完成）

DISPLACEMENT
TY, mm

42.0%	+3.05663e−001
12.0%	−4.19134e−001
13.3%	−1.14393e+000
8.5%	−1.86873e+000
6.1%	−2.59353e+000
4.5%	−3.31832e+000
3.6%	−4.04312e+000
2.7%	−4.76792e+000
2.3%	−5.49272e+000
1.9%	−6.21751e+000
1.8%	−6.94231e+000
1.4%	−7.66711e+000
	−8.39190e+000

(c) 工况 3：竖向位移云图（支护桩施工完成）

DISPLACEMENT
TY, mm

0.2%	+1.84706e+001
0.5%	+1.67924e+001
0.8%	+1.51142e+001
1.1%	+1.34360e+001
1.5%	+1.17578e+001
2.6%	+1.00797e+001
6.2%	+8.40148e+000
8.9%	+6.72330e+000
9.2%	+5.04512e+000
10.4%	+3.36694e+000
34.6%	+1.68875e+000
24.1%	+1.05740e−002
	−1.66761e+000

(d) 工况 4：竖向位移云图（开挖并施作支撑）

DISPLACEMENT
TY, mm

0.7%	+1.56625e+002
1.3%	+1.43357e+002
1.6%	+1.30089e+002
1.8%	+1.16821e+002
2.1%	+1.03553e+002
2.5%	+9.02847e+001
2.8%	+7.70166e+001
3.1%	+6.37485e+001
4.6%	+5.04804e+001
6.1%	+3.72124e+001
9.3%	+2.39443e+001
64.3%	+1.06762e+001
	−2.59187e+000

(e) 工况 5：竖向位移云图（开挖至坑底）

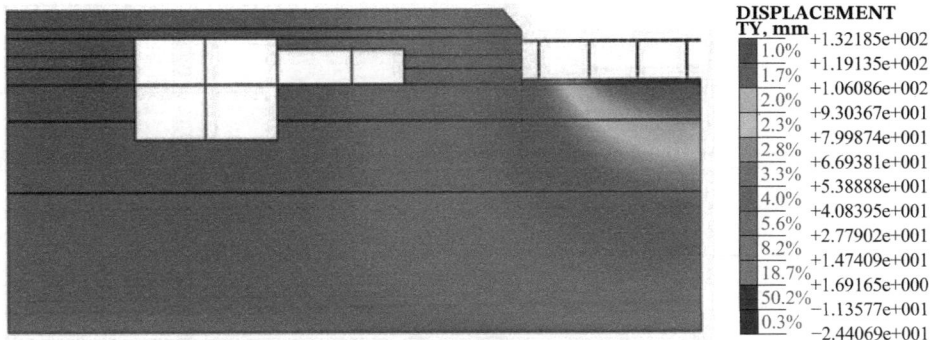

(f) 工况 6：竖向位移云图（施工底板及地下二层楼板，拆除支撑）

(g) 工况 7：竖向位移云图（施工顶板）

图 4.8-9　整体模型的竖向位移云图

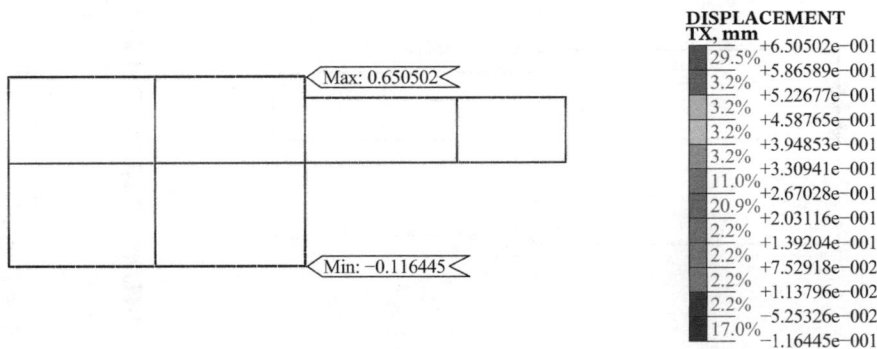

(a) 工况 3：地铁车站横向位移云图（支护桩施工完成）

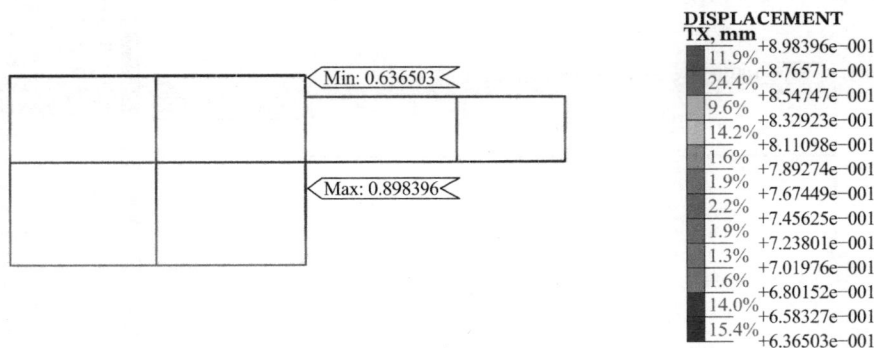

(b) 工况 4：地铁车站横向位移云图（开挖并施作支撑）

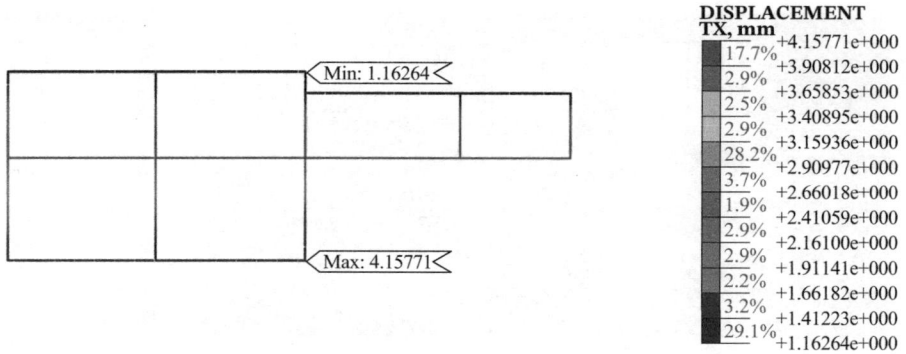

(c) 工况 5：地铁车站横向位移云图（开挖至坑底）

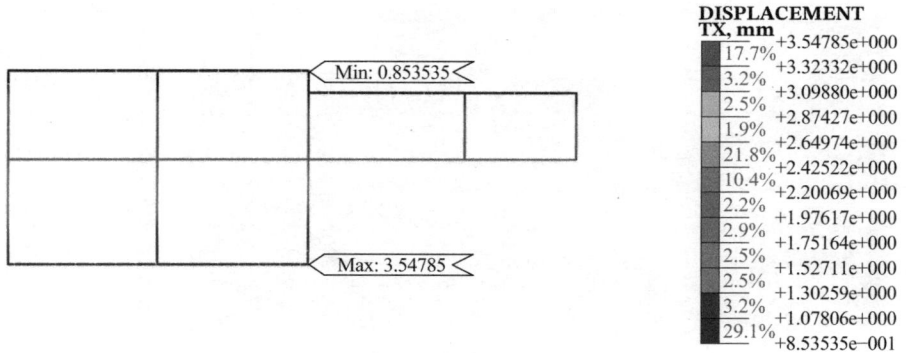

(d) 工况 6：地铁车站横向位移云图（施工底板及地下二层楼板，拆除支撑）

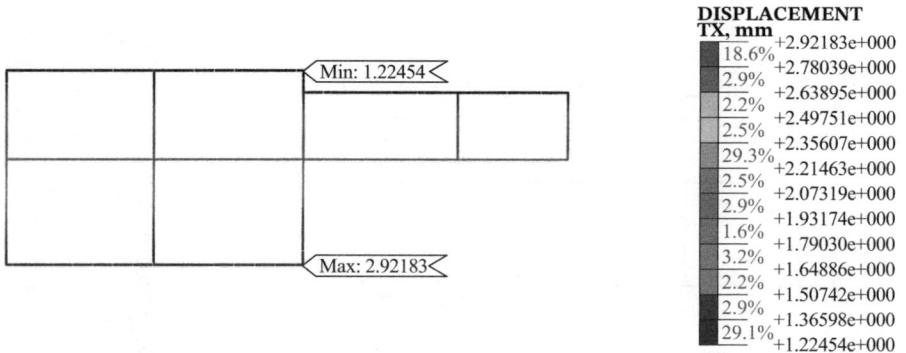

(e) 工况 7：地铁车站横向位移云图（施工顶板）

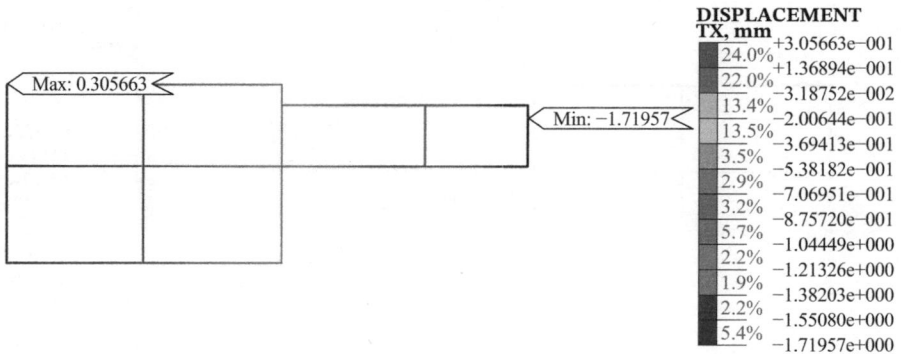

(f) 工况 3：地铁车站竖向位移云图（支护桩施工完成）

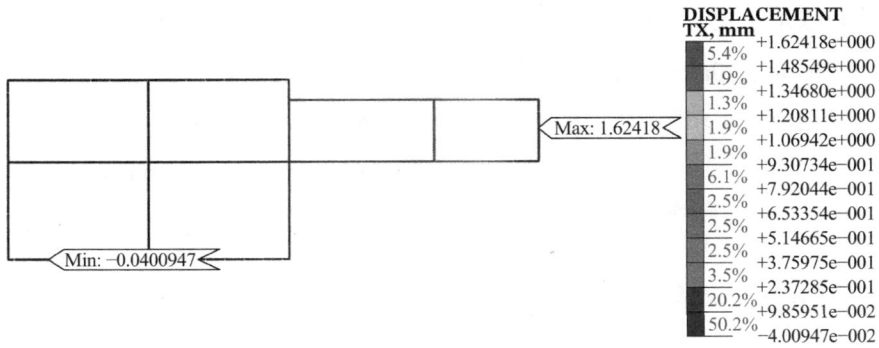

DISPLACEMENT
TX, mm

5.4%	+1.62418e+000
1.9%	+1.48549e+000
1.3%	+1.34680e+000
1.9%	+1.20811e+000
1.9%	+1.06942e+000
6.1%	+9.30734e-001
2.5%	+7.92044e-001
2.5%	+6.53354e-001
2.5%	+5.14665e-001
3.5%	+3.75975e-001
20.2%	+2.37285e-001
50.2%	+9.85951e-002
	-4.00947e-002

(g) 工况 4：地铁车站竖向位移云图（开挖并施作支撑）

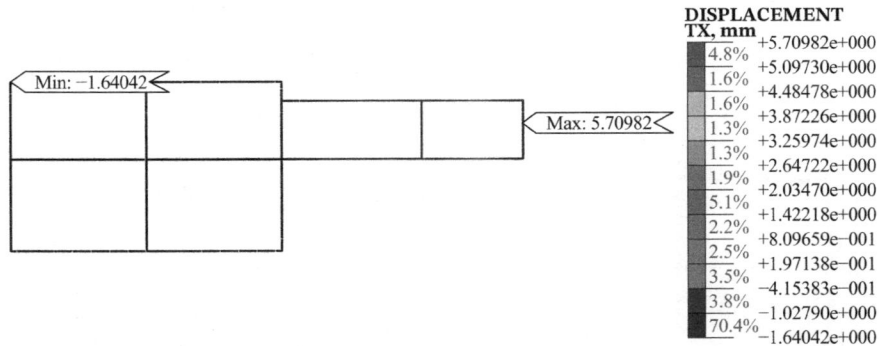

DISPLACEMENT
TX, mm

4.8%	+5.70982e+000
1.6%	+5.09730e+000
1.6%	+4.48478e+000
1.3%	+3.87226e+000
1.3%	+3.25974e+000
1.9%	+2.64722e+000
5.1%	+2.03470e+000
2.2%	+1.42218e+000
2.5%	+8.09659e-001
3.5%	+1.97138e-001
3.8%	-4.15383e-001
70.4%	-1.02790e+000
	-1.64042e+000

(h) 工况 5：地铁车站竖向位移云图（开挖至坑底）

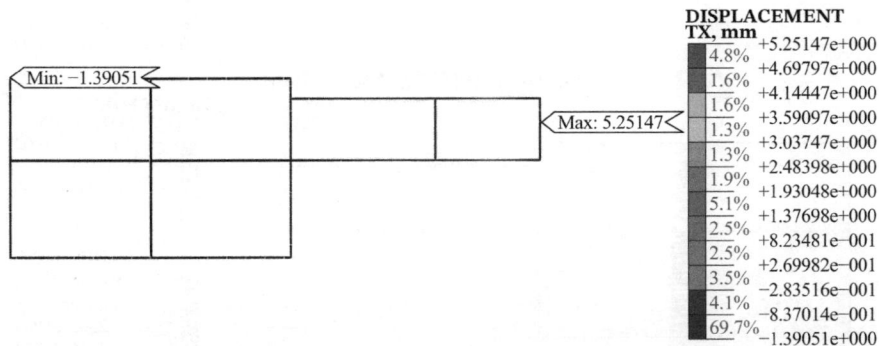

DISPLACEMENT
TX, mm

4.8%	+5.25147e+000
1.6%	+4.69797e+000
1.6%	+4.14447e+000
1.3%	+3.59097e+000
1.3%	+3.03747e+000
1.9%	+2.48398e+000
5.1%	+1.93048e+000
2.5%	+1.37698e+000
2.5%	+8.23481e-001
3.5%	+2.69982e-001
4.1%	-2.83516e-001
69.7%	-8.37014e-001
	-1.39051e+000

(i) 工况 6：地铁车站竖向位移云图（施工底板及地下二层楼板，拆除支撑）

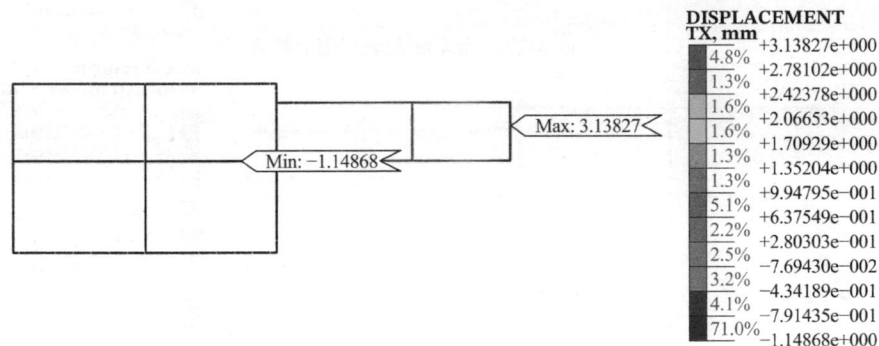

DISPLACEMENT
TX, mm

4.8%	+3.13827e+000
1.3%	+2.78102e+000
1.6%	+2.42378e+000
1.6%	+2.06653e+000
1.3%	+1.70929e+000
1.3%	+1.35204e+000
5.1%	+9.94795e-001
2.2%	+6.37549e-001
2.5%	+2.80303e-001
3.2%	-7.69430e-002
4.1%	-4.34189e-001
71.0%	-7.91435e-001
	-1.14868e+000

(j) 工况 7：地铁车站竖向位移云图（施工顶板）

图 4.8-10　地铁车站的横向、竖向位移云图

由计算结果可知：当星空之城项目施工时，地铁车站结构的最大水平变形为4.16mm，最大竖向变形为5.70mm。因此，基坑开挖对地铁车站的影响满足要求。

基坑开挖前后车站结构内力计算结果见图4.8-11及表4.8-4。

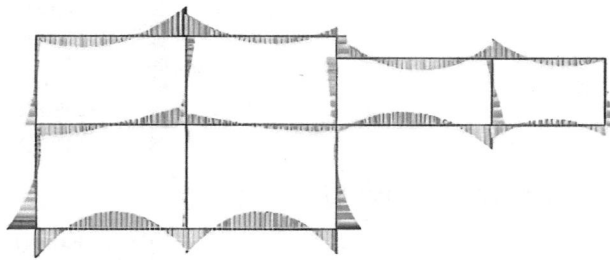

(a) 基坑开挖前车站结构弯矩计算结果

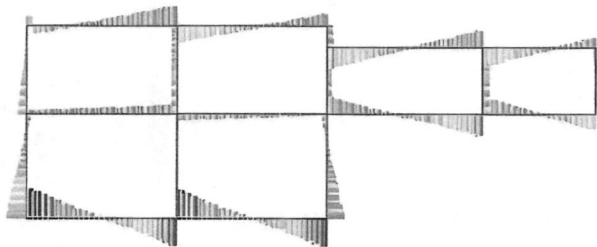

(b) 基坑开挖前车站结构剪力计算结果

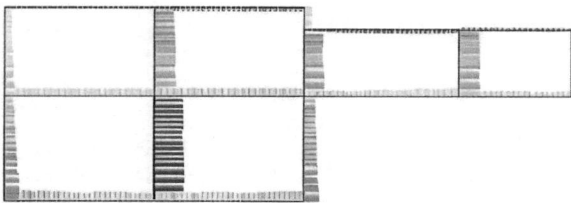

(c) 基坑开挖前车站结构轴力计算结果

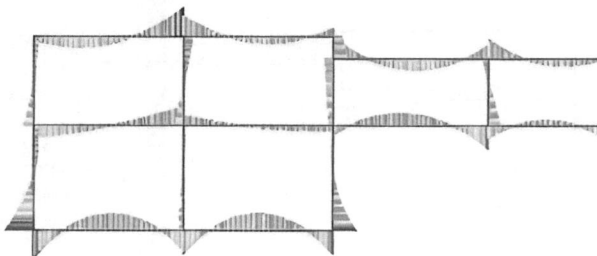

(d) 基坑开挖后车站结构弯矩计算结果

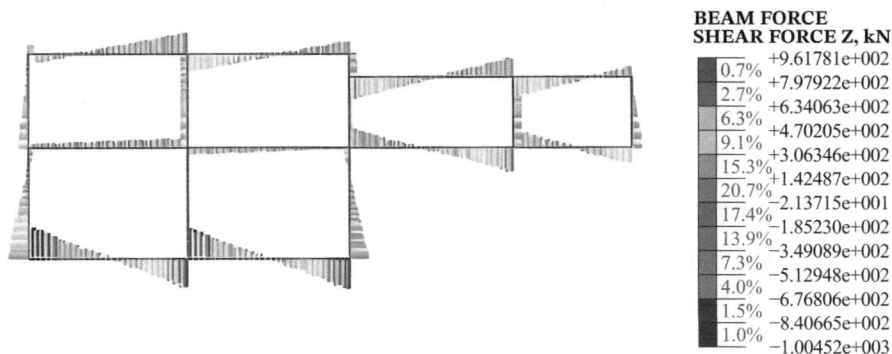

BEAM FORCE
SHEAR FORCE Z, kN

0.7%	+9.61781e+002
2.7%	+7.97922e+002
6.3%	+6.34063e+002
9.1%	+4.70205e+002
15.3%	+3.06346e+002
20.7%	+1.42487e+002
17.4%	-2.13715e+001
13.9%	-1.85230e+002
7.3%	-3.49089e+002
4.0%	-5.12948e+002
1.5%	-6.76806e+002
1.0%	-8.40665e+002
	-1.00452e+003

(e) 基坑开挖后车站结构剪力计算结果

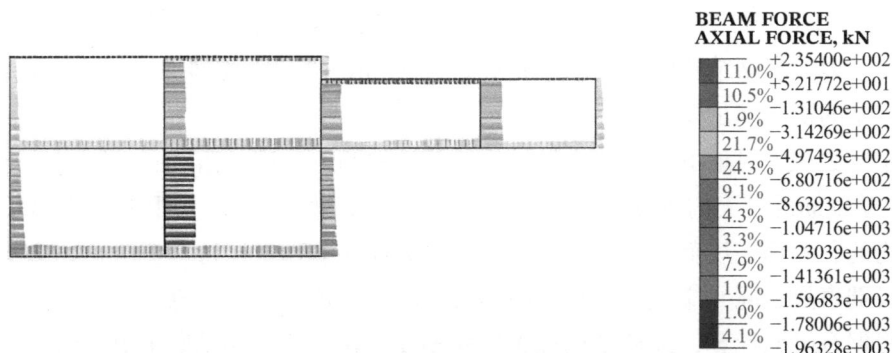

BEAM FORCE
AXIAL FORCE, kN

11.0%	+2.35400e+002
10.5%	+5.21772e+001
1.9%	-1.31046e+002
21.7%	-3.14269e+002
24.3%	-4.97493e+002
9.1%	-6.80716e+002
4.3%	-8.63939e+002
3.3%	-1.04716e+003
7.9%	-1.23039e+003
1.0%	-1.41361e+003
1.0%	-1.59683e+003
4.1%	-1.78006e+003
	-1.96328e+003

(f) 基坑开挖后车站结构轴力计算结果

图 4.8-11　基坑开挖前后车站结构内力计算结果

地铁车站结构内力计算结果　　　　　　　　　　　　表 4.8-4

项目 模型	弯矩/（kN·m）			剪力/kN			轴力/kN			结论
	开挖前	开挖后	内力增量	开挖前	开挖后	内力增量	开挖前	开挖后	内力增量	
模型三	1881	1912	31	999	1004	5	1960	1963	3	满足要求

　　根据数值模拟计算结果，星空之城项目基坑施工对地铁 8 号线幸福大道站地铁结构的内力影响较小。施工引起的既有结构内力变化在结构承载力允许范围内，既有结构安全。

4.8.5　结论

　　利用第 3、4 章确定岩土力学参数后，利用数值模拟方法对星空之城项目进行环境影响评价，得到如下结论。

　　（1）拟建星空之城项目与邻近地铁结构在空间位置上不存在冲突，因此本项目在采取必要的工程安全保护措施后，工程具备实施的可行性。

　　（2）基于目前 12 号线工程中一路站及中一路站—后湖四路站区间隧道最新方案，本项目两层地下室及桩承结构严禁侵入 12 号线区间隧道控制线，且隧道控制线范围内严禁设置桩承结构。

（3）拟建星空之城项目总平面布置应充分考虑地铁地面建筑的影响，同时应与其保持适当的距离，以满足环评、消防、卫生防疫等相关部门要求。

（4）拟建星空之城项目应在中一路站—后湖四路站区间隧道盾构始发前完成地下室施工。

（5）拟建星空之城项目围护结构设计应预留后期中一路站—后湖四路站区间盾构穿越的条件，盾构穿越范围可考虑设置玻璃纤维筋。

（6）为减少后期盾构掘进对地下室结构的影响，建议采取一定的加固措施，同时应控制好盾构掘进速度及姿态，加强壁后注浆，控制好地层变形。

（7）中一路站—后湖四路站区间隧道施工时，星空之城项目结构的最大水平变形为0.05mm，最大竖向变形为 3.33mm，隧道施工对星空之城项目的影响满足要求；星空之城项目施工时，地铁车站结构的最大水平变形为 4.16mm，最大竖向变形为 5.70mm，基坑开挖对地铁车站的影响满足要求。

（8）星空之城项目地下室基坑支护结构（邻地铁侧）采用"落底式等厚水泥土挡墙内插型钢+单道钢筋混凝土内支撑"的支护方式，根据数值模拟计算，项目地下室基坑开挖后对地铁结构的影响均在规范要求范围之内，不影响地铁的正常运行。但考虑到基坑支护可能遇到的极端事故工况，应做好应急抢险预案，同时准备充分的应急物资。

（9）根据有限元计算，地铁结构最大位移多发生在基坑开挖见底工况，因此基坑支护施工时应减少基底的暴露时间，尽早施作地下室结构并回填。考虑到项目实施过程中的风险性，邻近区间一侧基坑应加密监测点及监测频次，尤其是支护结构水平位移、坡顶水平位移。同时应针对地铁区间结构制定专项运行监测方案。

4.9　本章小结

（1）基于颗粒离散元计算原理，构建了基于模型边界控制的刚性伺服、柔性伺服建模方法，并采用 AUTOCAD 控制建模范围与颗粒投放区域可视化程度高，修改与处理方便，简化了 PFC2D 中 Wall 生成单个输入的缺陷，该接口程序可作为 PFC2D 的有益补充；采用逐步膨胀法使颗粒逐步充满研究区域的同时通过伺服机制控制边界 Wall 的运动，可使得边界 Wall 平均接触力达到很小，从而得到满足要求的低应力、均孔隙率模型。该方法采用移动边界 Wall 的方法释放应变能，抑制了建模过程中的颗粒飞溅问题。

（2）基于数字图形识别岩块细观构成，利用元胞自动机建立了细观矿物随机构造方法，然后利用二维颗粒离散元数值试样，通过室内试验标定细观参数，给出了一种可以获取不同类型矿物细观参数简单、快速标定流程，可为胶结混合体的细观力学参数标定提供重要依据。

（3）基于颗粒流方法和室内剪切试验，进行了土石混合体介质的直接剪切试验模拟，结果表明土石混合体直剪试验剪切面并非一个平面，而是存在一个带内变形以设计平面为中心呈 S 形变化剪切带，块石最大粒径越大，剪切面影响范围越广；块石刚度越大，剪切面则越粗糙，块石存在某种程度上控制着滑面的形成和形态。在高围压下其介质特性表现为应变硬化、低剪胀率，不排除剪缩的情况，而在低围压下则容易发生剪胀现象，这与重塑样试验结果基本一致。土石颗粒剪切面的摩擦力主要是由块石间的咬合力提供，该方法可作为工程土石混合体确定力学参数的有益补充。

（4）利用颗粒流方法开展了土石混合介质三轴压缩试验模拟研究，分析了含石率、骨料细观特征、随机分布对宏观抗剪强度特性的影响。结果发现：不同含石率下，随着含石率的增加，土与碎石的内摩擦角不断增大，而土与碎石混合体的黏聚力先减小后增大。随着含石率增大，块石之间挤压、咬合作用显著，内摩擦角增加显著；数值模拟应力-应变规律与室内试验基本一致，应力-应变曲线也是硬化型曲线，没有明显的峰值强度；颗粒流数值模拟土石混合介质的强度特性具有良好的可信度。

（5）利用元胞自动机模型对随机离散单元进行演化，模拟土石混合体的分布结构、"聚团"特征，利用弹性应力波传播原理计算波的等效速度，研究了介质分布、软硬程度对动力学参数的影响规律。研究发现：混合介质的波速由基质与充填物共同决定，基质材料越弱，波传播速度越慢，二者呈对数变化；碎石含量越高，则波速越快，波速与充填碎石块含量呈对数关系增长，而振幅系数与碎石含量关系不大，主要取决于碎块石的分布结构；由于堆积体介质密度不均，导致堆积体内波传播速度与入射波频率密切相关，高频波速度快、低频波速度慢，横波速度与入射波频率成指数递增关系。基于元胞自动机模型研究动变形参数，可以更好地反映土石混合介质的波动力学性能，是一种获得复杂介质动参数的重要方法，可以弥补室内及现场试验的不足。

（6）结合典型土石混合体实例，在其物理力学性质的基本物性指标、强度特性、变形特性等三个主要方面展开较深入研究和探讨，以期为相关工程提供参考。针对某大型滑坡沉积物中的典型颗粒组分，考虑含石率以及粒径含量比率，利用随机集合体构造 RAS 方法生成土石混合体概念模型，分析其强度 REV 尺度，并在此基础上得出等效强度参数，并针对不同条件状态下土石混合体的强度参数进行分析，可为工程项目土石混合体强度参数的确定提供参考。

（7）基于星空之城项目，利用前述方法确定岩土力学参数，开展数值模拟研究，提出了合理的建议，为项目的开展提供了重要支撑。

第5章

土石混合体渗流应力耦合特性与控制计算方法

对于修建在富水土石地层中的工程，无论是地上工程或是地下工程，工程建设过程中遇到的主要工程地质问题就是水体的隔离与控制。能否在勘察阶段查清富水土石地层的水文地质条件、水文地质参数，在施工期、运行期如何评价水的作用是对富水土石地层变形破坏规律的关键，因此需要建立地下水渗透作用分析理论与方法。

5.1 富水土石层降水工程数值模拟

5.1.1 有限元渗流分析

水在土中的流动通常称为渗流。在岩土工程问题中，边坡（包括滑坡）稳定分析、土坝或堤坝设计等都会遇到渗流问题。渗流问题通常分为稳定流和非稳定流两种，二者的区别在于水头（渗透系数）随时间是否变化。常规分析中一般只考虑饱和流，然而，对于岩土工程中许多问题而言，有必要考虑非饱和流，例如，为了分析堤坝或土坝在上游水位升降条件下水压力分布，就需将饱和区、非饱和区两种区域都考虑在内。

1）达西定律渗流计算

1856 年法国工程师达西通过渗透试验，提出了著名的达西定律。即通过饱和砂层的水流通量 q（单位时间通过单位面积砂层的水量）或说渗透速率 v 和水力梯度成正比。达西定律表达式为：

$$q(v) = -K_s(\Delta H/L) \tag{5.1-1}$$

式中，H 为总水头；ΔH 为渗流路径始末的总水头差；$(\Delta H/L)$ 为水力梯度；K_s 为饱和渗透系数。

式(5.1-1)中负号表示水沿水头降低的方向流动。饱和渗透系数 K_s 是综合反映土导水性能的一个指标。影响饱和渗透系数大小的因素很多，主要取决于土颗粒的形状、大小、不均匀系数和水的黏滞性等。要建立计算饱和导水率的精确理论公式比较困难，通常可通过试验方法或经验估算法来确定值，对于特定土而言，K_s 通常为常数。

式(5.1-1)一般也可表示为：

$$q(v) = -K_s(\partial H/\partial x) \tag{5.1-2}$$

一般认为，适用于饱和水流动的达西定律在很多情况下也适用于非饱和土水的流动。最早将达西定律引入非饱和土水流动的是 Richards（1931），他假定在非饱和土水流中，将达西定律公式中的饱和导水率换为非饱和导水率，而且非饱和导水率是土基质势或土含水率的函数$K(h)$。非饱和流动的达西定律可表示为：

$$q(v) = -K(h)\nabla H \tag{5.1-3}$$

2）土的水分特征曲线

土的水分特征曲线是土的体积含水率或饱和度与基质吸力h（或压力水头）关系曲线，有时简称土水特征曲线（图 5.1-1）。

土水特征曲线与土质、结构、温度等因素有关，而且还与土的水分变化过程有关。土水特征曲线是要通过试验来确定，但为了分析和利用方便，常把实测的结果拟合多种经验公式，最常见的经验公式有：

（1）幂函数

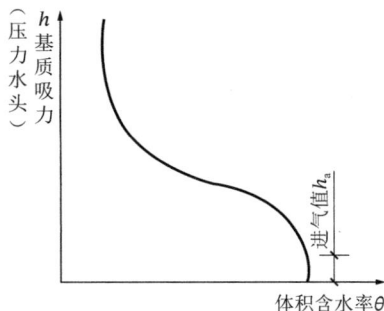

图 5.1-1　典型土水特征曲线

$$h = a\theta^b \text{或} h = a(\theta/\theta_s)^b \tag{5.1-4}$$

式中，h为吸力；θ和θ_s分别为含水率和饱和含水率；a和b为拟合的常数。

（2）Brooksand Corey（1964）函数（BC 方程）

$$S_e = (h_a/h)^\lambda \tag{5.1-5}$$

式中，S_e为相对饱和度；θ_r为土的残留含水率；h_a为进气值时的土基质势；λ为拟合的常数。

（3）Huyakorn 方程

$$S = S_{wr} + (1 - S_{wr})\big[1 + (\alpha_{BV}|h - ha|^{\beta_{BV}}\big]^{-\gamma_{BV}} \quad h > h_a \tag{5.1-6}$$

式中，S_{wr}为残余饱和度；α_{BV}为进气值；其他均为 Huyakorn 非饱和水力参数。

土水特征曲线的倒数即单位基质势的变化引起的含水率的变化，称为比水容量C。C值是土含水率或基质势的函数即$C(\theta)$或$C(h)$，含义为压力水头下降一个单位时，单位体积土释放出来的水体积。

饱和土的渗透系数通常为常数，非饱和土中水的渗透系数主要是饱和度或体积含水率函数，在非饱和土力学中，常将这种函数关系称为渗透性函数。又因为饱和度或体积含水率与基质吸力之间可以用土水特征曲线描述，所以用基质吸力也可导出渗透性函数。

3）非饱和土的水运动基本方程

质量守恒定律是物质运动和变化普遍遵循的规律，非饱和土的水运动也必然要遵循这一规律，而达西定律是多孔介质中流体运动所应满足的运动规律，因此将达西定律和质量守恒定律结合起来应用于非饱和土中水的流动，便可推导出描述土的水运动基本方程。

在非饱和土体中取一个立方体单元，单元三个方向上的dx，dy，dz都为无穷小量，在x，y，z方向上有水流通过（图 5.1-2），流速以图中标注方向为正。假设土单元骨架不变形，流过土中的水为不可压缩的流体。在dt时间内，流入单元体的水质量为：

$$m_i = \rho v_x \mathrm{d}y\mathrm{d}z\mathrm{d}t + \rho v_y \mathrm{d}x\mathrm{d}z\mathrm{d}t + \rho v_z \mathrm{d}y\mathrm{d}x\mathrm{d}t \tag{5.1-7}$$

流入和流出单元体的质量差为：

$$\Delta m_2 = m_i - m_o$$
$$= -\rho \left(\frac{\partial v_x}{\partial x} + \frac{\partial v_y}{\partial y} + \frac{\partial v_z}{\partial z} \right) \mathrm{d}x\mathrm{d}y\mathrm{d}z\mathrm{d}t - \left(v_x \frac{\partial \rho}{\partial x} + v_y \frac{\partial \rho}{\partial y} + v_z \frac{\partial \rho}{\partial z} \right) \mathrm{d}x\mathrm{d}y\mathrm{d}z\mathrm{d}t \tag{5.1-8}$$

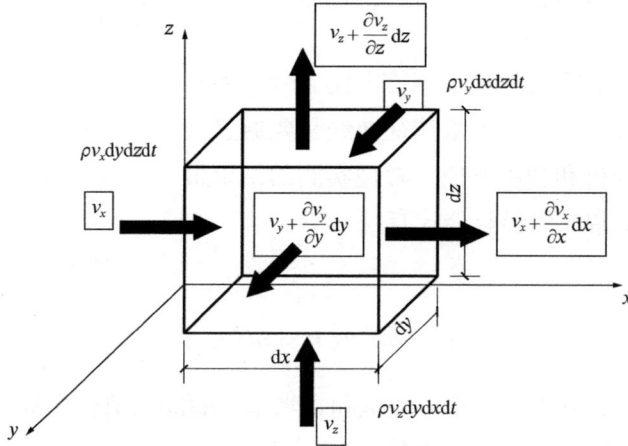

图 5.1-2　渗流示意图

4）饱和-非饱和渗流控制方程

在实际工程问题中如库水位变化中的土坝渗流、降雨和淋洗水的下渗、农田灌溉排水等，都应考虑非饱和区的作用（毛昶熙，1999），此时就很有必要将饱和与非饱和作为一个整体来研究渗流问题。

如果土体饱和，土含水率将变为饱和含水率 θ_s，渗透系数也将变为饱和渗透系数 K_s，在不考虑水的压缩性时，渗流方程左端项将变为零，此时方程就是饱和渗流方程，可见饱和流方程可以看作非饱和流的一个特例，将饱和与非饱和渗流方程统一起来考虑是可行的。有：

$$\frac{\partial}{\partial t}(\rho\theta) = \frac{\partial H}{\partial t} \left(\rho n \frac{\partial S}{\partial H} + \rho S \frac{\partial n}{\partial H} + nS \frac{\partial \rho}{\partial H} \right) \tag{5.1-9}$$

令 $\alpha = S$，$S_s = \frac{\partial n}{\partial H}$，以及有 $C(h) = \frac{\partial\theta}{\partial h} = n\frac{\partial S}{\partial H}(H = h + z)$，则得：

$$\frac{\partial}{\partial x}\left[K(h)\frac{\partial H}{\partial x} \right] + \frac{\partial}{\partial y}\left[K(h)\frac{\partial H}{\partial y} \right] + \frac{\partial}{\partial z}\left[K(h)\frac{\partial H}{\partial z} \right] = [C(h) + \alpha S_s]\frac{\partial H}{\partial t} \tag{5.1-10}$$

式(5.1-10)即为以压力水头 h 表示的饱和-非饱和渗流控制方程。上式中，$C(h)$ 为容水度，在饱和区为零；S_s 为贮水率，其含义为下降一个单位水头时从单位土体释放出来的水量，在饱和区为一常数，在非饱和区其值为零（不考虑孔隙比变化）。在很多情况下，饱和土体的 S_s 也常设为零。如果要考虑降雨入渗或蒸发等情况，则需在式(5.1-10)左端增加一项源汇项 Q。饱和-非饱和渗流控制方程建立起来后，就需要用数学等工具来针对具体问题进行求解。

5.1.2 饱和-非饱和渗流有限单元法

1）数学模型

以二维饱和-非饱和渗流问题为例，其控制方程为：

$$\frac{\partial}{\partial x}\left[K(h)\frac{\partial H}{\partial x}\right] + \frac{\partial}{\partial z}\left[K(h)\frac{\partial H}{\partial z}\right] = C(h)\frac{\partial H}{\partial t} \tag{5.1-11}$$

控制方程的定解条件由初始条件与边界条件构成，初始条件为：

$$H(x,z,0) = H_0(x,z,0) \tag{5.1-12}$$

自由面 Γ_4：

$$H(x,z,t)|_{\Gamma_4} = Z(x,z,t), t > 0 \tag{5.1-13}$$

$$K \cdot \frac{\partial H(x,z,t)}{\partial n}|_{\Gamma_4} \leqslant 0, t > 0 \tag{5.1-14}$$

2）饱和-非饱和渗流场有限元方法

有限单元法求解问题一般有两种方法：

（1）变分法：是讨论泛函的极值问题，有严格的数学证明，是数值方法中最古老的方法。但不少微分方程的泛函并不容易获得，甚至没有，使得应用上受限。

（2）加权余量法：可以引入试函数和权函数的方法。从微分方程中直接求出近似的数值解。它的优点是可以避免建立能量方程，使一些无法求得能量方程的问题，也得到了较精确的解答。

3）饱和-非饱和渗流问题有限元方程

首先将饱和、非饱和渗流问题微分方程化为有限元方法的形式：

$$A(u) = \frac{\partial}{\partial x}\left[K(h)\frac{\partial H}{\partial x}\right] + \frac{\partial}{\partial z}\left[K(h)\frac{\partial H}{\partial z}\right] - C(h)\frac{\partial H}{\partial t} = 0 \tag{5.1-15}$$

由 $\int_{\Omega} V\left\{\frac{\partial}{\partial x}\left[K(h)\frac{\partial H}{\partial x}\right] + \frac{\partial}{\partial y}\left[K(h)\frac{\partial H}{\partial y}\right] + \frac{\partial}{\partial z}\left[K(h)\frac{\partial H}{\partial z}\right] - C(h)\frac{\partial H}{\partial t}\right\}\mathrm{d}\Omega = 0 \tag{5.1-16}$

对式(5.1-10)进行分步积分可得：

$$\int_{\Omega}\left[C(h)\frac{\partial H}{\partial t}V + K(h)\frac{\partial H}{\partial x}\frac{\partial V}{\partial x} + K(h)\frac{\partial H}{\partial z}\frac{\partial V}{\partial z}\right] = \int_{\Gamma} K(h)\frac{\partial H}{\partial n}V\,\mathrm{d}\Gamma \tag{5.1-17}$$

利用方程边界条件，上式可变为：

$$\int_{\Omega}\left[C(h)\frac{\partial H}{\partial t}V + K(h)\frac{\partial H}{\partial x}\frac{\partial V}{\partial x} + K(h)\frac{\partial H}{\partial z}\frac{\partial V}{\partial z}\right] = \int_{\Gamma_1+\Gamma_3} K(h)\frac{\partial H}{\partial n}V\,\mathrm{d}\Gamma + \int_{\Gamma_3} qV\,\mathrm{d}\Gamma \tag{5.1-18}$$

5.1.3 土体渗流场与应力场耦合控制方程

土体在正常状况下，土中的水和土骨架会处于平衡状态。但是如果有外力作用土体或者土中的水平衡状态受到破坏，土体中的渗流场和应力场就会发生改变。这种平衡状态的改变有十分密切的相互作用，水流运动产生的力作用于土骨架，从而影响土骨架应力状态；反之，土骨架应力状态的变化又使土中水的渗透空间变化导致渗流场的改变。例如，工程建设中的深基坑开挖，就会遇到这样的耦合问题。由于开挖，基坑水位会大幅度降低，形成的巨大水头差使得土体中的水快速流动，由此而形成的土体应力状态的调整并以变形的形式表现出来，势必影响周边建筑物的安全和稳定。基坑应力状态调整而产生的变形破坏势必将导致其变形特性和渗透特性的相应变化，从而影响和调整土体中的渗流场变化。

1）应力场控制方程

土体内渗流场和应力场是两个具有不同运动规律的物理力学环境，所以要描述其耦合响应的数学模型也应包含渗流场和应力场两个控制微分方程以及其对应的边界条件和初始条件。在推导方程之前，需要做些假定：

（1）土骨架是多孔弹性介质，具有各向异性，有很小的压缩性。

（2）土骨架弹性变形满足广义胡克定律。

（3）太沙基有效应力原理适用于饱和-非饱和渗流土体。

（4）饱和-非饱和渗流遵从广义达西定律。

（5）水体有轻微压缩性。

可以很明显看出，上述假定与 Biot 理论有很大的不同，更能符合实际情况。

牛顿定律指出物体 V 的总动量对时间的变化率等于作用于物体外力的总和，根据这一动量平衡原理，可得土骨架应满足以下平衡方程式：

$$\frac{D}{D_t}\int_V \rho_b \vec{v}\,\mathrm{d}V = \int_\Gamma \vec{n}\cdot\vec{\sigma}\,\mathrm{d}\Gamma + \int_V \rho_b \vec{g}\,\mathrm{d}V \qquad (5.1\text{-}19)$$

式中，$\rho_b = nS\rho_w + (1-n)\rho_s$，$\rho_b$ 为土体密度，ρ_w、ρ_s 分别为水和土颗粒密度，S 为土水饱和度；$\vec{\sigma} = \sigma_{ij}$ 为总应力张量（以压为正）；$\vec{v}$ 为固体颗粒移动速度；V 代表单元体积或单元的周表面；$\vec{n}$ 为单位法向矢量；$\vec{g}$ 为重力加速度矢量。

根据土体遵从广义太沙基有效应力原理，则得张量表示的有效应力方程为：

$$\sigma_{ij} = \sigma'_{ij} + \alpha_{ij}p \quad (i,j = x,y,z) \qquad (5.1\text{-}20)$$

对于非饱和土体，孔隙水压力 $p = S\gamma_w h$，$\gamma_w = \rho_w h$ 为单位水重，$h = p/\gamma_w$ 为压力水头。联立可得应力场控制方程式：

$$\frac{\partial}{\partial x_j}(\sigma'_{ij} + S\alpha_{ij}\gamma_w h) + \rho_b g_i = 0 \quad (i,j = x,y,z) \qquad (5.1\text{-}21)$$

2）渗流场控制方程

在经典渗流力学中，通常认为固体骨架不变形，但是在工程实际中，固体颗粒或多或少有变形。Biot 固结理论仅考虑土体是饱和状态下的渗流，这与很多情况下需要考虑饱和-非饱和渗流不符。以下在推导渗流场控制方程中，是以饱和-非饱和流为研究对象的。由于渗流发生在可变形的土体中，因而不但水流具有一定的渗流速度，而且骨架颗粒也有一定的运动速度。水流的速度可表示为：

$$V_w = V_s + V_r \qquad (5.1\text{-}22)$$

式中，V_w为水流运动的绝对速度；V_s为骨架颗粒运动的绝对速度；V_r为流体相对于骨架颗粒的速度。

根据定义，$V_s = \frac{\partial u}{\partial t}$，水流（考虑源汇项）的连续性方程为：

$$\nabla \cdot (\rho_w n S V_w) + \frac{\partial(\rho_w n S)}{\partial t} = \rho_w q_w \tag{5.1-23}$$

式中，ρ_w为水的密度；n为土体的孔隙率；S为饱和度；V_w为单位体积的源汇项。

而
$$\frac{\partial(\rho_w n S)}{\partial t} = n\rho_w \frac{\partial S}{\partial t} + nS \frac{\partial \rho_w}{\partial t} + S\rho_w \frac{\partial n}{\partial t} \tag{5.1-24}$$

将式(5.1-22)、式(5.1-23)代入式(5.1-24)并化简可得：

$$\begin{aligned} \nabla \cdot (\rho_w n S V_w) &= \nabla \cdot [\rho_w n S(V_r + V_s)] = \nabla \cdot (\rho_w n S V_s) + \nabla \cdot (\rho_w n S V_r) \\ &= \rho_w n S \nabla \cdot V_s + \rho_w \nabla \cdot (n S V_r) + V_s \nabla(\rho_w n S) + n S V_r \nabla \rho_w \end{aligned} \tag{5.1-25}$$

上式可以忽略$V_s \nabla(\rho_w n S)$和$n S V_r \nabla \rho_w$两项，即为：

$$\nabla \cdot (\rho_w n S V_w) = \nabla \cdot [\rho_w n S(V_r + V_s)] = \rho_w n S \nabla \cdot V_s + \rho_w \nabla \cdot (n S V_r) \tag{5.1-26}$$

$q_r = n S V_r$为可压缩土体中水的流量，根据达西定律：

$$q_r = n S V_r = -K \cdot \nabla(h + z) = -k_r k_{ij} \nabla(h + z) \quad i, j = x, y, z \tag{5.1-27}$$

式中，k_r为相对于饱和渗透系数的k比值，是压力水头函数$k_r(h)$，$0 \leqslant k_r \leqslant 1$；$k_{ij}$为饱和渗透系数张量；测压管水头$H = h + z$。

代入式(5.1-23)得：

$$\rho_w S\left[\frac{\partial n}{\partial t} + n\nabla \cdot V_s\right] + nS \frac{\partial \rho_w}{\partial t} + \rho_w n \frac{\partial S}{\partial t} - \rho_w K \cdot \nabla(h + z) = \rho_w q_w \tag{5.1-28}$$

5.2　三维地下水流数值模拟

5.2.1　Modflow 理论计算方法

在不计算地下水连续的要求下，地下水关于三维状态的地下水运动方程表现形式为：

$$\frac{\partial}{\partial x}\left(K_{xx} \frac{\partial h}{\partial x}\right) + \frac{\partial}{\partial y}\left(K_{yy} \frac{\partial h}{\partial y}\right) + \frac{\partial}{\partial z}\left(K_{zz} \frac{\partial h}{\partial z}\right) - W = S_s \frac{\partial h}{\partial t} \tag{5.2-1}$$

式中，K_{xx}，K_{yy}，K_{zz}分别为关于x，y和z轴方向的渗透系数。根据这些方面，可以将渗透系数主轴方向看作坐标轴的方向；h为地下水头高度；W为单位体积的流量；S_s为贮水率；t为时间。

一般来说，S_s，K_{xx}，K_{yy}与K_{zz}都必须作为空间的函数，其中W不仅能伴随空间变化，而且还能伴随时间进行变化。在式(5.2-1)中加相关的初始条件与边界条件之后，就能组成一个说明地下水动力学的数学方面模型。如果从解析上来讲，模型解是关于水头的值方面的数学表示方法。从相应的时间、空间来解释，其方法得到水头要完全跟边界条件以及初始条件相一致。但是式(5.2-1)中用数学方法来求解不可能解出。因此，用数学方法只能估计式(5.2-1)的值。

有限差分法就是把模拟模型的时间跟空间划分成为一些分散的点。在相应的点上，用水头差分来替换相关的连续偏导公式。再把全部未知点联系在一起，将全部的有限差分式来构成相应的线性方程组；把所有的线性方程组联立起来进行求解。这样可以得到各离散点近似的水头解。

用网格来替换三维的地下水文地质情况，把所有的含水层划分为几层，同时各层还可以加密为很多的行与列。这样就可以应用小长方体来大致表示地下水文地质条件。这些长方体就是模拟要用到的计算单元。这些小长方体也称为模型的元素或者格点。各个计算单元的位置可以应用行（i）、列（j）和层（k）来表达的。假如将含水层剖分为n层，再把各层细分为m行与w列，其中i是行的下标，j是列的下标，k是层的下标。这样表示：

$$i = 1, 2, \cdots, n$$
$$j = 1, 2, \cdots, m$$
$$k = 1, 2, \cdots, w$$

模型分层尽可能与地下水文地质条件的情况一致。这样的三维坐标当中，k是对于竖向坐标进行变化。模型的第 1 层也就是其最上层，这样k值就可以伴随层数加大而增大。由于行方向和x轴相对应，列方向跟y轴相对应，于是行的下标就随x值增加而变大，而列下标就是随y值降低而变大。如图 5.2-1 所示。

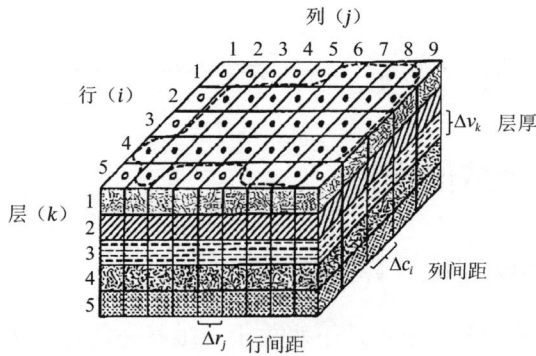

图 5.2-1　含水层空间离散

根据图上规定，列中的计算单元沿行方向上的宽度由它所表达。行中的计算单元沿列的方向的宽度用Δt来表示，而层的计算单元厚度是用k来表示。按这些规定，如计算单元(4,8,3)的体积就可以表述为$\Delta r_8 \Delta c_4$。一个剖分得来的长方体中心位置就称作节点。也就是说计算单元的水头是由在该位置上的值表示。

要计算水头值，不仅要有时间函数，又要有空间方面的一些必要函数。依据连续性方程的相关原则，把流入与流出水流的差值等于贮水量方面的变化。而在地下水的密度不变时，其表达式为：

$$\text{CR}_{i,j-1/2,k}(h_{i,j-1,k}^2 - h_{i,j,k}^2) + \text{CR}_{i,j+1/2,k}(h_{i,j+1,k}^2 - h_{i,j,k}^2) +$$

$$\text{CR}_{i-1/2,j,k}(h_{i-1,j,k}^2 - h_{i,j,k}^2) + \text{CR}_{i+1/2,j,k}(h_{i+1,j,k}^2 - h_{i,j,k}^2) +$$

$$\text{CR}_{i,j,k-1/2}(h_{i,j,k-1}^2 - h_{i,j,k}^2) + \text{CR}_{i,j,k+1/2}(h_{i,j,k}^2 - h_{i,j,k}^2) +$$

$$P_{i,j,k}h_{i,j,k}^2 + Q_{i,j,k} = \text{SS}_{i,j,k}(\Delta r_j \Delta c_i \Delta v_k)\frac{h_{i,j,k}^2 - h_{i,j,k}^1}{t_2 - t_1}$$

$$\sum_{i=1}^{n} Q_i = \text{SS}\frac{\Delta h}{\Delta t}\Delta v \qquad (5.2\text{-}2)$$

式中：Q_i——固定时间内计算单元的水流变化；

　　　SS——含水层的贮水率，即当水头变化一个单位时，该含水层单位体积吸收或者放出的水量；

　　　Δv——计算单元的体积；

　　　Δh——某一时间段内水头的变化；

　　　Δt——时间的变化量。

公式(5.2-2)右边指的是在单位时间内水头每发生变化为Δh时含水层中贮水量变化。

图 5.2-2 表达的是关于是计算单元(i,j,k)与其相邻的 6 个单元。相关的 6 个相邻单元的下标分别由$(i-1,j,k)$，$(i+1,j,k)$，$(i,j-1,k)$，$(i,j+1,k)$，$(i,j,k-1)$与$(i,j,k+1)$来表示。

为推导公式更方便，可以用正号表示进入计算单元(i,j,k)的地下水流量，而用负号来表示流出计算单元(i,j,k)的地下水流量。如此，负号就可以跟达西公式里的负号作抵消。由达西公式能够得到在行的方向上由计算单元$(i,j-1,k)$流入单元(i,j,k)的流量为：

$$q_{i,j-1/2,k} = \text{KR}_{i,j-1/2,k}\Delta c_i \Delta v_k \frac{(h_{i,j-1/2,k} - h_{i,j,k})}{\Delta r_{j-1/2}} \qquad (5.2\text{-}3)$$

式中：$h_{i,j,k}$——水头在计算单元(i,j,k)处的值；

　　　$h_{i,j-1,k}$——水头在计算单元$(i,j-1,k)$处的值；

　　　$q_{i,j-1/2,k}$——通过计算单元(i,j,k)和计算单元$(i,j-1,k)$之间界面的流量；

　　$\text{KR}_{i,j-1/2,k}$——计算单元(i,j,k)和$(i,j-1,k)$之间的渗透系数。

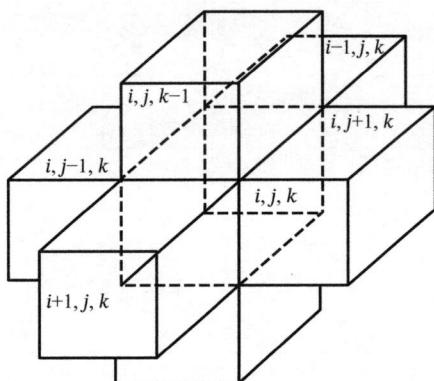

图 5.2-2　计算单元$(i,j-1,k)$与其相邻的 6 个单元

5.2.2　水文地质概念模型的建立

研究区域为某风井周围 250m 范围内，其平面区域见图 5.2-3。本次模拟的区域为东西各 260m，模拟时采用 Visual-Mod-flow 进行网格剖分，将平面分为 50 行、50 列，含水层垂向分为三层。平面剖分图见图 5.2-4。

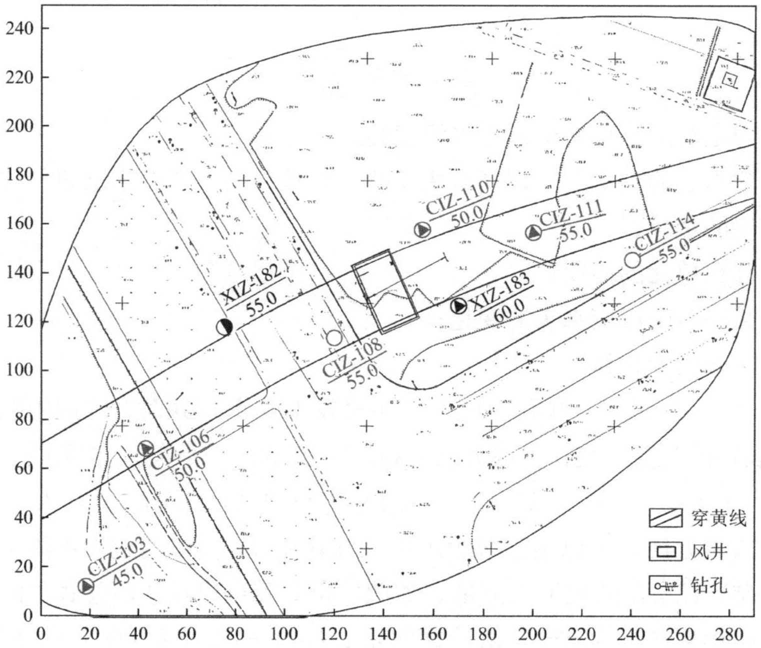

图 5.2-3　平面区域图

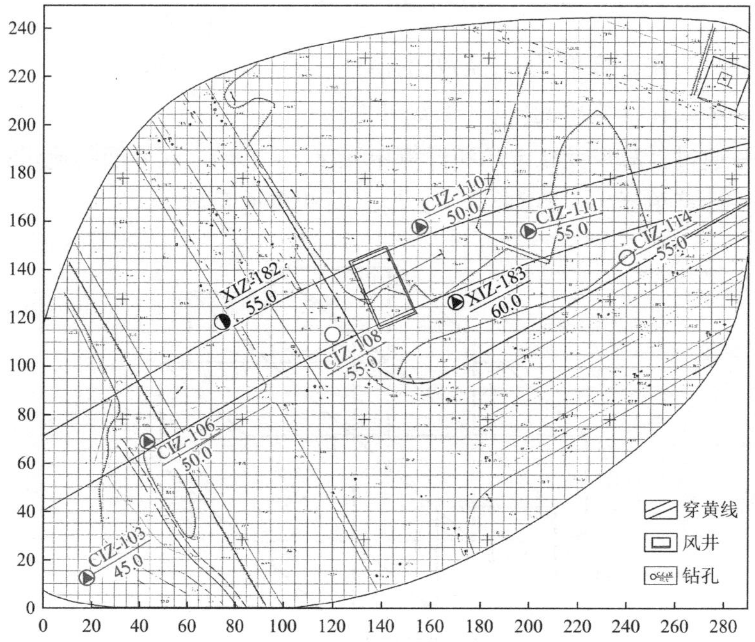

图 5.2-4　平面剖分图

5.2.3　水流运动学模型

依据水文地质概念模型，地下水流数学模型可描述为：

$$
\begin{cases}
\dfrac{\partial}{\partial x}\left(K\dfrac{\partial H}{\partial x}\right)+\dfrac{\partial}{\partial y}\left(K\dfrac{\partial H}{\partial y}\right)+ \\[2mm]
\dfrac{\partial}{\partial z}\left(K\dfrac{\partial H}{\partial z}\right)+Q\cdot\delta=0 & (x,y,z)\in\Omega, t>0 \quad 潜水 \\[3mm]
\dfrac{\partial}{\partial x}\left(K\dfrac{\partial H}{\partial x}\right)+\dfrac{\partial}{\partial y}\left(K\dfrac{\partial H}{\partial y}\right)+ \\[2mm]
\dfrac{\partial}{\partial z}\left(K\dfrac{\partial H}{\partial z}\right)+W\cdot\delta=S_{\mathrm{s}}\dfrac{\partial H}{\partial x} & (x,y,z)\in\Omega, t>0 \quad 承压水 \\[3mm]
H(x,y,z,0)=h_0 & (x,y,z)\in\Omega \quad 初始条件 \\[2mm]
H(x,y,z)|_{\Gamma_1}=h_1 & t>0 \quad 定水头边界（南侧边界） \\[2mm]
K\dfrac{\partial H}{\partial \boldsymbol{n}}|_{\Gamma_2}=q_0 & t>0 \quad 定流量边界（西北边界） \\[2mm]
\dfrac{\partial H}{\partial x}|_{\Gamma_2}=0 & t>0 \quad 隔水边界（其他周界与底板） \\[2mm]
\dfrac{K_{\mathrm{r}},A}{M_{\mathrm{r}}}(H_{\mathrm{r}},-H)=Q_{\mathrm{r}}, & 泉集河边界 \\[2mm]
\left.\begin{array}{l} H=z \\ \mu\dfrac{\partial H}{\partial t}=-(K-\varepsilon)\dfrac{\partial H}{\partial z}+\varepsilon \end{array}\right\} & 潜水面边界
\end{cases}
$$

式中：H, H_{r}——地下水位标高（m），河水位标高（m）；

$\qquad K, K_{\mathrm{r}}$——含水层渗透系数（m/d），河床淤积层垂向渗透系数（m/d）；

$\qquad \mu, S_{\mathrm{s}}$——潜水含水层给水度，承压含水层弹性释水率（1/m）；

$\qquad Q, W$——水井开采量（m³/d），矿井涌水量（m³/d）；

$\qquad \delta$——δ函数（分别对应水井、坑道位置坐标）；

$\qquad h_0, h_1$——初始水位标高（m），定水头边界水位标高（m）；

$\qquad q_0, Q_{\mathrm{r}}$——定流量边界流量（m³/d·m²），河流量（m³/d）；

$\qquad A, M_{\mathrm{r}}$——河计算面积（m²），河床淤积层厚度（m）；

$\qquad \varepsilon$——潜水面垂向交换量（入为正、出为负）（m³/d·m²）；

x、y、z，t——坐标变量（m），时间变量（d）；

$\qquad \Gamma_1, \Gamma_2$——一类边界，二类边界；

$\qquad \boldsymbol{n}, \Omega$——二类边界外法线方向，计算区范围。

5.2.4　地下水流场演化趋势预测

本次采用上述模型进行地下水位等值线的计算，分别计算不同开挖阶段地下水的变化。图 5.2-5 为地质分层示意图。图 5.2-6 为地下水位等值线图。

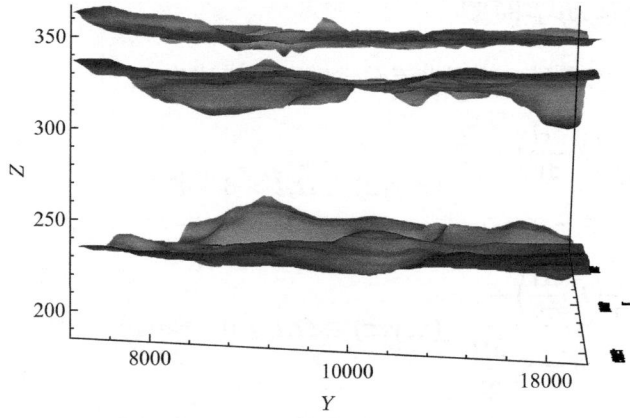

图 5.2-5　地质分层示意图

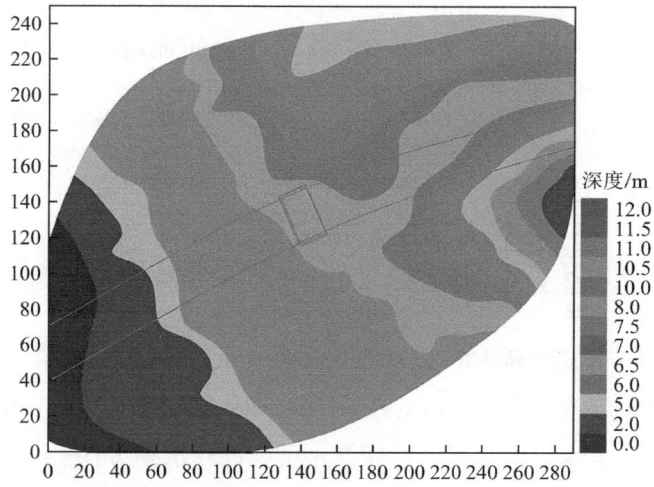

(a) 初始地下水位等值线图

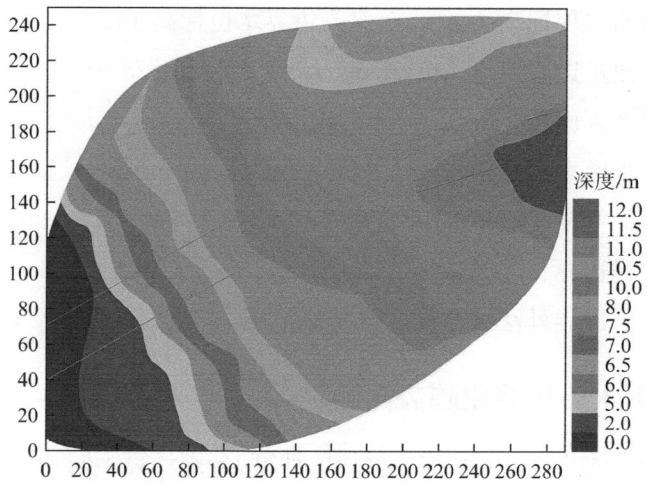

(b) 开挖至 7m 时地下水位等值线图

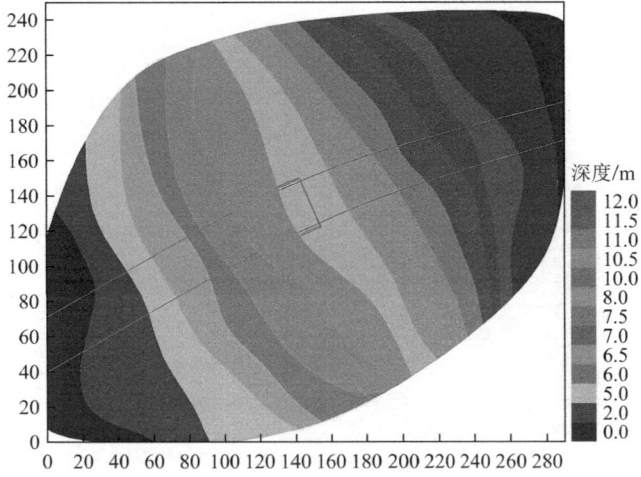

(c) 开挖至 12m 时地下水位等值线图

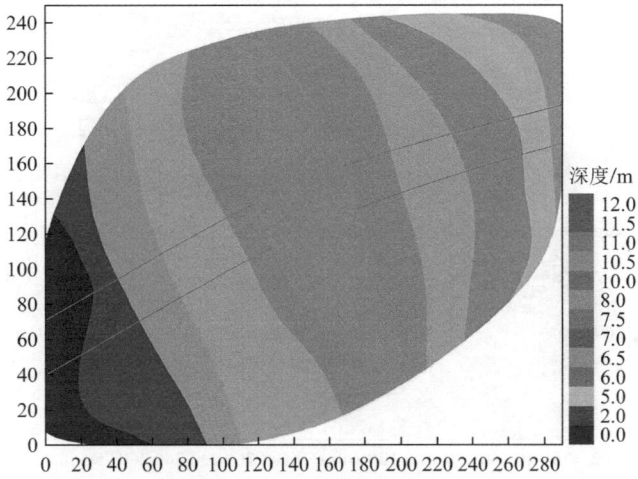

(d) 开挖至 17m 时地下水位等值线图

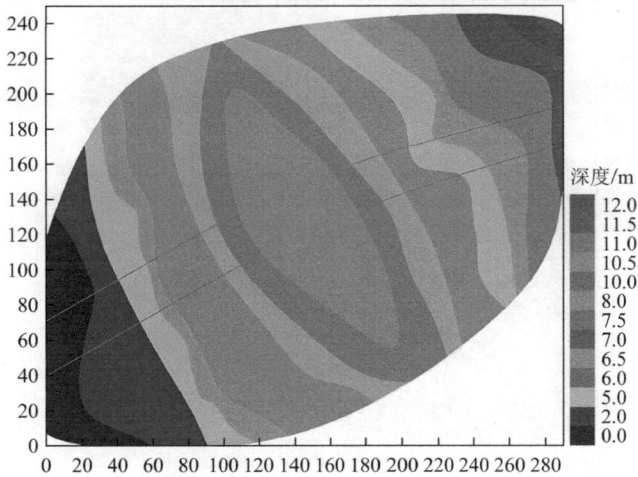

(e) 开挖至 22m 时地下水位等值线图

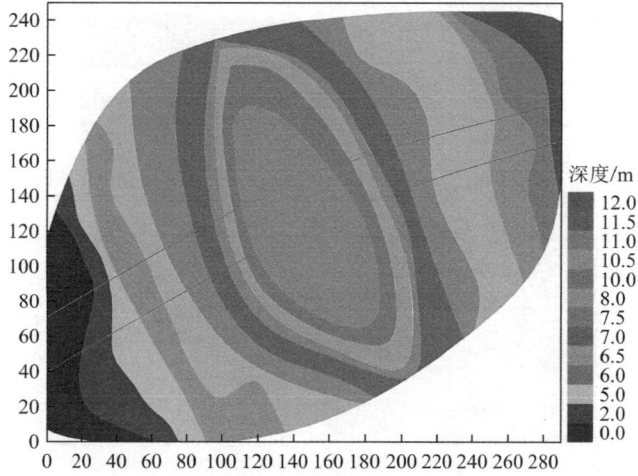

(f) 开挖至 27m 时地下水位等值线图

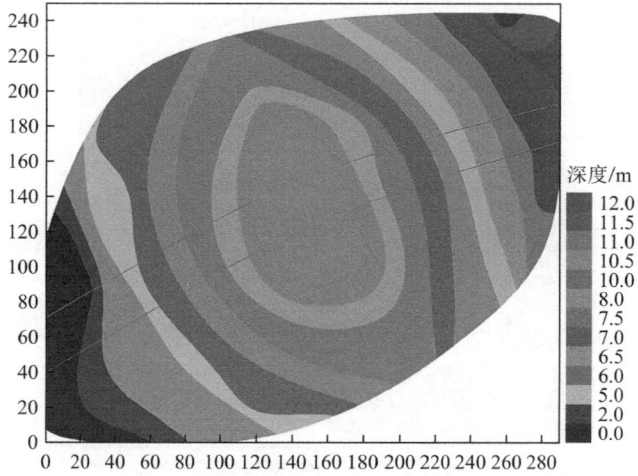

(g) 开挖至 32m 时地下水位等值线图

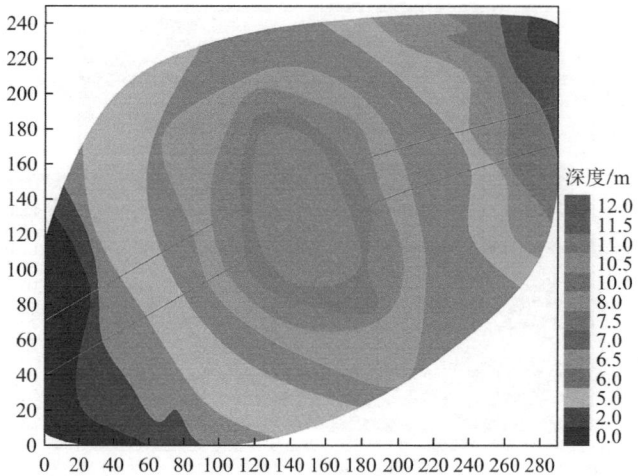

(h) 开挖至 37m 时地下水位等值线图

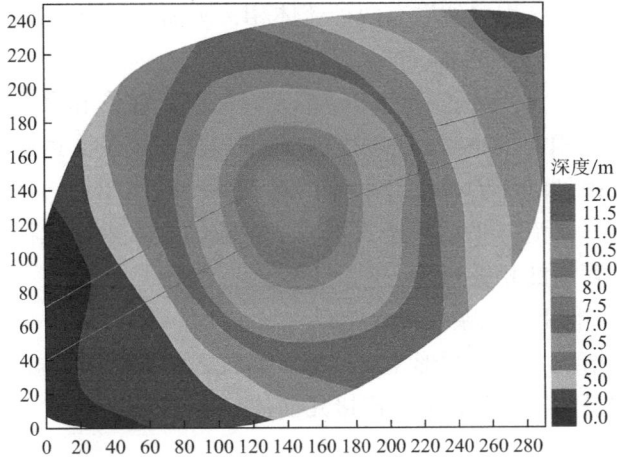

(i) 开挖至 42m 时地下水位等值线图

图 5.2-6　地下水位等值线图

从不同开挖阶段地下水位等值线可以看出，随着开挖深度的不断增大，地下水位呈现动态的变化，风井的连续开挖对地下水位的影响较大，初始阶段地下水位与钻孔揭露的地下水位基本一致，随着风井开挖深度加深，地下水位出现降落漏斗。待地下水稳定后，降落漏斗即逐渐消失，地下水位趋于稳定状态。

5.3　土石层渗流离散元方法计算方法

5.3.1　流体与颗粒的相互作用方式

不同工程问题中岩土体与水、瓦斯混合气体的流固耦合机理千差万别，许多情况没有必要采用精细且高度耦合模式去建模和求解，因地制宜地采用各种恰当的近似手段使得既能够捕捉到各个具体工程问题中的流固耦合运行机制，又充分减少了程序计算量及运行时间，例如将岩土体颗粒简化为 PFC 中的圆形颗粒。以下为各种流体-颗粒相互作用问题及其近似方法。

1）静水压力

这种情况下颗粒只是简单的受重力作用，颗粒浸入水中，所以颗粒所受重力采用浮重度，即岩土体颗粒只受到液体静压力梯度的影响。

2）颗粒集合稀疏分布于流体中

当颗粒在流体中独立运动，颗粒相互间距较大且颗粒只占据模型总体积的部分时，为了考虑流体作用的影响，可以在颗粒上施加黏滞力，该黏滞力为颗粒和流体间的相对运动速度、流体黏度的函数。

3）流体稀疏分布于颗粒集合中

当流体在颗粒集合中流动，且流体体积相对于颗粒体积而言很小时，流体存在于颗粒之间的缝隙中，流体会以类似于半月板的形状依附于颗粒上，并在颗粒表面产生张力。这种张力可通过专门的接触法则来表示，包括黏滞分量和内聚分量，其中后者强烈依赖于接触处颗粒的相对分离程度及流体体积。如果有两种流体相，则需要综合考虑第 1）条和第 3）条。

4）低水力梯度下的饱和颗粒集合

这种流固耦合类型的实现方式称为粗糙单元网格法。在饱和介质中，当水压梯度的波动幅度与颗粒平均半径相比很小时，采用颗粒的平均孔隙率及渗透系数进行连续介质内的流体流动计算。根据得到的压力梯度计算流体对于颗粒的作用力，将网格平均渗透系数赋予连续流动方程，再算得流体平均流速矢量以及颗粒体力。采用此种弱耦合法可获取土表面侵蚀、隧道突水及管涌的相关机理。

5）高水力梯度的饱和黏性颗粒集合

对于大压力梯度情况，考虑圆形（或球形）颗粒之间孔隙的"虚"与"实"，两种情况下都假设颗粒集模型是相对连贯的（即连接几何体只会缓慢演化），可以将该问题分成两种情况讨论。

（1）流体在虚拟裂缝中流动

如果岩土材料孔隙率较低（对应在 PFC 模型中圆形颗粒之间的接触间隙微小甚至为零，即不足以产生真实流体流动），假定每个颗粒接触处存在流体流动的细观通道（即管道），流体流动网络由这些管道组成。管道的初始孔径由材料宏观渗透系数决定，若颗粒间不存在粘结模型，其孔径的变化与颗粒间的法向相对位移成正比。若颗粒间存在初始粘结，则在粘结破坏前管道孔径保持不变，粘结断开后，上述孔径与法向位移的关系才开始生效。既然有流体流动的通道，当然也有储存流体的水库。水库的体积与周围管道的尺寸相关，库中流体压力随每一计算步进行更新，并且每步计算都将该压力作为等效体力施加到环绕水库的颗粒上。在 PFC 代码中，这种流固耦合类型的实现方式称为虚拟域法。

（2）流体在颗粒间的真实孔隙中流动

对于诸如多孔砂岩等孔隙率较高的材料，可以将 PFC 颗粒间隙看作真实流体通道，仍然使用"管道"与"仓库"结构，但这时难以直接确定各管道的渗透系数。需要先假定管道渗透系数，通过对由众多管道组成的 PFC 岩样进行宏观渗透性能模拟测试，调整管道渗透系数直至与真实岩样的宏观渗透性能匹配，且管道的细观渗透系数应该是岩样应变的函数。"管道/水库"流动网络能够实现诸如达西流、流体与固相物质作用力耦合产生水力劈裂等较复杂的流固耦合机制。

6）高水力梯度、大变形

如果固体材料断裂且不再保持连续结构，或者孔隙几何形态发生剧烈变化，诸如泥石流、岩浆侵入等情况，以上所描述的方案就会失效。这种情况下，可以将流体用尺寸更小的颗粒表示，但这会增加程序的运算时间。

5.3.2　土石层渗透方程

颗粒的运动方程通过标准的方程给出，且通过附加力考虑颗粒与流体的相互作用：

$$\frac{\partial \vec{u}}{\partial t} = \frac{\vec{f}_{mech} + \vec{f}_{fluid}}{m} + \vec{g} \tag{5.3-1}$$

$$\frac{\partial \vec{\omega}}{\partial t} = \frac{\vec{M}}{I} \tag{5.3-2}$$

式中，$\vec{u}$ 为颗粒的速度；m 为颗粒质量；$\vec{f}_{\text{fluid}}$ 为流体施加在颗粒上的总作用力；$\vec{f}_{\text{mech}}$ 为作用在颗粒上的外力（包括施加的外力和接触力）之和；$\vec{g}$ 为重力加速度；$\vec{\omega}$ 为颗粒旋转角速度；I 为惯性矩；$\vec{M}$ 为作用在颗粒上的力矩。

流体施加到颗粒上的作用力（流体—颗粒相互作用力）由两部分组成，拖曳力和流体压力梯度力。

流体作用于颗粒上的拖曳力 $\vec{f}_{\text{drag}}$ 被定义为：

$$\vec{f}_{\text{drag}} = \vec{f}_0 \varepsilon^{-\chi} \tag{5.3-3}$$

式中，$\vec{f}_0$ 为单个颗粒所受的拖曳力；ε 为颗粒所在流体单元的孔隙度，孔隙率通过用一个长、宽、高等于颗粒直径的立方体表征，通过计算和调整该立方体与流体单元重叠的体积来保持颗粒体积守恒，这样当一个颗粒从一个流体单元运动到另一个流体单元的时候，孔隙率的变化是平滑的。$\varepsilon^{-\chi}$ 项是考虑局部孔隙度的经验系数。这个修正项使拖曳力同时适用于高孔隙和低孔隙度系统，流体雷诺数也可大范围取值。

单个颗粒所受拖曳力被定义为：

$$\vec{f}_0 = \frac{1}{2} C_{\text{d}} \rho_{\text{f}} \pi r^2 \, | \, \vec{u} - \vec{v} \, | \, (\vec{u} - \vec{v}) \tag{5.3-4}$$

式中，C_{d} 为拖曳力系数；ρ_{f} 为流体密度；r 为颗粒半径；$\vec{v}$ 为流体速度；$\vec{u}$ 为颗粒速度。

拖曳力系数被定义为：

$$C_{\text{d}} = \left(0.63 + \frac{4.8}{\sqrt{Re_{\text{p}}}} \right)^2 \tag{5.3-5}$$

式中，Re_{p} 为颗粒的雷诺数。

$$Re_{\text{p}} = \frac{2\rho_{\text{f}} r |\vec{u} - \vec{v}|}{\mu_{\text{f}}} \tag{5.3-6}$$

式中，μ_{f} 为流体的动力黏滞系数。

施加在流体单位体积上的力为：

$$\vec{f}_{\text{b}} = \frac{\sum_j \vec{f}_{\text{drag}}^j}{V_i} \tag{5.3-7}$$

式中，V_i 为流体单元体积，分子上求和对象为与流体单元重叠的颗粒。

$$\vec{f}_{\text{fluid}} = \vec{f}_{\text{drag}} + \frac{4}{3} \pi r^3 (\nabla p - \rho_{\text{f}} \vec{g}) \tag{5.3-8}$$

5.3.3　水力耦合实现方法

流体网格划分时应该足够精细并满足：

$$\frac{d_{\text{c}}}{\Delta x_{\text{cfd}}} > 5 \tag{5.3-9}$$

式中，d_{c} 为流域最小宽度；Δx_{cfd} 为流体单元长度。

耦合的时间间隔应该小到足以实现预期的耦合行为，颗粒在穿越单个流体单元的过程中，耦合信息应该至少被交换的次数为：

$$\frac{\Delta x_{cfd}}{|\vec{u}| t_c} > 3 \tag{5.3-10}$$

式中，t_c 为耦合时间间隔。

当 CFD 模块激活时，流体-颗粒相互作用力（$\vec{f}_{fluid}$）在 PFC 求解步序列中被施加到 PFC 颗粒上。循环计算过程中，流体-颗粒相互作用力 $\vec{f}_{fluid}^j$ 和每个流体单元的孔隙度 ε^i，依据给定的时间间隔不断计算。上标 i 指的是流体单元，而上标 j 指的是颗粒。

流体-力学双向耦合是通过流体求解器和 PFC3D 之间进行一系列数据交换实现的。每个流体单元的孔隙度 ε^i 取决于 PFC3D。每个流体单元中单位体积的体力 $\vec{f}_b^j$ 由 PFC3D 中的拖曳力决定：

$$\vec{f}_b = \frac{\sum_j \vec{f}_{drag}^j}{V_i} \tag{5.3-11}$$

式中，求和对象为给定流体单元中的所有颗粒；V_i 为给定流体单元的体积。

与流体求解器交换信息同步和数据交换通过 FISH 语言和 Python 编译器通信实现。求解流体-颗粒交互问题，步骤如图 5.3-1 所示。

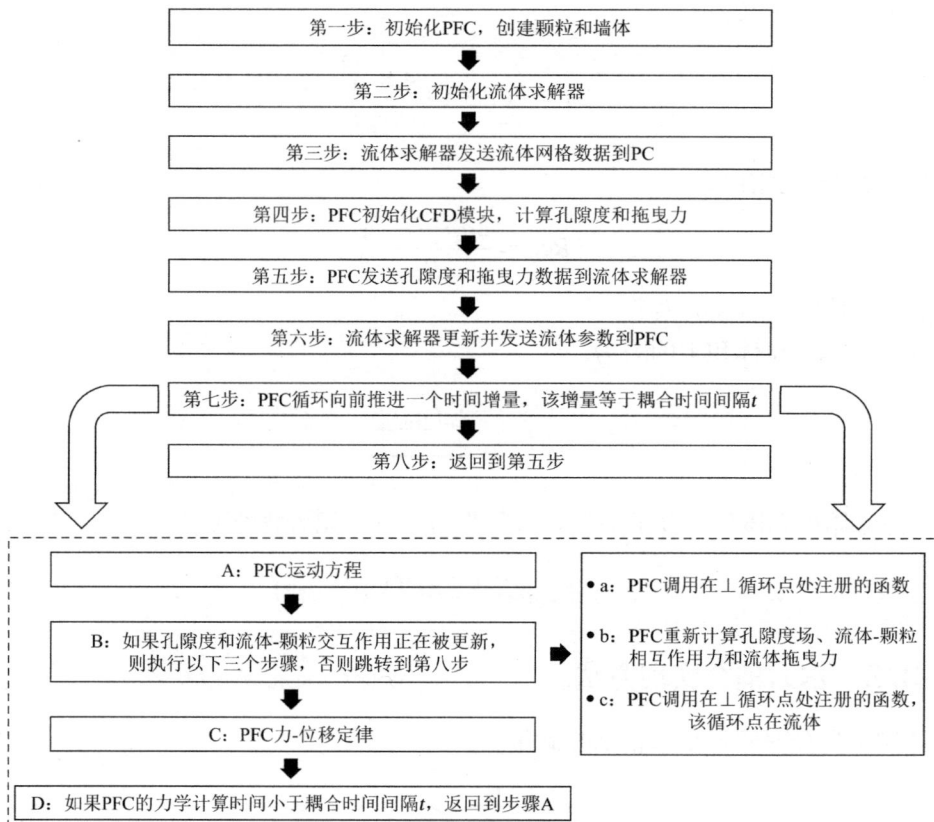

图 5.3-1　水力耦合实现方法流程图

颗粒相互作用力计算完成之后，以及该力被加入到球（ball）或颗粒簇（clumps）的不平衡力中之前执行，这使得流体-颗粒的相互作用可以通过 FISH 或 Python 脚本改变。

5.4　利用达西定律研究土石颗粒迁移规律

5.4.1　土石层达西定律离散元实现

利用颗粒流 PFC + CFD 流体模块可以计算三维条件下的多孔介质流动，多孔介质中的低雷诺数流动通常可以通过达西定律描述：

$$\vec{v} = \frac{K}{\mu\varepsilon}\vec{\nabla}p \tag{5.4-1}$$

式中，$\vec{v}$ 为流体的流动速度；K 为渗透矩阵；μ 为流体黏度；ε 为孔隙率矩阵；p 为流体压力。通常假定流体的压缩性很小，可以忽略不计，即认为流体不可压缩：

$$\vec{\nabla} \cdot v = 0 \tag{5.4-2}$$

该假设在流速小于声速，或系统从高压转换到低压状态体积变化很小情况下是合适的。稳态不可压缩渗流方程可以通过对式(5.4-1)两边同时取散度导出：

$$\vec{\nabla} \cdot v = \vec{\nabla} \cdot \left(\frac{K}{\mu\varepsilon}\vec{\nabla}p \right) \tag{5.4-3}$$

将式(5.4-3)代入式(5.4-2)，得：

$$\vec{\nabla} \cdot \left(\frac{K}{\mu\varepsilon}\vec{\nabla}p \right) = 0 \tag{5.4-4}$$

式(5.4-4)即为泊松方程，它有如下边界条件：入口处有 $\vec{\nabla}p = -\vec{v}_{\text{in}}\dfrac{K}{\mu}$，其中，$\vec{v}_{\text{in}}$ 为入口速度；出口处有 $p = 0$；其他边界上有 $\vec{v} \cdot \vec{n} = 0$，其中，$\vec{n}$ 为边界法向。这个方程通过隐式求解可以很容易得出流体的压力场。求解方案基于稳态流，即流入量与流出量相等，一旦压力已知，流体速度可以由式(5.4-1)直接获得。

式(5.4-1)和式(5.4-2)是在粗流体网格单元集上求解，流速在单元内分段线性。通过计算 PFC3D 颗粒与流体单元之间的重叠量确定孔隙率。为了考虑流动受颗粒运动的影响，渗透系数由 PFC3D 模型的孔隙率计算。Kozeny-Carman 关系用于估算渗透系数：

$$K(\varepsilon) = \begin{cases} \dfrac{1}{180}\dfrac{\varepsilon^3}{(1-\varepsilon)^2}(2r_{\text{e}})^2 & \varepsilon \leqslant 0.7 \\ K(0.7) & \varepsilon > 0.7 \end{cases} \tag{5.4-5}$$

式中，r_{e} 为 PFC 颗粒半径；ε 为孔隙率；$\varepsilon_{\min}$ 为系统默认的最小孔隙率（取为 0.3）。为了计算渗透系数，孔隙率上限设置为 0.7；当孔隙率超过 0.7 时，渗透系数取常数（渗透系数取 0.7 时的值）。

对于三维颗粒离散元数值计算模型颗粒尺寸的大小，如果按照真实土石混合体颗粒粒径级配生成模型，以目前的计算机计算能力很难得到计算结果，因此根据宏细观颗粒尺寸量级对应关系得到大尺度模型对应的颗粒尺寸范围。因离散元计算中的时间步长与颗粒半径成正相关，若参考实际土体颗粒粒径取颗粒直径，则将因颗粒质量过小导致计算效率低，故需要将颗粒粒径按一定比例放大。模拟中所采用的球体颗粒相比于真实土体中不规则颗粒更有利于细颗粒在孔隙通道中运移。

基于初始稳定的土石三维颗粒离散元数值计算模型如图 5.4-1 所示，该模型常见于河岸、基坑边缘等，在此基础上考虑管涌现象的发展及其对土石地层的稳定性影响。研究中更加关注的是管涌的区域，而管涌截面上颗粒数量太少则会导致咬合作用明显，结果失真，而如果整体取较小的颗粒，则计算平台条件不允许。此外如果从细颗粒逐渐启动流失到管涌逐渐形成开始模拟，则需要模拟的时间过长难以接受。故考虑在管涌区域内，假定管涌现象已经具有一定的初始渗透流速，取粒径曲线 0.4～0.8mm 的粒径，并将其半径放大 100 倍。在非管涌区域内使用 0.12～0.24m 的颗粒，颗粒粒径均匀分布。整体模型长 52m、高 14.2m，土体的孔隙率为 0.36。

图 5.4-1　土石层三维颗粒离散元数值计算模型

由于在颗粒离散元体系中考虑到了粒径放大，这会导致由流体计算方程得出的颗粒受力发生一定的变化。不同粒径的颗粒，在流体密度 1000kg/m³、流速 0.05m/s、黏滞力系数为 0.001、孔隙度为 0.4 时，由式(5.4-3)得出的渗透拖曳力曲线如图 5.4-2 所示。由图可见，随着粒径的增大，拖曳力的增长并不是线性的，其表现出幂函数的关系。然而颗粒重力和浮托力的增长，是与半径的三次方呈线性关系，这会导致在颗粒放大之后需要更大的流速和水力梯度，才能使土体运动。

根据双粒径组模型理论，在渗透拖曳力与浮重力相平衡这一理想情况，细颗粒在受到重力的作用下垂向启动的渗透速度通过计算可以得到，如图 5.4-3 所示，不同颗粒半径下颗粒启动的渗透流速是不一致的。故在考虑粒径放大时，需要对渗透流速进行一定的修正放大，否则颗粒无法启动，与真实情况不符。根据单个颗粒受到的流体作用力可以看到，单元孔隙率越低，单元内颗粒体积越大，则流体对颗粒施加的阻力越大，从而引起的水头损失也越大，而在分析了颗粒级配关系后会发现，相同体积单元内颗粒总体积越大，说明该单元内的小颗粒充填较密实，自然单元内的表面积较大，也即比面较大。

基于体积平均的粗网格方法来建立颗粒流体相互作用模型，使用 gmsh 软件建立非均匀六面体网格，网格需要稍大于颗粒，共生成 3612 个网格，并将其导入 Python 中，通过基于有限体积法的偏微分方程求解器 fipy 识别网格和参数，并建立边界条件，初始条件，生成求解方程。通过 CFD 模块为 PFC 颗粒施加流体-颗粒相互作用力。双向耦合通过在流体网络模型（图 5.4-4）中更新孔隙率和渗透系数，在 PFC 的 CFD 模块中更新流体速度场来实现。模型中设定每隔 100 个力学计算步计算一次流场，在这 100 个力学计算时步中，流场视为恒定。渗透流速随时间的变化曲线如图 5.4-5 所示。

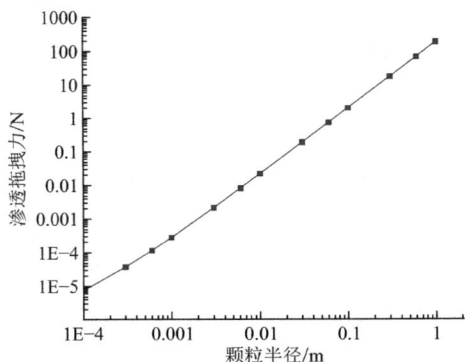

图 5.4-2　不同半径下渗透水流拖拽力

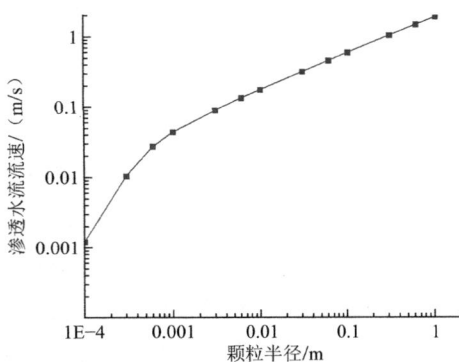

图 5.4-3　不同半径下颗粒启动的渗透水流速

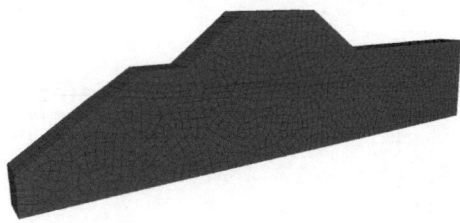

图 5.4-4　CFD 流体网格模型

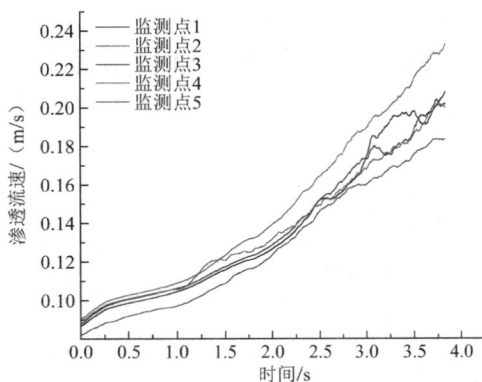

图 5.4-5　渗透流速随时间的变化曲线

5.4.2　计算单元中流速及孔隙率变化规律

在管涌边界上施加 20m 水头作用后，土体中产生渗流，因为土体中各流体单元孔隙率的不同引起了流场中压力及流速的不均匀，1～5 号测点单元的流速分别为 0.087m/s、0.090m/s、0.088m/s、0.089m/s、0.082m/s。随着颗粒的流失，土体孔隙率增加的同时，各个测点的渗透性也在不断地增强，因此各点的渗透流速都随着管涌的发展呈现出增加的趋势，当模拟至 2.0s 时，各个测点的流速分别增大 46%、56%、47%、48%、51%。管涌发展的趋势不断扩大，当模拟至 3.8s 时，各个测点的流速分别增大 139%、159%、130%、125%、124%。不同测点的增幅不一致，这是由于土体颗粒的非均匀性，孔隙率和粒径分布均影响着流速的增加。

在管涌过程中，孔隙率的变化是由于颗粒的流失所引起的。在生成土体时，由于土体颗粒组成的随机性，每一个监测单元的初始孔隙率都有所差别，但基本保持在 0.36 左右。

在施加上边界 20m 水头作用后，在水力梯度的作用下，模型内的颗粒在水流作用下发生启动并随流体流出土体。在管涌开始后，5 号测点的孔隙率急剧增加至 0.44，这是因为其位于管涌出口边界，颗粒流动所需要克服的限制相对较少。不同测点的孔隙率在不同时刻出现了急剧上升的阶段，但由于受到后续位置流失颗粒的补充，其补充量甚至还有可能比本身的流失量要更大，因此造成了孔隙率在管涌过程中的减小现象。而位于管涌入口附近的 1 号测点单元，由于在细颗粒流失后，没有颗粒进行补充，而是净流失，造成孔隙率从 0.34 急剧上升到 0.58，这意味着这一测点附近的土体已经破坏。如图 5.4-6 所示。

在不同时步的孔隙率沿渗流路径的变化情况如图 5.4-7 所示，在管涌入口附近的土体孔隙率随时间逐渐增加，由 0.33 增加至 0.88，这表明这部分土体甚至在冲刷作用下已经基本流失。在渗流路径 0～20m，管涌是随着时间发展的。前 20 万时步，孔隙率的变化在 0.1 左右，后 20 万时步，孔隙率的变化达到了 0.2～0.3，随着管涌的继续发展，孔隙率的变化可能更快。在 5m 处可以看出，此处的土体颗粒抗管涌能力较强，管涌初期的渗透水流不足以使此处的颗粒运动，只有当管涌逐渐发展，流速达到一定程度时，颗粒才开始启动。在渗流路径 20～38m，孔隙率随时间变化不大，维持在 0.4～0.6，越靠近管涌出口处越大。这是因为虽然此处的颗粒流失，但是因为有路径前部土体颗粒流失至此处，即得到了补充，甚至补充量不升反降。由整个渗流路径可以看出，不同长度范围内的土体的孔隙率增长幅度是不同的，这是因为土体因为孔隙率和粒径分布的原因，存在薄弱处，此处的管涌率先发展，进而带动整体发展，形成贯通的渗透路径。

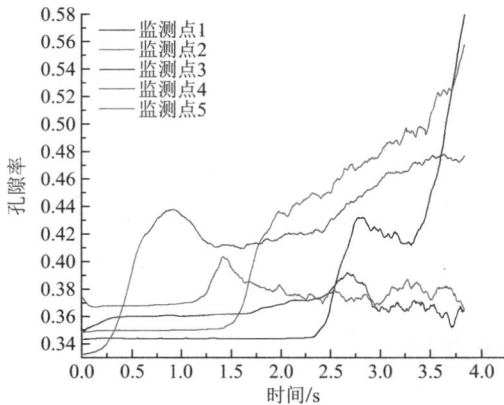

图 5.4-6　孔隙率随时间的变化曲线

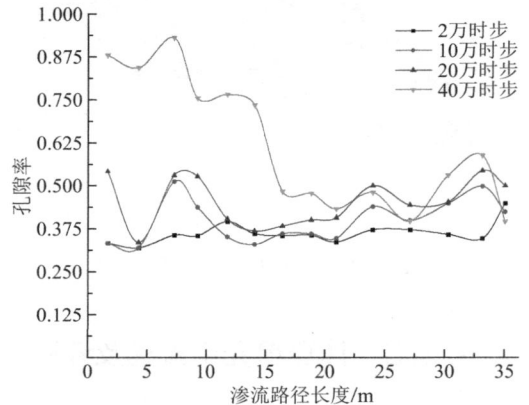

图 5.4-7　不同时步的孔隙率沿渗流路径的变化曲线

5.4.3　计算单元中压力及压力梯度变化规律

在渗流初期可以看到水压力是在渗透路径上近似均匀分布。管涌发生后出现了水压力的变化，靠近渗流入口处水压力上升明显，这是因为这部分土体孔隙率上升，渗透系数增加，管涌发展而水压力上升。水压力的变化率随时间增加，达到最大水压力 200kPa 左右后维持稳定。图 5.4-8 较好地揭示了管涌口处不能再承受压力水头的作用这一规律，随着远离渗透水流流入渗口，压力水头下降，并呈近似直线状态，在管涌口附近逐渐变缓。

由图 5.4-9 可以看出，初始各个位置土体的水压力梯度是近似均匀的，随着时间的推移，各点水压力梯度发生了波动。在 2 万～20 万时步之内，0～10m 处的水压力梯度逐步下降，此时该处的土体孔隙率不断提高，渗透系数不断增大。10～25m 处水压力梯度逐步提高，此处孔隙率下降，产生了堆积堵塞现象。计算至 40 万时步时，此处的压力梯度陡然下降，因为随着管涌的发展，达到该处土体的临界启动速度。

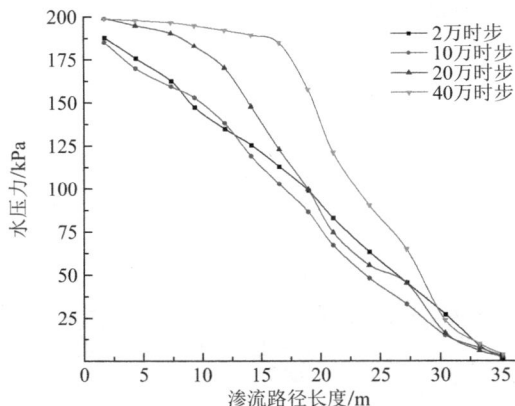

图 5.4-8　不同时步下水压力沿渗流路径长度
变化曲线

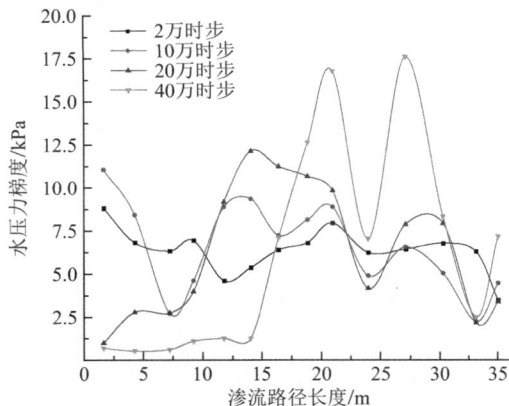

图 5.4-9　不同时步下水压力梯度沿渗流路径长度
变化曲线

5.4.4　管涌口颗粒流失量变化规律

模型对土体的流失量进行了测量，如图 5.4-10 所示。在管涌发生前流失量为 0，随着管涌的发生，开始有细颗粒流失，从流失量随着时间的变化曲线可以看出，流失量随着时间是增加的，并且增加的速率逐渐增加，这表明随着管涌的发展，更多的颗粒被启动。3s 时流失量达到 $2.5m^3$，7s 时流失量已经迅速增加至 $9m^3$，巨大的流失量表明土体中可能已经产生了空洞，这对于整个土石层安全是十分不利的。随着管涌的继续发生，流失量将会继续增大，这可能会导致土石层发生破坏。

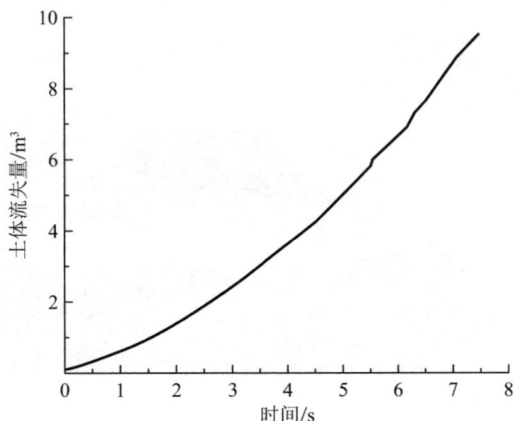

图 5.4-10　土体流失量随时间的变化曲线

5.4.5 颗粒迁移云图

当模型计算至 2 万时步时，剖面颗粒位移云图如图 5.4-11 所示。可见，并不是所有的颗粒在初始时候都会在渗流水的拖拽力下启动，而是在整个土体中，存在一些薄弱环节。这是由于土体的非均匀性造成的，孔隙率低的土体渗透系数低，渗透流速低，在管涌口附近的孔隙率为 0.33 左右，而在堤坝中部的土体的孔隙率在 0.35 左右，通过式(5.4-5)可知，其渗透系数是前者的 1.268 倍，故更有可能产生渗透破坏。且土体的粒径组成和分布对土体管涌启动的临界流速有十分重要的影响。

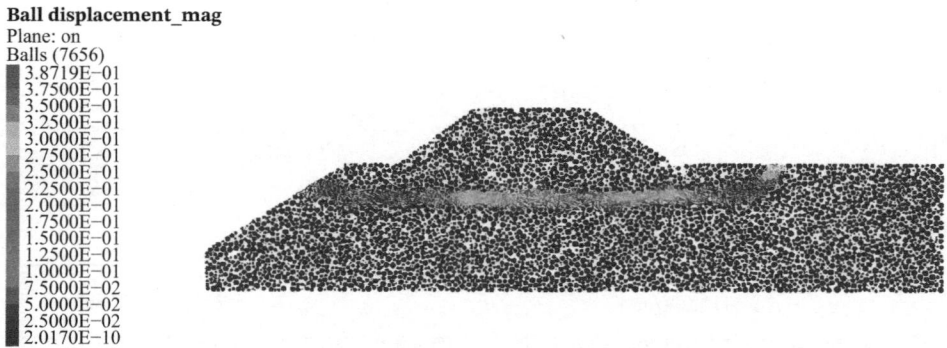

图 5.4-11　剖面颗粒位移云图（2 万时步）

当模型计算至 20 万时步时，因为渗透流速的持续上升，由之前的部分土体管涌，发展成了大面积的管涌。在管涌上下游之间，产生了一条渗流通道，通道中的土体颗粒均产生了移动，最大位移达到了 6.94m，平均位移在 3.0m 左右。在图中仍可以看到通道中有部分颗粒的位移在 0.5m 以下，这部分颗粒的粒径较大，需要更大的渗流速度才能启动。

当模型计算至 40 万时步时（图 5.4-12），此时由管涌转化成了流土现象。大量细颗粒发生运动，前面形成的管涌规模迅速增加，试样内形成了贯穿的集中渗透通道，大量的细颗粒通过集中通道被带出。通道内的颗粒群同时启动发生移动而流失。颗粒的最大位移达到 20.7m，平均位移在 10m 左右。由图中可以看出，甚至有一部分在渗流通道外部的土体，也产生了渗流破坏，在堤坝中形成了空洞现象，这对于土石混合土体是十分不利的，甚至可能产生破坏。

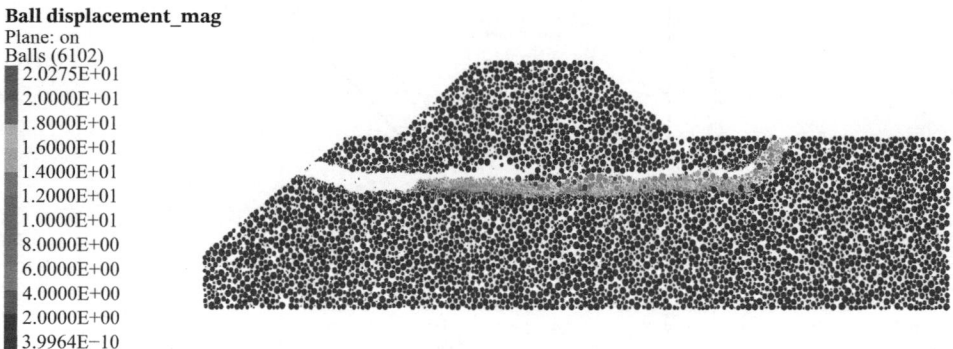

图 5.4-12　剖面颗粒位移云图（40 万时步）

5.5　基于 OpenFOAM 与 PFC3D 的水力耦合计算方法开发

采用基于 OpenFOAM 与 PFC3D 的耦合计算方法来模拟土石地层滑坡，解决流体-颗粒相互作用问题。OpenFOAM 是一个用于连续力学问题数值分析的开源 C++框架，此处将通过 OpenFOAM 来对考虑孔隙率的 Navier-stokes 流体方程进行求解。PFC3D 和 OpenFOAM 之间的双向粗网格耦合遵循 Tsuji 的方法。在 Navier-Stokes 方程中包含了孔隙率和体力场，以解释流动中颗粒的存在，这些项与 PFC3D 颗粒上的拖曳力有关。该方程的计算使用了 OpenFOAM 中的 pyDemFoam 求解器，pyDemFoam 包含一个 Python 模块，其中包含 OpenFOAM 中的 icoFoam 和 simpleFoam 求解器的修改版本。修改这些求解器以解决固体颗粒的存在。当前，OpenFOAM 仅在 Linux 系统上运行，而 PFC3D 仅在 Windows 系统上运行。此处实现的耦合交互方式，通过在 VirtualBox Ubuntu Guest 虚拟机内部运行的 OpenFOAM 计算，通过 Python 和 TCP 套接字用于链接 demIcoFoam 到 PFC3D 模块中，具体耦合交互方法流程如图 5.5-1 所示。

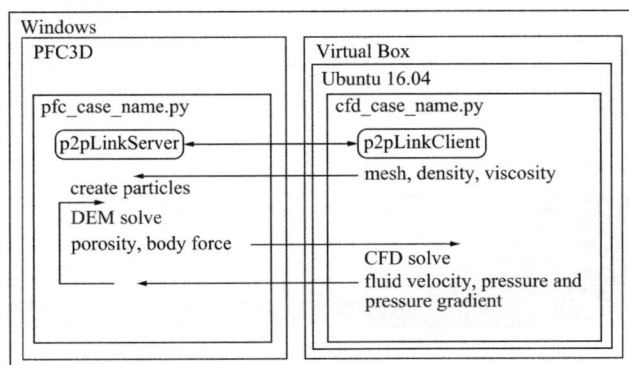

图 5.5-1　耦合交互方法流程示意图

耦合流程如下：

（1）首先在 PFC3D 中构建数值模型，建立研究模型，根据研究问题的边界条件生成边界墙，在研究区域内生成颗粒球，并通过伺服，将模型内部的应力平衡，消除其由于构建初始模型而带来较大的不平衡力，生成满足研究要求的数值模型。

（2）在基于 Virtual Box 的 Ubuntu 平台中，运行 OpenFOAM 并生成流体计算的数值模型。对研究区域内通过 BlockMesh 模块进行网格划分，并设置计算所需的模型边界条件。设置参数以实现对 pyDemFoam 求解器中，梯度项、扩散项和时间的离散方法控制，生成满足研究要求的流体计算模型。

（3）分别运行 PFC3D 和 OpenFOAM 中的计算文件，耦合信息交互通过 Python 和 TCP 套接字进行链接，包括 p2pLinkServer 和 p2pLinkClient 模块。

（4）在耦合计算的初始信息交互阶段，将 OpenFOAM 中设置的流体参数包括网格划分、流体密度和流体黏滞系数，传递给 PFC3D 中。在 PFC3D 的 CFD 模块中，生成对应的网格，并将参数合理地设置到网格流体中。通过基于多面体方法的孔隙率计算方法，计算出每个网格所对应的孔隙率。

（5）在 PFC3D 中进行一个时间步的计算，计算得到的结果通过耦合交互方法传递到 OpenFOAM 的求解器中。传递的计算结果包括每个网格所对应的孔隙率和通过计算得到的固液之间的相互作用力，流体单元内的孔隙率 n，颗粒与流体之间的相互作用力 f_{int}。

（6）在 OpenFOAM 中进行相应时间步的计算，计算基于 pyDemFoam 求解器，并将计算得到的结果通过耦合交互方法传递到 PFC3D 中。传递的计算结果包括流体的黏滞系数、每个单元的水压力和水压力梯度。

（7）步骤（5）、（6）的计算即对应一个时间步，不断地重复步骤（5）、（6），即实现了基于 OpenFOAM 与 PFC3D 的耦合计算。

土石滑坡的耦合模型建立过程如下：

使用随机种子法生成滑坡离散元模型，模型长 120m、高 25m，生成的模型如图 5.5-2 所示。由于耦合方法基于三维模型，故使用假三维模型来模拟土石滑坡，宽度设置为 1m，如图 5.5-3 所示。计算模型共生成颗粒 6747 个，颗粒粒径为 0.25～0.5m，呈线性分布。边坡左侧长 20m，而边坡右侧长 80m，目的是预留足够的距离，使得滑坡体能够充分地运动堆积，避免了由于预留距离太短而受模型边界条件的影响，此外预留足够的空间，也能避免在流体计算时边界效应的影响。

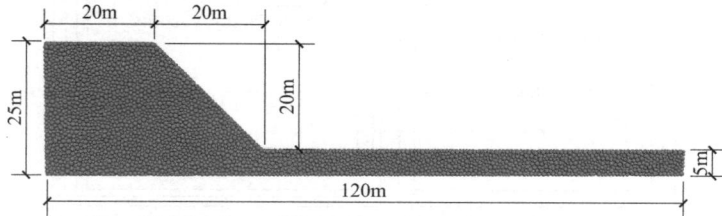

图 5.5-2　土石地层稳定性离散元计算模型

图 5.5-3　假三维模型示意图

通过伺服机制，使得模型内部的应力平衡，消除其由于构建初始模型而带来较大的不平衡力，生成满足研究要求的数值模型。在伺服完成之后，对模型赋予接触粘结模型，模型参数如表 5.5-1 所示，而后对模型施加重力并使其平衡，进而得到耦合计算的初始模型。生成的初始模型的接触力分布如图 5.5-4 所示，可见模型力链分布均匀，土层越厚的地方接触力越大，该模型满足计算的要求。

计算模型细观力学参数　　表 5.5-1

细观模型	接触粘结模量/Pa	法向/切向刚度比	接触粘结强度/Pa	接触粘结张拉强度/Pa	摩擦系数
土体	8×10^7	3.0	1.4e5	2.0e5	0.4

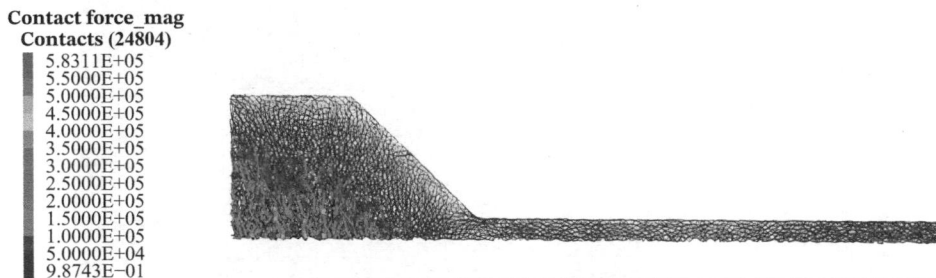

图 5.5-4　初始模型接触力分布图

在 OpenFOAM 中进行模型的建立，流体计算区域要大于离散模型，故设置流体模型长 120m、高 80m、宽 1m，对研究区域内通过 BlockMesh 模块进行网格划分，如图 5.5-5 所示。

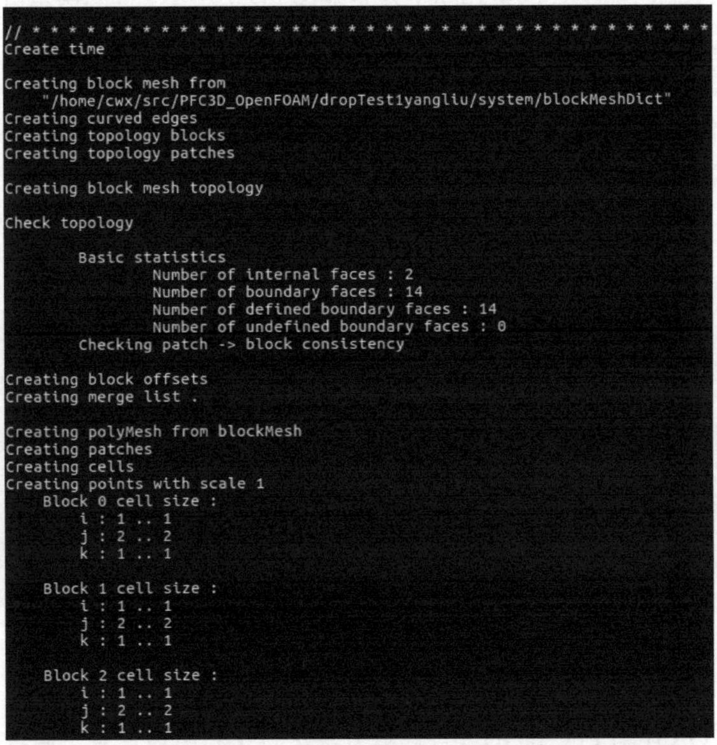

```
// * * * * * * * * * * * * * * * * * * * * * * * * * * * * * * * * * * * * * *
Create time

Creating block mesh from
    "/home/cwx/src/PFC3D_OpenFOAM/dropTest1yangliu/system/blockMeshDict"
Creating curved edges
Creating topology blocks
Creating topology patches

Creating block mesh topology

Check topology

        Basic statistics
                Number of internal faces : 2
                Number of boundary faces : 14
                Number of defined boundary faces : 14
                Number of undefined boundary faces : 0
        Checking patch -> block consistency

Creating block offsets
Creating merge list .

Creating polyMesh from blockMesh
Creating patches
Creating cells
Creating points with scale 1
    Block 0 cell size :
        i : 1 .. 1
        j : 2 .. 2
        k : 1 .. 1

    Block 1 cell size :
        i : 1 .. 1
        j : 2 .. 2
        k : 1 .. 1

    Block 2 cell size :
        i : 1 .. 1
        j : 2 .. 2
        k : 1 .. 1
```

图 5.5-5　OpenFOAM 网格单元划分命令行

网格单元的大小为 1m × 1m × 1m，故模型共生成 7200 个计算单元。设置计算所需的模型边界条件。设置参数以实现对 pyDemFoam 求解器中，梯度项、扩散项和时间的离散方法控制，生成满足研究要求的流体计算模型。将 OpenFOAM 中设置的流体参数包括网格划分、流体密度和流体黏滞系数，传递给 PFC3D。在 PFC3D 的 CFD 模块中，生成对应的网格，如图 5.5-6 所示。

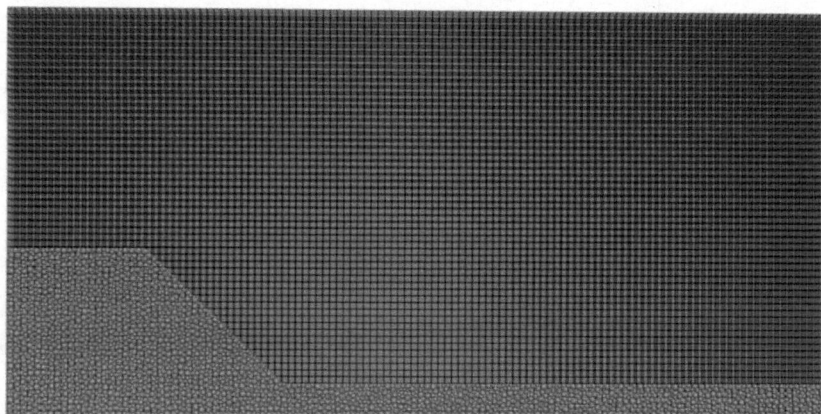

图 5.5-6　流体网格和离散颗粒的耦合计算模型

将参数合理的设置到网格流体中。通过基于多面体方法的孔隙率计算方法，计算出每个网格所对应的孔隙率。耦合模型孔隙率分布如图 5.5-7 所示，可见模型研究范围内的孔隙率大致可以分为两个区域，一个区域为图中深色区域，该区域内孔隙率值为 1，该值表明了当前网格内全部为流体，没有离散颗粒，即纯流体环境。在进行计算时，由于孔隙率 $n = 1$，且流固相互作用力 f_{int} 为 0。另一个区域即为边坡土体，该范围内孔隙率为 0.3~0.45，不仅有离散颗粒，也有流体。该方法能够很好地模拟富水环境中，土体颗粒之间充满水的客观条件。在耦合计算中，每一个时步都会对模型的孔隙率进行计算，以实现较精确的模拟。

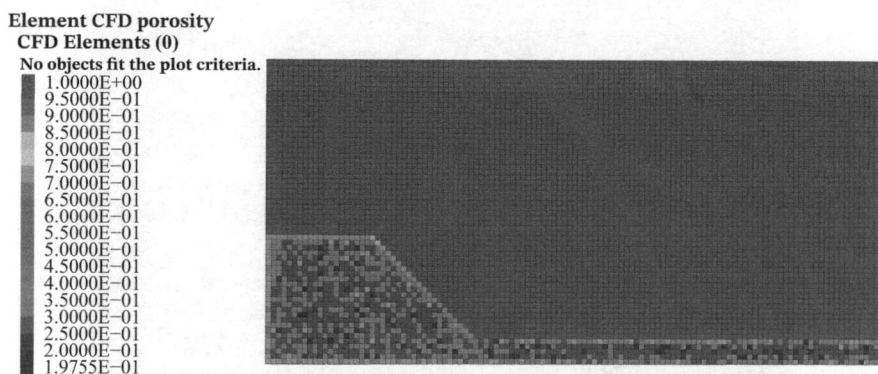

图 5.5-7　耦合模型孔隙率分布图

基于 OpenFOAM 与 PFC3D 的耦合计算方法进行土石滑坡计算，通过不断地对边坡参数折减，当边坡参数较小时，土体无法维持稳定而出现滑坡，计算结果如图 5.5-8 所示。可见滑坡呈现出较为明显的圆弧滑动面，图中颗粒为边坡土体，箭头为流体流速的矢量方向。

在滑坡发生之前，各处流体网格的流速均为 0。在滑坡初期，由于边坡土体往下运动，水对颗粒产生与运动方向相反的作用力，这部分力将会减缓土体颗粒向下滑动的速度。同时，由于力的相互性原理，颗粒对水的作用力与颗粒的运动方向一致，这部分力将会使得海洋水由静止条件下，变得逐步开始运动，运动方向与颗粒的运动方向大致一致。由于水流的运动，将会导致水压力的改变，在背离流速的方向形成局部低压区，在面朝流速的方向形成局部高压区，流场水压力的改变，将会导致周边流体随之运动，进而形成涡流。由图 5.5-8 可见，在滑坡初始阶段的 9.14s 时，边坡逐渐向下运动，带动流体运动并形成一个流速较为缓慢的涡流，流体最大速度为 0.78m/s，最大流速位于边坡土体内。在 19.39s 时，滑坡进一步发展，滑动土体沿着滑动面滑落，滑动区域下部的土体不断推进，边坡后缘土体逐渐破坏。当 29.96s 时，可见由于边坡后缘部分土体滑落，原本由土体填充的区域开始由流体大量涌入，并在该区域范围内形成了杂乱的紊流，流体最大速度为 1.13m/s，此时流速较大的区域仍然位于滑动土体内部。滑动土体的滑动状态与陆上滑坡较不一致，可见在滑动土体前端呈现出了较为平缓的椭圆形推进面，该现象的产生，正是由于流固相互作用而来的结果。随着滑坡的进一步进行，滑动土体的能量不断消耗，滑动速度不断减慢，越远离表层的滑动土体的颗粒滑动速度变得越为缓慢，土体附近流体也不断减速，故流场中流速较大的区域由土体内部逐渐转变为土体外部，并在滑坡后缘产生了较大的紊流区，在滑坡前缘产生了局部的涡流。即使在滑坡运动过程中的滑动形态较为不一致，但最终边坡土体稳定堆积状态，仍然呈现出较为平缓的堆积状态。

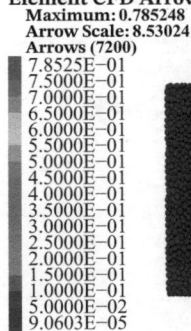
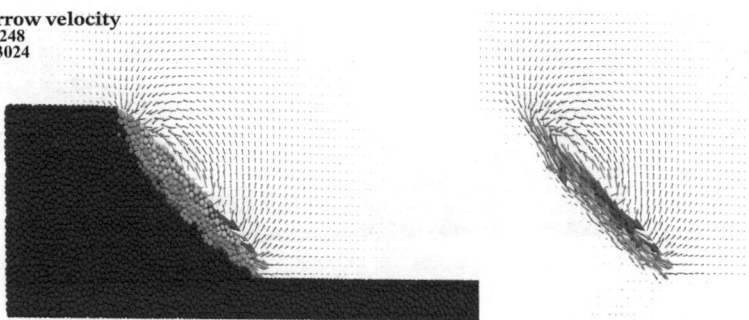

(a) 9.17s

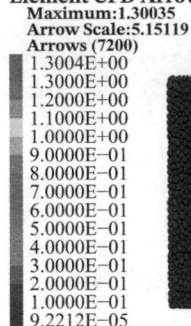
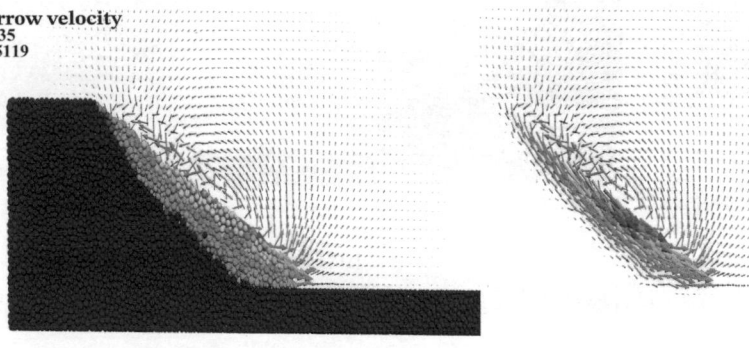

(b) 19.39s

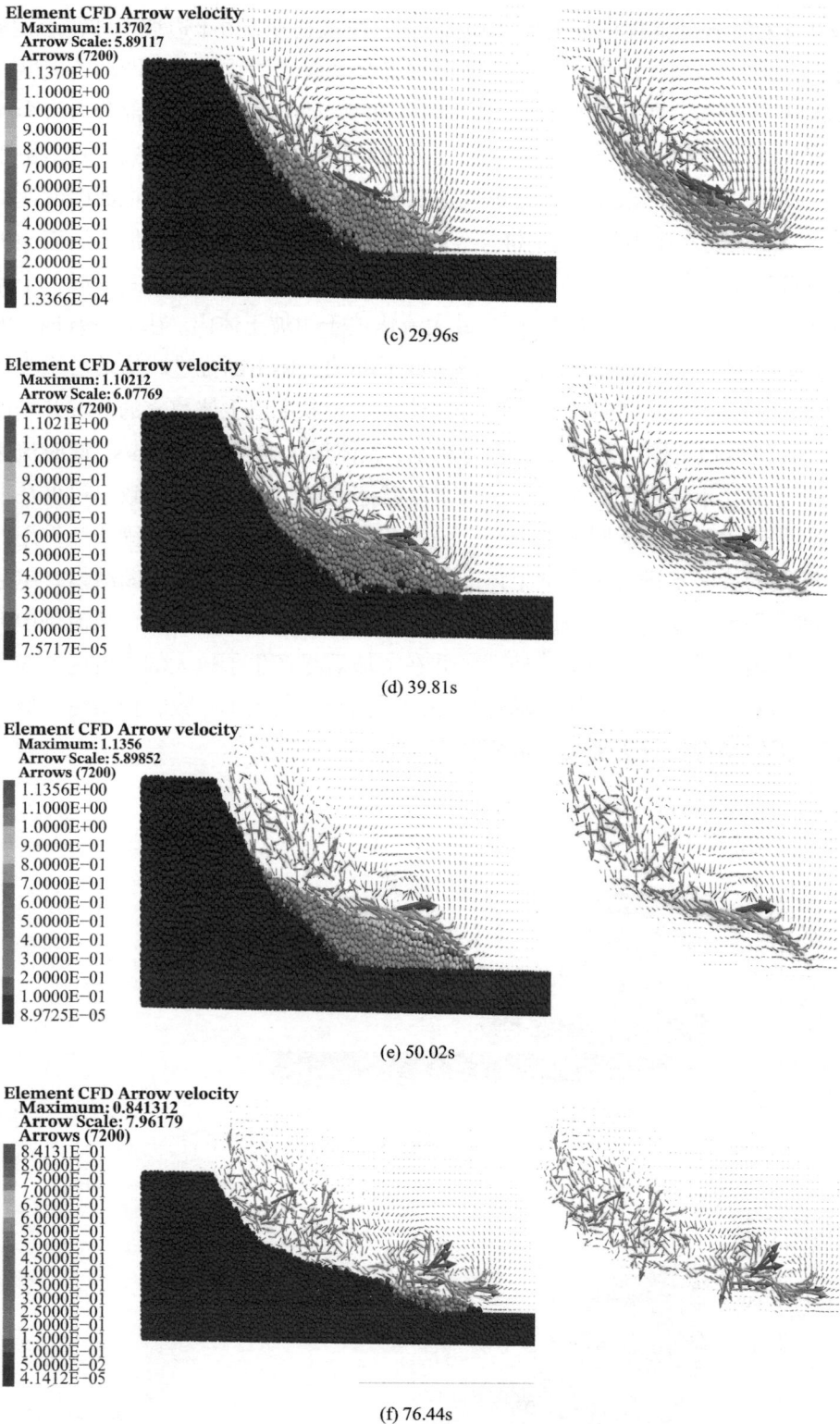

(c) 29.96s

(d) 39.81s

(e) 50.02s

(f) 76.44s

图 5.5-8　耦合模型计算结果（左图为离散颗粒与流速矢量图，右图为流速矢量图）

土石滑坡的速度场与滑坡运动状态分析如图 5.5-9 所示。在滑坡初期，滑坡土体颗粒速度迅速增大；在 9.17s 时，最大滑坡速度已经达到了 1.02m/s。随着滑坡的进一步进行，在 19.39s 时滑坡最大速度为 1.627m/s，而此后的滑坡最大速度均小于该值，这说明该点的最大滑坡速度为整个滑坡过程中的较大值。相比陆上滑坡，土石滑坡的速度明显较小，由于流固的相互作用，使得滑坡土体的能量一部分消耗于带动流体的运动，此外流体也会限制土体颗粒速度的进一步提高。已有研究表明，固体颗粒在水中的自由沉降运动速度存在一个峰值，而该速度取决于流体的状态参数，如流体密度和流体黏滞系数。在该研究的土石滑坡中，滑动土体的速度也存在一个峰值，当达到峰值后，滑坡土体的运动速度无法进一步的提高，并随着能量耗散，速度不断减慢，直到堆积沉降形成稳定的土石混合体。

从土石坑壁边坡的滑坡运动状态来看，可见在滑动土体前端呈现出了较为平缓的椭圆形推进面，滑坡土体前端厚度较大，在图 5.5-9（b）～（d）中较为明显。该现象的产生，正是由于流固相互作用而来的结果。

(a) 9.17s

(b) 19.39s

(c) 29.96s

(d) 39.81s

(e) 50.02s

(f) 76.44s

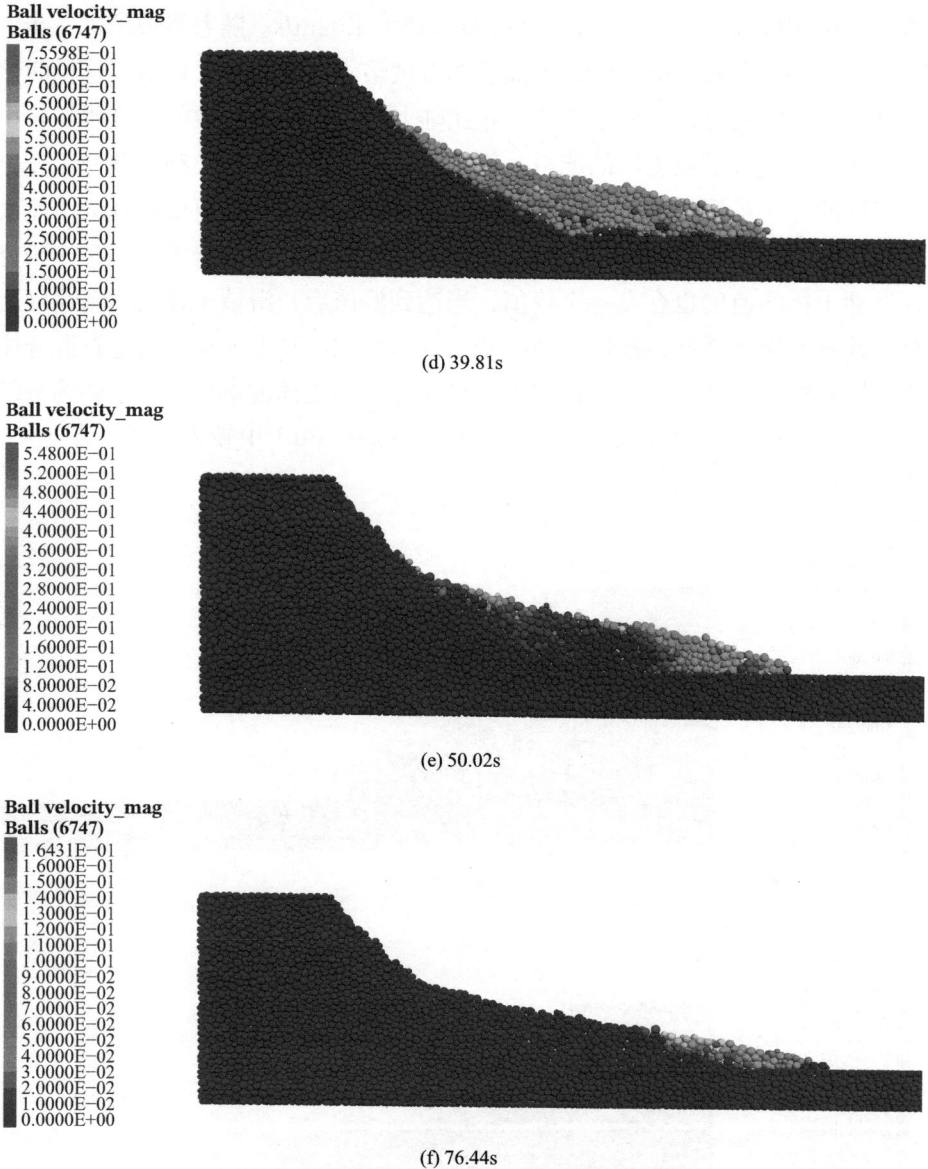

图 5.5-9　土石滑坡速度场与滑坡运动状态图

　　土石滑坡的滑动土体的速度曲线如图 5.5-10 所示。在滑坡发展的初期，土体的滑动速度迅速增大，在 15s 左右土体的平均速度达到峰值（0.61m/s 左右），而土体的最大速度出现在 20s 左右（1.62m/s）。随着滑坡的不断发展，由于流体对土体颗粒的拖拽力和土体滑坡本身的能量损失，土体的运动速度不断降低。在 50s，土体平均速度下降到 0.118m/s 左右，最大速度也下降到 0.54m/s 左右。之后土体进入缓慢的堆积平衡阶段，速度不断地缓慢降低，但是由于流体速度仍然存在，并且流体速度仍需要一定时间才能降低。流体对土体颗粒仍存在一定的拖拽力，这个力会阻碍土体颗粒速度的进一步下降。在 50s 之后，土体颗粒的平均速度下降得十分缓慢。而这缓慢下降的过程，土石混合体在流体的作用下运移出较远的距离，尤其是存在水流的情况下。总而言之，平均速度曲线与最大速度曲线的趋势是一致的，即在滑坡初始阶段迅速增大，在达到峰值之后，不断减小，直到土体逐渐稳定。

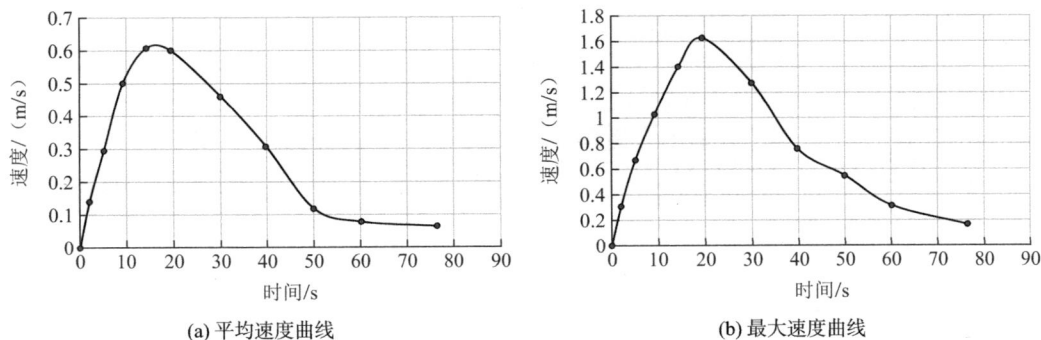

(a) 平均速度曲线　　　　　(b) 最大速度曲线

图 5.5-10　滑坡土体的速度曲线

　　图 5.5-11 为土石滑坡位移场随时间变化，可见随着时间的进行，滑坡体的位移不断增大。在 9.17s 时最大位移为 4.78m，在 19.39s 时最大位移已经达到了 16.08m，在 29.96s 时，最大位移达到了 26.04m。随着滑坡逐渐稳定，在 76.44s 时，最大位移为 41.1m。由图中可以看出，越表层的土体，滑坡位移最大，这也说明了越表层的土体，受到流体影响更大，且限制表层土体运动的阻碍也更少，固表层土体的运动位移较大。由图 5.5-11（c）可以看出，滑动土体前端呈现的椭圆形推进面顶部土体的位移越大，而并非滑坡体前端的位移最大，但如图 5.5-11（f）所示，最终土石混合体越靠近尖端的土体，位移也越大。

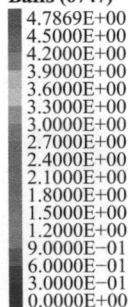

(a) 9.17s

(b) 19.39s

(c) 29.96s

(d) 39.81s

(e) 50.02s

(f) 76.44s

图 5.5-11　土石滑坡位移场随时间变化

土石滑坡的滑动土体的位移曲线如图 5.5-12 所示，可见在滑坡发展的初期，土体位移增长速率较为平缓，在 6s 时，土体平均位移和最大位移分别为 0.48m 和 1.70m，此时对应的土体速度也较小，土体速度仍位移增长阶段。在 10～40s，土体位移增长迅速，土体平均位移由 1.53m 迅速发展为 14.81m，土体最大位移由 4.78m 迅速发展为 33.96m，由图可以看出，此时土体运动速度较大，且存在速度峰值阶段，土体大致由原本的位置，迅速滑动至堆积状态的初步形成。在 40s 之后的阶段，滑坡体位移变化十分缓慢，滑坡体趋于稳定，但在流体的作用下，仍存在较小的速度，位移仍缓慢增长。如果该研究处于有水流存在情况下，滑坡体仍会随着水流一起运动，这将会导致滑坡影响范围更进一步的扩大。

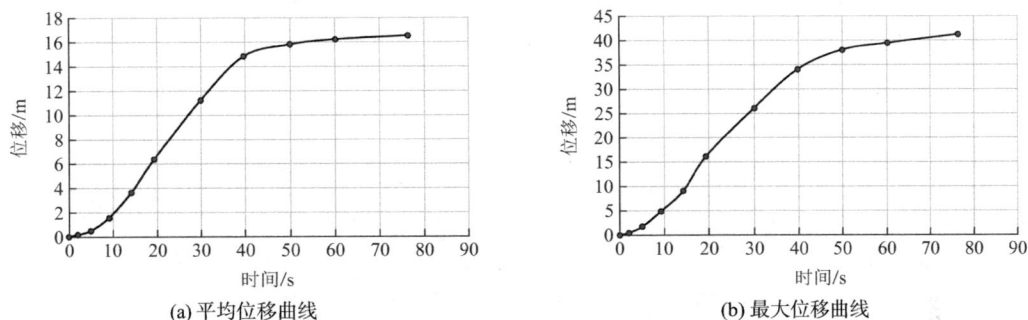

(a) 平均位移曲线　　　　　　　　　　　　(b) 最大位移曲线

图 5.5-12　滑坡土体的位移曲线

　　图 5.5-13 显示了土石滑坡，不同网格范围内的孔隙率变化。可见随着滑坡的进行，每一个网格的孔隙率都不是时时不变的，孔隙率会随着颗粒土体的运动而随着改变。随着土体的运动，之前本处于孔隙率为 1 的纯流体状态网格，孔隙率也会逐渐降低为 0.5，这说明这部分区域已经有滑坡土体运移堆积。此时计算的流体方程为考虑孔隙率与流固相互作用力的 Darcy-Brinkman-Forchheimer 方程。同时，由图中可以较为清晰地看到滑坡体运动状态，特别是在图 5.5-13（c）、（d）可见在滑动土体前端呈现出了较为平缓的椭圆形推进面，滑坡土体前端厚度较大，该特点正是富水滑坡具有的特征。不同的是，随着滑坡的发展和进行，滑动土体范围内的孔隙率在 0.4～0.5，要明显大于稳定状态土体的 0.3～0.4。这说明随着滑坡的发展，土体由紧密接触的整体，破碎成了松散的团体，但颗粒之间的接触力仍然存在。本模拟中考虑在颗粒破碎之后，接触模型由接触粘结模型，退化成线性接触模型，其粘结力部分破坏并不可复原，这也是在边坡土体接触模型中常用的方法，该方法能较好地模拟土体颗粒的应力-应变特征。随着滑坡的进行，土石混合体孔隙率始终处于 0.4～0.5 之间，且土石混合体中间区域内的孔隙率稍低。

(a) 9.17s

Element CFD porosity
CFD Elements (0)
No objects fit the plot criteria.

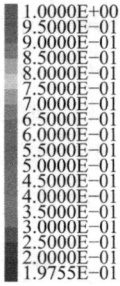

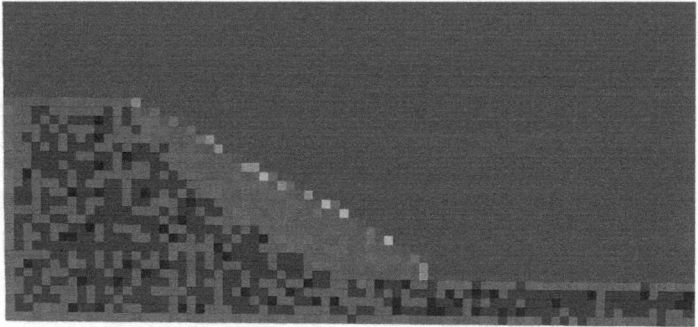

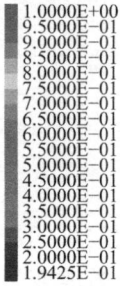

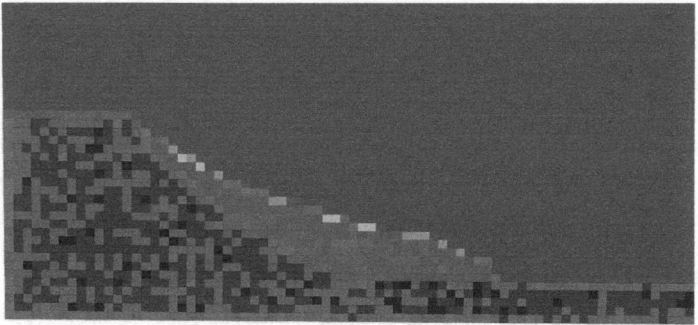

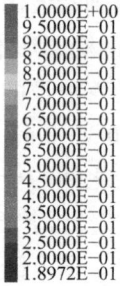

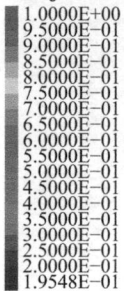

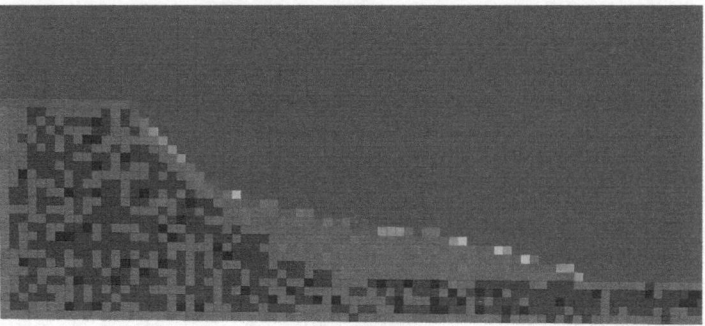

1.0000E+00
9.5000E-01
9.0000E-01
8.5000E-01
8.0000E-01
7.5000E-01
7.0000E-01
6.5000E-01
6.0000E-01
5.5000E-01
5.0000E-01
4.5000E-01
4.0000E-01
3.5000E-01
3.0000E-01
2.5000E-01
2.0000E-01
1.9755E-01

(b) 19.39s

Element CFD porosity
CFD Elements (0)
No objects fit the plot criteria.

1.0000E+00
9.5000E-01
9.0000E-01
8.5000E-01
8.0000E-01
7.5000E-01
7.0000E-01
6.5000E-01
6.0000E-01
5.5000E-01
5.0000E-01
4.5000E-01
4.0000E-01
3.5000E-01
3.0000E-01
2.5000E-01
2.0000E-01
1.9425E-01

(c) 29.96s

Element CFD porosity
CFD Elements (0)
No objects fit the plot criteria.

1.0000E+00
9.5000E-01
9.0000E-01
8.5000E-01
8.0000E-01
7.5000E-01
7.0000E-01
6.5000E-01
6.0000E-01
5.5000E-01
5.0000E-01
4.5000E-01
4.0000E-01
3.5000E-01
3.0000E-01
2.5000E-01
2.0000E-01
1.8972E-01

(d) 39.81s

Element CFD porosity
CFD Elements (0)
No objects fit the plot criteria.

1.0000E+00
9.5000E-01
9.0000E-01
8.5000E-01
8.0000E-01
7.5000E-01
7.0000E-01
6.5000E-01
6.0000E-01
5.5000E-01
5.0000E-01
4.5000E-01
4.0000E-01
3.5000E-01
3.0000E-01
2.5000E-01
2.0000E-01
1.9548E-01

(e) 50.02s

(f) 76.44s

图 5.5-13　土石滑坡孔隙率数值图

图 5.5-14 显示了随着滑坡进行，不同网格单元内的颗粒与流体之间的相互作用力 $\boldsymbol{f}_{\text{int}}$ 变化，在耦合计算时，该值将作为耦合交互信息，在每一个时间步都会由离散元中的 CFD 模块计算，并将其传递到流体计算方程中进行流体状态的计算。由图中可见，在纯流体区域和边坡运动速度微小的区域内，流固相互作用力分别为 0 和接近于 0，而在滑坡土体运动的区域内，流固相互作用力显著。流固相互作用力与流体和颗粒之间的速度差有关，即具有相对速度的区域存在相互作用力。当滑坡时间为 9.17s、19.39s、29.96s、39.81s、50.02s 和 76.44s 时，网格单元内最大的流固相互作用力分别为 $2.28 \times 10^4\text{N}$、$4.03 \times 10^4\text{N}$、$1.97 \times 10^4\text{N}$、$1.34 \times 10^4\text{N}$、$0.65 \times 10^4\text{N}$ 和 $0.25 \times 10^4\text{N}$，可见单元内最大流固相互作用力存在先增大后减小，对比上文的分析可知，这与颗粒运动的速度变化趋势相符。当滑坡进行初期，颗粒速度不断增大，虽然流体速度在作用力的影响下也不断增大，但是增长速率落后于颗粒速度增长速率，流固速度差不断扩大，导致流固相互作用力也不断扩大。在滑坡发展的后期，颗粒速度逐渐减小，甚至低于流体的运动速度，流固相互作用力随之减小。此外，由图中可见，随着滑坡的逐渐发展，存在流固相互作用力的区域逐渐扩大，在滑坡后缘的单元内颗粒滑移走之后，该范围内的单元流固相互作用力趋近于 0，这与实际相符。

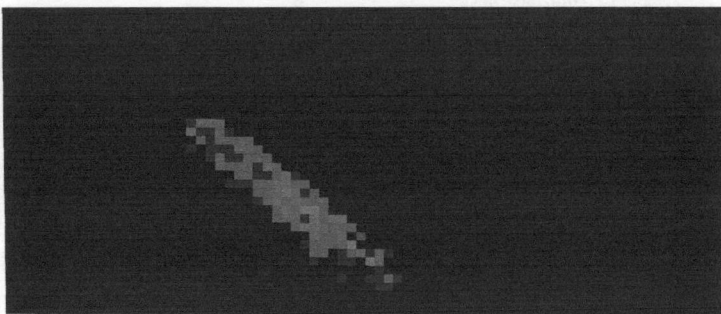

(a) 9.17s

Element CFD dragforce_mag
CFD Elements (0)
No objects fit the plot criteria.

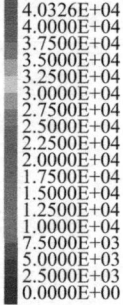

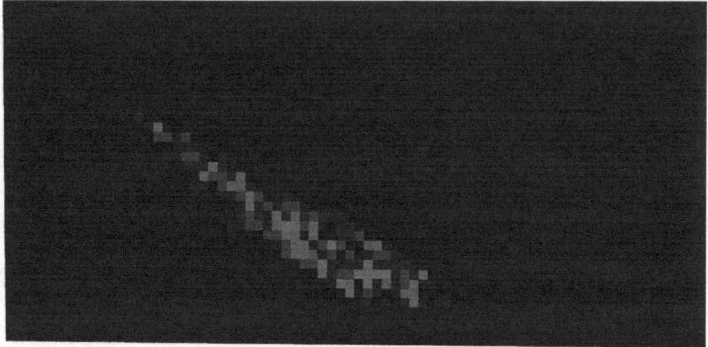

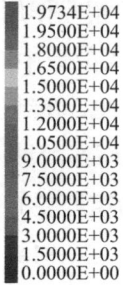

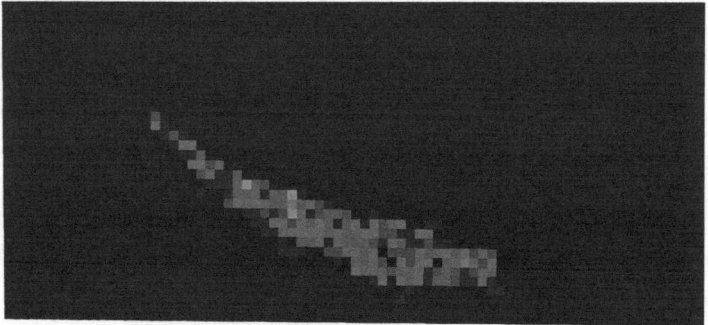

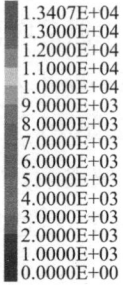

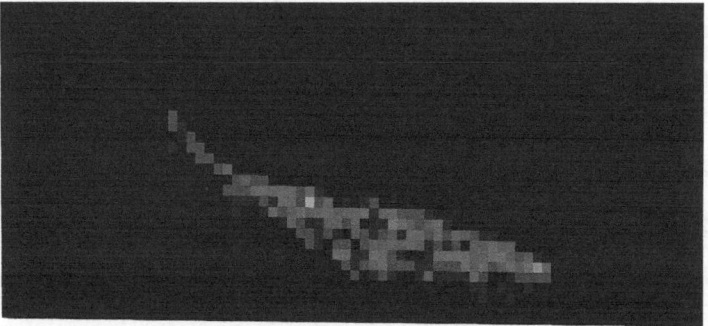

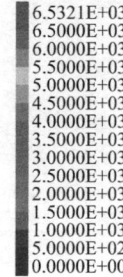

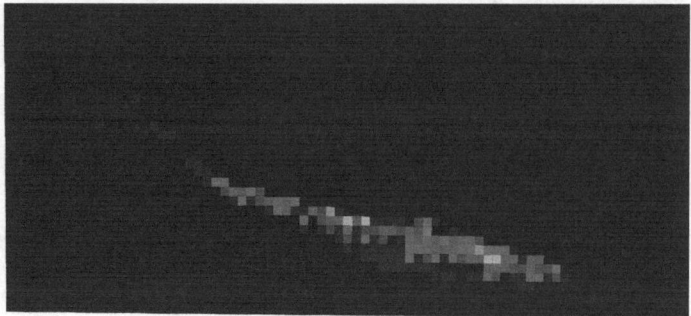

4.0326E+04
4.0000E+04
3.7500E+04
3.5000E+04
3.2500E+04
3.0000E+04
2.7500E+04
2.5000E+04
2.2500E+04
2.0000E+04
1.7500E+04
1.5000E+04
1.2500E+04
1.0000E+04
7.5000E+03
5.0000E+03
2.5000E+03
0.0000E+00

(b) 19.39s

Element CFD dragforce_mag
CFD Elements (0)
No objects fit the plot criteria.

1.9734E+04
1.9500E+04
1.8000E+04
1.6500E+04
1.5000E+04
1.3500E+04
1.2000E+04
1.0500E+04
9.0000E+03
7.5000E+03
6.0000E+03
4.5000E+03
3.0000E+03
1.5000E+03
0.0000E+00

(c) 29.96s

Element CFD dragforce_mag
CFD Elements (0)
No objects fit the plot criteria.

1.3407E+04
1.3000E+04
1.2000E+04
1.1000E+04
1.0000E+04
9.0000E+03
8.0000E+03
7.0000E+03
6.0000E+03
5.0000E+03
4.0000E+03
3.0000E+03
2.0000E+03
1.0000E+03
0.0000E+00

(d) 39.81s

Element CFD dragforce_mag
CFD Elements (0)
No objects fit the plot criteria.

6.5321E+03
6.5000E+03
6.0000E+03
5.5000E+03
5.0000E+03
4.5000E+03
4.0000E+03
3.5000E+03
3.0000E+03
2.5000E+03
2.0000E+03
1.5000E+03
1.0000E+03
5.0000E+02
0.0000E+00

(e) 50.02s

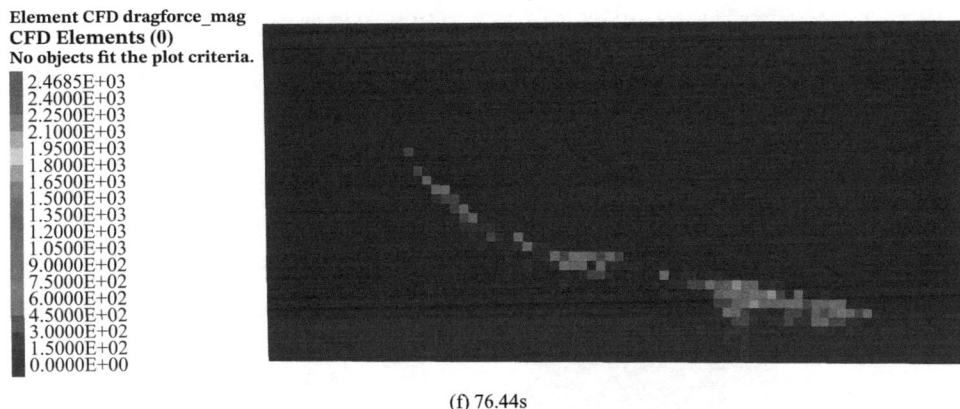

Element CFD dragforce_mag
CFD Elements (0)
No objects fit the plot criteria.

2.4685E+03
2.4000E+03
2.2500E+03
2.1000E+03
1.9500E+03
1.8000E+03
1.6500E+03
1.5000E+03
1.3500E+03
1.2000E+03
1.0500E+03
9.0000E+02
7.5000E+02
6.0000E+02
4.5000E+02
3.0000E+02
1.5000E+02
0.0000E+00

(f) 76.44s

图 5.5-14　土石滑坡流固相互作用力数值图

5.6　考虑细观特征的土石斜坡稳定破坏研究

在含有土石地层地基边缘，经常可见土石斜坡存在。针对土石混合体细观特征对滑面形成机制的影响，基于颗粒流方法建立了细观结构构造方法，在此基础上，分析均质边坡与混合体边坡破坏机理及滑面发展的不同，同时对比不同含石率情况下混合体边坡的滑面发展过程，探讨该类斜坡的破坏机理。

5.6.1　土石质细观模型的构造与评价方法

土石混合体介质细观特征的构建，重在骨架颗粒的外轮廓和微观裂隙统计，在现场多借助统计窗方式进行，先提前规划好地质统计窗，利用参照物拍照，然后借助 AUTOCAD 等工程软件进行轮廓绘制，进一步分析细观特征。

数字图像处理方法是一种被广泛采用的土石混合体介质细观特征提取方法，但是数字图像方法的像素往往很高，如果将每一个像素都按照相应位置转化为数值模型，则单元、节点多，计算工作量非常大。

实际上，图像识别是一种有损识别方法，由于光照、阴影、拍照角度的差异，每一幅图片中土石区分均有差异，因此可以只采用数字图像识别的骨架颗粒轮廓线构造土石混合体的细观特征。因此提出如下块石轮廓构造方法。

如图 5.6-1（a）所示，将数字图像识别的骨架颗粒轮廓线作为边界线，对每一条边界线进行读取，处于任一多段线内的像素属于块石，而不在任一多段线内的像素属于胶结物。这样即可将每一像素的性质（土或石）区分开，并借助这些多段线数据开展颗粒粒径、形状等信息的统计。

在研究范围内［图 5.6-1（b）］，采用平均颗粒尺寸 5mm，最大最小半径比 2.0 的构造方法，在如图 5.6-1 所示模型的范围内生成颗粒。通过 Cundull 提出的模型伺服程序调整颗粒间的重叠量，直至颗粒间接近零应力状态。然后，将识别出来的块石视作不同的多边形区域，搜索所有颗粒，若某颗粒中心位于其中一个多边形内部，则判断该颗粒属于岩石颗粒。将位于同一多边形区域内的颗粒通过 clump 组装以模拟岩石介质。最后，为了能模拟块石间的接触，将不同多边形区域内的颗粒赋予不同的编号，土石分别赋予不同的参数以分别模拟"基质土""岩块骨架"性质。

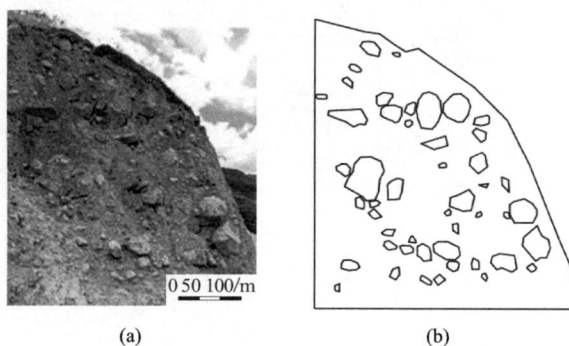

图 5.6-1 土石混合体边坡细观特征提取

在构建土石混合体边坡过程中，块石的生成是模型构建中的一大难点，如何判别球形颗粒是否位于块石边界内部是构造的关键。在数学上，这其实就是一种拓扑关系的算法研究。在土石混合边坡的块石构建过程中，根据 Bagi K 提出的颗粒装配算法，可以准确快速地判别颗粒与块石多边形的位置关系，进而将位于块石边界内部的球形颗粒组装形成岩石介质。

通过以上模型构造与判别方法，并采用伺服膨胀机理，此处利用颗粒流软件分别建立了边坡高度 8.7m、长度 7.7m 的均匀土质边坡［图 5.6-2（a）］和土石混合体边坡［图 5.6-2（b）］。

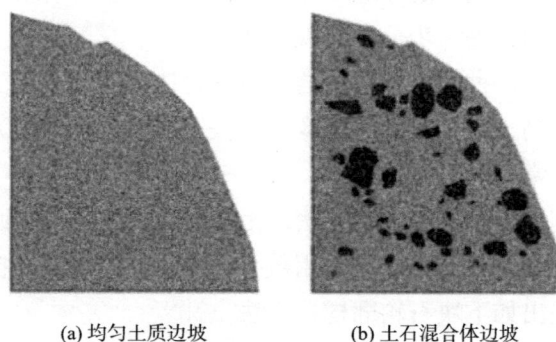

(a) 均匀土质边坡   (b) 土石混合体边坡

图 5.6-2 边坡细观结构颗粒流模型

图 5.6-2 所示模型是某典型土石混合体边坡按比例建立的，其中构成此边坡的土石混合体宏观物理力学参数如表 5.6-1 所示。在使用颗粒流软件建立土石混合体边坡模型过程中，为了更好地模拟土体与块石不同的宏观力学表现，分别采用线性接触粘结模型和线性平行粘结模型。为了模拟滑坡的动力过程，计算中采用黏性阻尼，不考虑局部阻尼（局部阻尼系数为 0）。对模型细观参数进行多次参数标定后，最终得到的土体与块石的颗粒流模型主要细观力学参数如表 5.6-2 所示。图 5.6-3 为不同围压下土体应力-应变曲线。

边坡土石混合体宏观物理力学参数　　　　　　　　　　表 5.6-1

介质类型	密度/（g/cm³）	弹性模量/MPa	泊松比	黏聚力/kPa	内摩擦角/°
块石	2.8	2.0e4	0.19	2.7e4	39
土体	2.1	40	0.3	93	22.4

土石混合体主要细观力学参数　　　　　　　　　　表 5.6-2

块石参数	取值	土体参数	取值
平行粘结有效模量/Pa	30e9	接触粘结有效模量/Pa	8e7
平行粘结法向与切向刚度比	2.5	接触粘结法向与切向刚度比	2.5
线性接触有效模量/Pa	29e9	接触粘结抗拉强度/Pa	3e5
线性接触刚度比	2.5	接触粘结抗剪强度/Pa	1e5
平行粘结切向黏聚强度/Pa	1e8	切向临界阻尼比	0.2
平行粘结法向黏聚强度/Pa	1.2e8	法向临界阻尼比	0.4
摩擦系数	0.55	摩擦系数	0.4
颗粒密度/（kg/m³）	3300	颗粒密度/（kg/m³）	2100

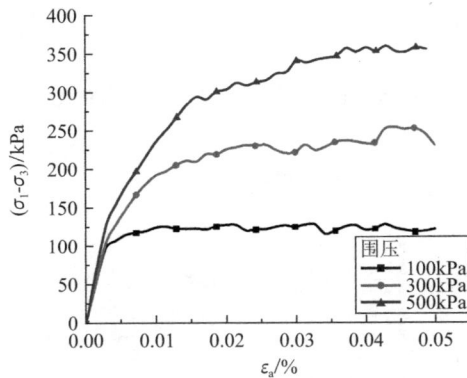

图 5.6-3　不同围压下土体应力-应变曲线

5.6.2　土石混合体边坡稳定性分析

为了研究土石混合形成的细观结构对边坡滑面形成机制的影响，分别模拟均匀土质边坡和土石混合介质边坡的滑面破坏过程，并利用土体参数折减，记录边坡内部应力变化与颗粒间的传力机制，以及裂隙发展和滑面发展演变过程，对比两种边坡破坏机制的差异，分析土石混合介质对边坡滑面破坏的影响。为了使对比更加合理有效，所有模型均以相同的计算步数（100 万时步）为对比标准。

对建立的纯土体边坡赋予标定得出的土体参数，使其在自重作用下卸荷平衡，最终得到的纯土边坡自重平衡力链图如图 5.6-4 所示。可以看出在重力作用下，坡体表层的力链分布稀疏，且坡体表层的接触力明显要小于坡体内部的接触力，坡脚位置力链密集区与稀疏区有较为明显的界限，这是边坡潜在的不稳定滑面产生位置。

对已经自重平衡的纯土边坡采用强度折减法进行计算分析，图 5.6-5 为纯土边坡滑面形成初期力链突变图。可以看出滑面的位置正是图 5.6-4 中分界线的位置，且在滑面产生的位置力链出现了间断，即坡体刚刚开始发生滑动时，滑面的产生使得力的传递出现了不连续现象。

图 5.6-6 是土石混合体边坡自重平衡后力链分布图，与纯土边坡的力链分布明显不同。土石混合边坡中力链的分布明显较纯土边坡的力链分布复杂，尤其是在块石周围存在明显的剪切环，由于块石的存在，边坡内部接触力链的分布在遇到石块时会绕开石块，形成沿块体边缘的剪切闭环传力路径。浅层的力链分布明显有所改善，明显比纯土边坡的密集。图 5.6-7 是土石混合体边坡位移和力链演化情况，与纯土边坡滑坡初期的力链分布相比存在很大不同，块石的存在使得土石混合体边坡的位移、力链不会出现完全间断的现象。

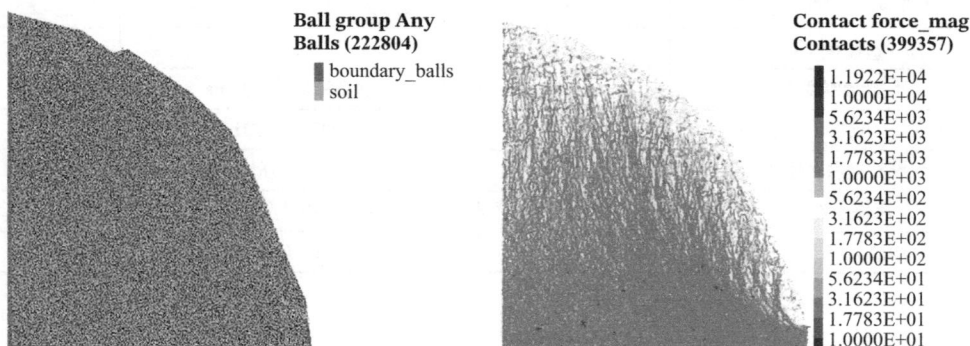

图 5.6-4　纯土边坡自重平衡力链图

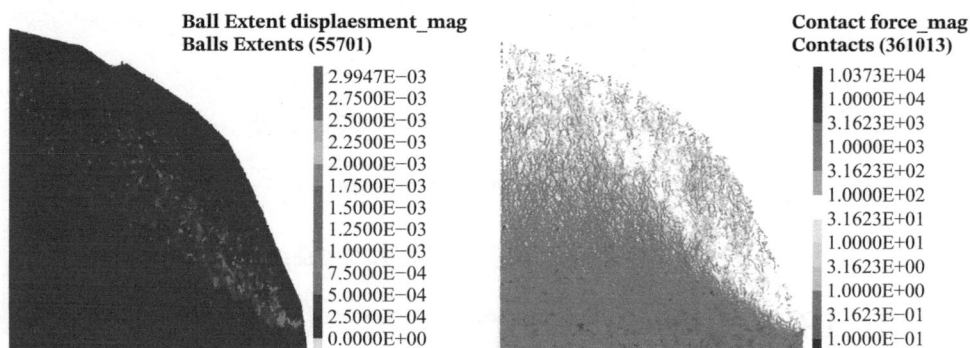

图 5.6-5　纯土边坡滑面形成初期力链突变图

图 5.6-6　土石混合体边坡自重平衡后力链分布图

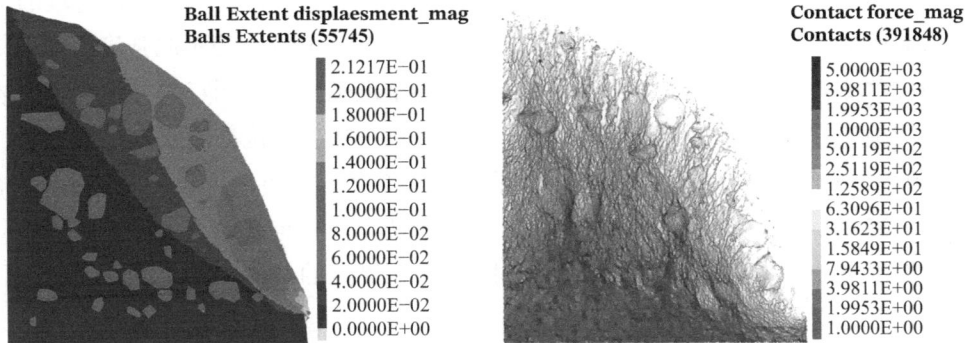

图 5.6-7　土石混合体边坡位移及力链演化

5.6.3　边坡滑面形成过程对比分析

图 5.6-8 为通过边坡滑面搜索机理得到的裂隙发育过程，经过强度折减法计算发现，纯土边坡的安全系数约为 1.10。从图 5.6-8（b）中可以看出在计算到 50 万时步边坡表面颗粒开始发生松动，同时边坡内部裂隙开始发育。随着计算步数的增加，边坡内部裂隙从边坡前沿尖端继续向上发展。从发展过程中可以看出，裂隙发展方向单一，裂隙的分布状况沿其发展方向相对分散。

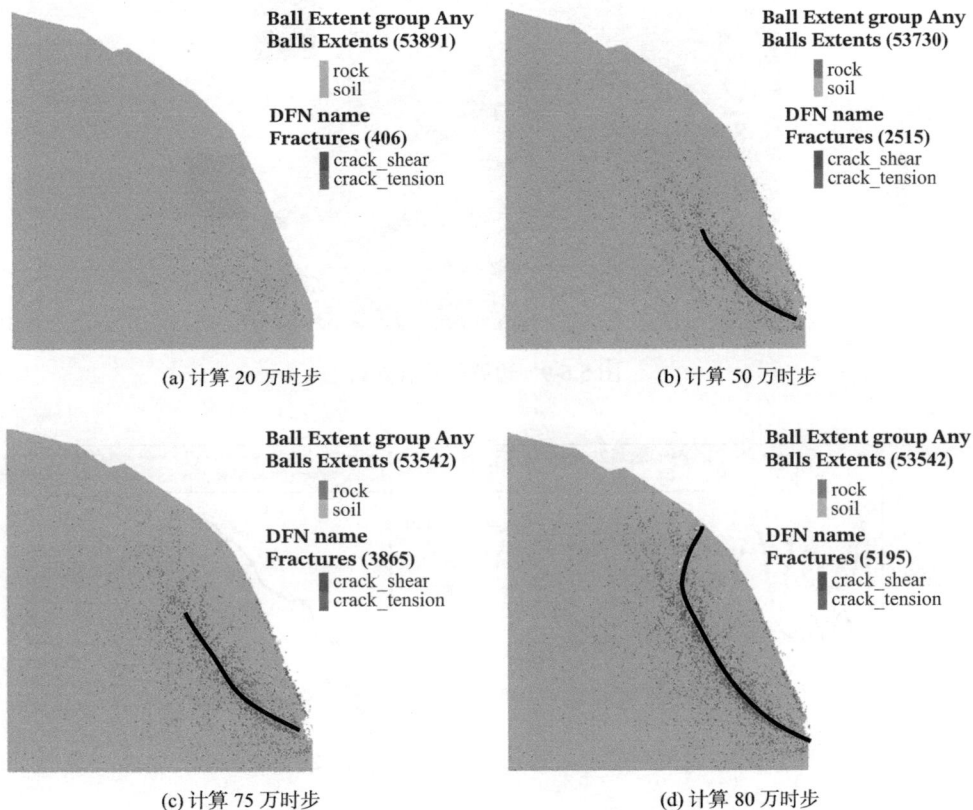

(a) 计算 20 万时步

(b) 计算 50 万时步

(c) 计算 75 万时步

(d) 计算 80 万时步

图 5.6-8　纯土边坡裂隙发展过程

为了更加准确地描述该土石混合体边坡的稳定性，同时求得土石混合体边坡的安全系数，在边坡模型滑坡体内选取了 5 个监测点（图 5.6-9），分别监测不同强度折减系数下 5 个测点的位移值并进行记录，如图 5.6-10 所示，为了准确记录监测点位移情况，上述 4 组位移曲线均是计算时步为 100 万步时的位移监测结果，从上述位移曲线中可以看出，安全系数为 1.0 时，5 个监测点的位移曲线均在某一个水平上下浮动，即边坡处于稳定状态；安全系数为 1.05 时，测点 1 的位移明显较大，且其余测点位移也开始有上升的趋势，即边坡下沿开始发生滑动；当安全系数达到 1.10 时，5 个监测点的位移均已达到较大值，且测点 1 的位移始终是最大的，即边坡完全失稳，发生滑坡；安全系数为 1.15 时，边坡的滑动更加明显，表层完全错动，即滑坡形成。因此，边坡的安全系数在 1.05～1.10。由于坡脚位移最大且最早发生，因此可推断此滑坡属于牵引式滑坡。

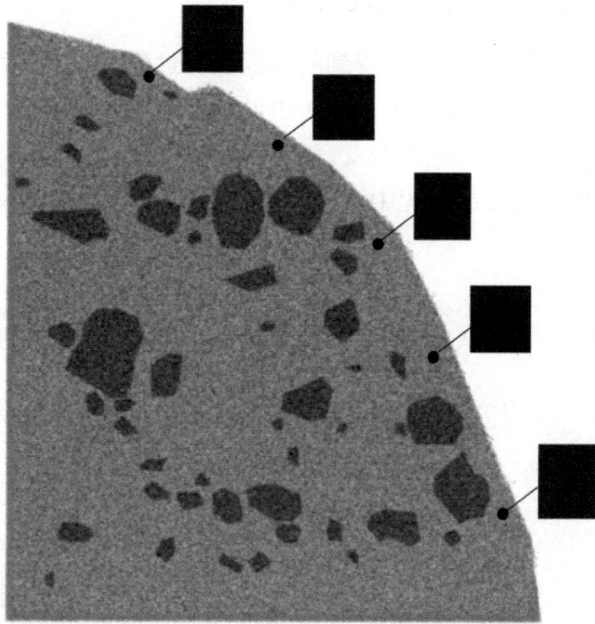

图 5.6-9　边坡位移监测点

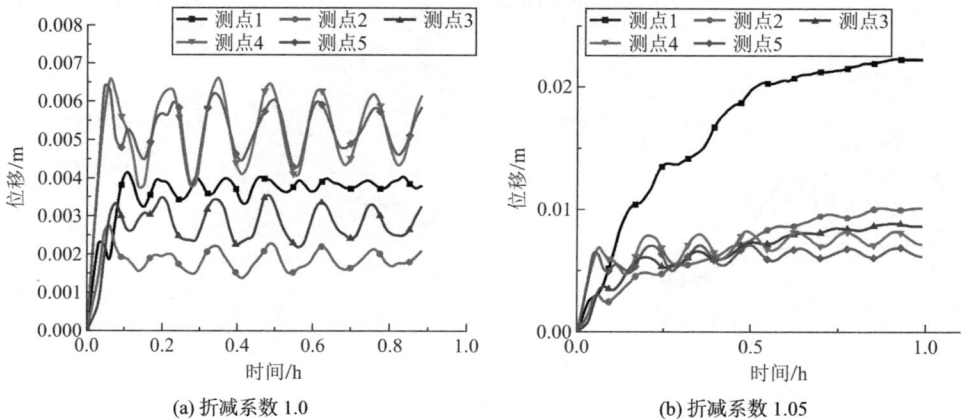

(a) 折减系数 1.0

(b) 折减系数 1.05

(c) 折减系数 1.10　　　　　　　　　　　(d) 折减系数 1.15

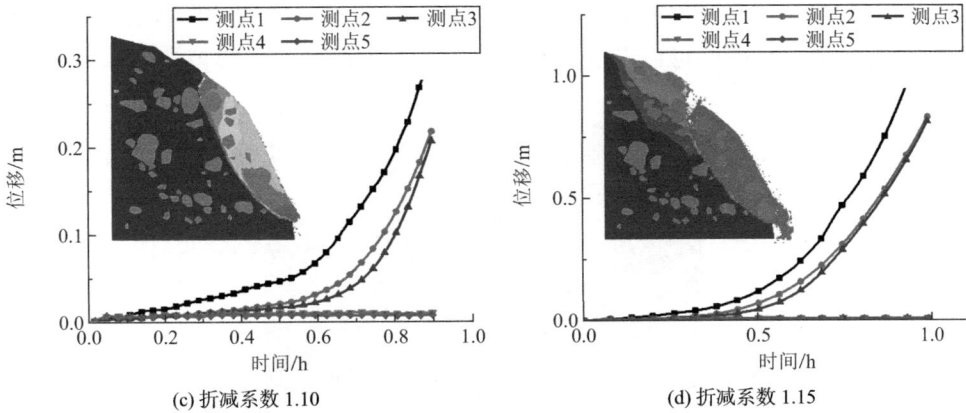

图 5.6-10　不同强度折减系数下监测点位移

图 5.6-11 为土石混合体边坡裂隙发展过程，其中安全系数取为 1.09。从图中可以看出该边坡在 20 万步时内部开始产生微小裂隙，50 万步和 75 万步时，裂隙数目进一步增多，裂隙发展趋势也更加明显。同时从图 5.6-11（b）、（c）中可以看出裂隙发展明显沿着两个方向进行，一条主裂隙，一条次裂隙，两条裂隙均穿过块石之间的间隙，且裂隙的分布在其发展方向上相对集中。图 5.6-11（d）中边坡微小裂隙发育形成一条贯通的可视滑面，最终的滑面位置存在于块石之间的间隙。

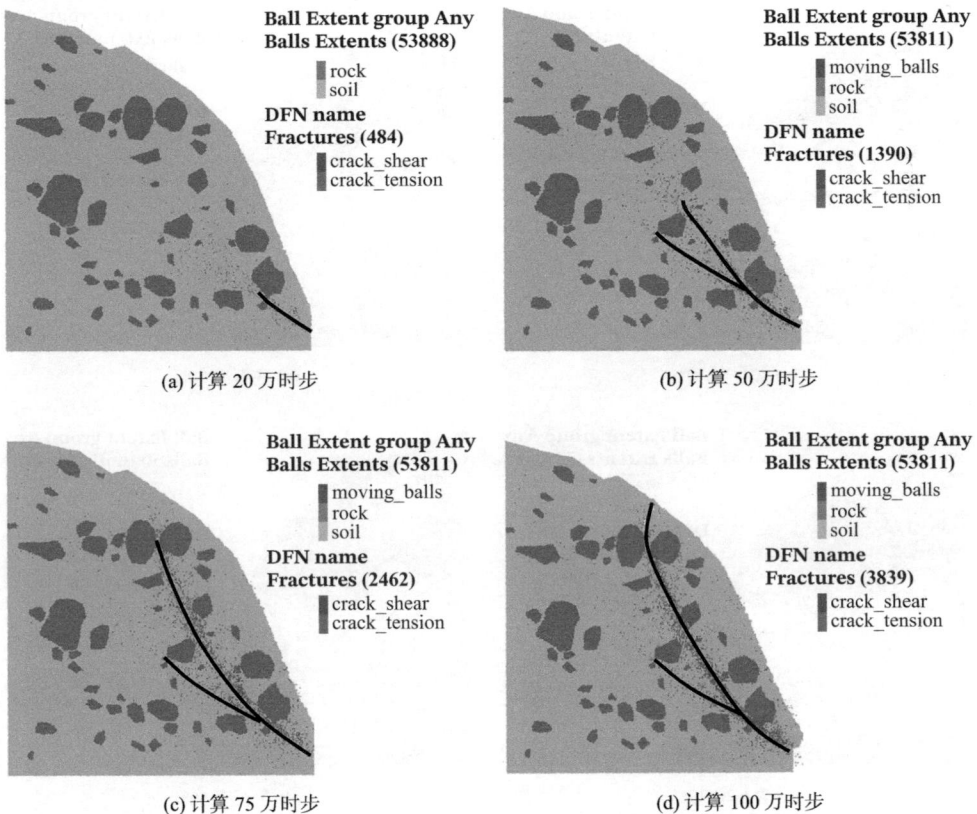

(a) 计算 20 万时步　　　　　　　　　　(b) 计算 50 万时步

(c) 计算 75 万时步　　　　　　　　　　(d) 计算 100 万时步

图 5.6-11　土石混合体边坡裂隙发展过程

图 5.6-12 为与图 5.6-1 相似的一处边坡，地质情况相似，滑坡的形状也接近，此图片为边坡滑坡后的情形，从图中可以看出滑面位置与滑坡情况和上述模拟结果基本吻合。

图 5.6-12　现场出现的滑面验证

为了进一步论证土石混合体边坡的滑坡破坏机理，分别模拟了不同含石率的土石混合体边坡滑面扩展过程，边坡安全系数分别为 1.12、1.15、1.2、1.3。含石率为 10%、20%时，裂隙发展状况基本一致，都穿过石块缝隙自下而上发展，裂隙所处位置基本位于边坡 1/3 处；当含石率继续增加为 30%、50%时，裂隙在坡脚位置集中，且基本位于边坡浅层，向上扩展较慢。同时，边坡的破坏模式发生改变，由之前的整体滑动变为坡脚局部破坏滑动，滑坡体体积明显小于含石率为 10% 和 20% 的边坡。如图 5.6-13 所示。

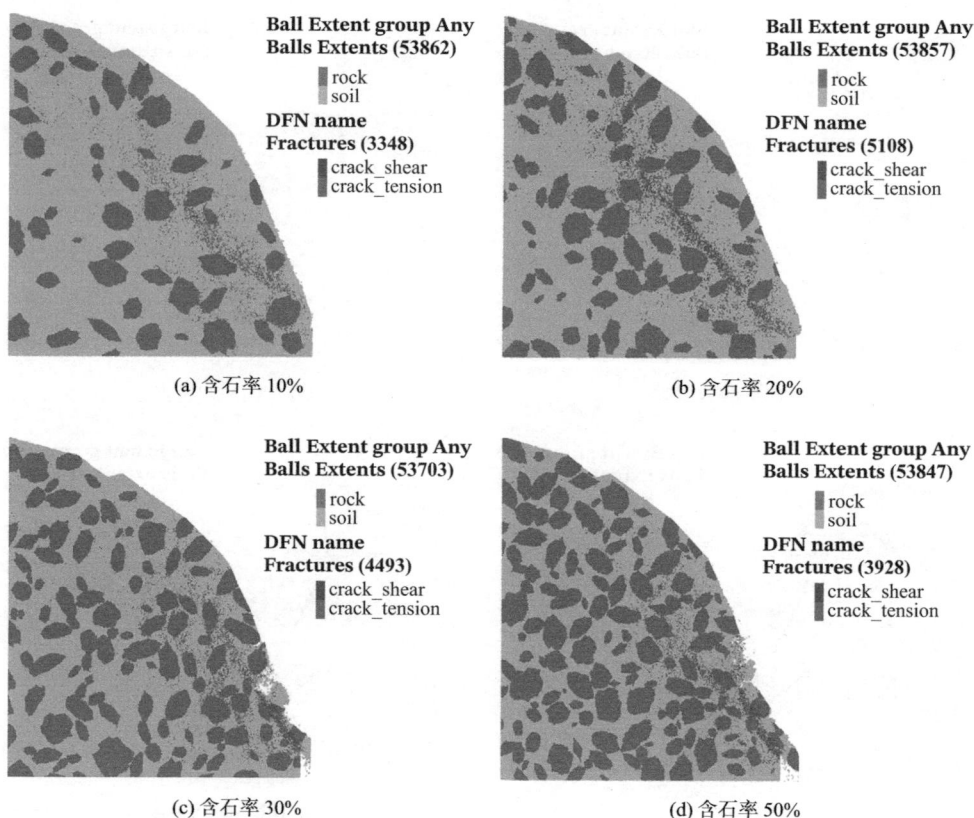

(a) 含石率 10%

(b) 含石率 20%

(c) 含石率 30%

(d) 含石率 50%

图 5.6-13　不同含石率下边坡滑面扩展过程

5.6.4　研究结论

通过颗粒离散元数值模拟，基于土石混合体斜坡实例开展数值模拟对比分析，研究了纯土边坡、土石混合体边坡的变形承力机制、滑面发育过程和边坡稳定性，得到主要结论如下：

（1）块石的存在对于边坡内部接触力会产生明显的影响，土石混合体边坡内部的力链分布相较于纯土边坡更加复杂，在块石周围会形成剪切环。

（2）在滑面形成过程中，土体边坡的裂隙发展存在小范围内发散的现象，土石混合体边坡裂隙发展相对集中，穿过块石间隙形成一条贯通的滑面。

（3）当含石率不同时，边坡的安全系数不同。当含石率在 30% 以下时，边坡的安全系数随含石率的提高增加缓慢；当含石率增加到 40% 以上时，边坡的安全系数随含石率的提高增加较快，变形破坏模式也有显著不同。

可见，土石混合体边坡与纯土边坡存在明显差距，块石的存在对于边坡稳定性的提高有着明显的作用，块石会改变边坡内力的分布与传递。在对土石混合体边坡进行研究时，必须充分考虑内部块石的大小、分布，考虑块石对于整个边坡的影响。

5.7　本章小结

（1）基于有限元法，发展了土石混合体的渗流与应力耦合计算方法，计算应力场和渗流场耦合计算基坑的涌水量，揭示了地下水动力学迁移过程。

（2）基于颗粒离散元计算平台，通过附加力考虑颗粒与流体的相互作用，通过 FISH 或 Python 脚本建立了流体-颗粒的相互作用模型。

（3）利用颗粒流 PFC + CFD 流体模块，通过达西定律建立了三维条件下的多孔土石介质流动计算方法。并通过一个堤防细观模型，验证了流速与孔隙率关系，探讨了压力、压力梯度影响，管涌口颗粒流失规律等。

（4）基于 OpenFOAM 与 PFC3D 的耦合计算方法建立了模拟土石地层滑坡的流固耦合方法，通过将基于 OpenFOAM 的 CFD 求解器与 PFC3D 耦合来解决流体-颗粒相互作用问题，探讨了土石边坡的变形破坏机制。

（5）基于颗粒离散元方法，建立了细观结构构造方法，分析了土石混合体细观特征对滑面形成机制的影响，在此基础上，分析均质边坡与土石混合体边坡破坏机理及滑面发展的不同，同时对比不同含石率情况下土石混合体边坡的滑面发展过程，探讨该类边坡的破坏机理。

第6章

土石混合体非饱和等效连续渗流分析

水是土石混合体边坡失稳的主要外在因素之一。本研究运用降雨入渗、饱和非饱和渗流理论、非饱和抗剪强度理论、极限平衡分析方法，进行了降雨入渗工况下的饱和非饱和渗流场以及边坡稳定性计算。

某滑坡堆积体在某年 11 月份至 12 月初的大暴雨和持续性降雨作用下发生了较大滑动变形，目前处于蠕滑阶段，因此有必要研究该滑坡堆积体再次遭受暴雨和持续性降雨后的稳定性。该滑坡堆积体处于干旱和半干旱地区，地下水位低，位于基岩中。滑带土为相对隔水层，局部发现上层滞水。大部分堆积体处于非饱和状态，具有负的孔隙水压力，土石混合体和结构面遇水后强度的降低，动、静水压力作用等共同影响对边坡稳定起重要作用。因为气候变化对地表附近土的含水率影响较大，暴雨引起的负孔隙水压力变化是造成滑坡堆积体的原因之一，有必要对其进行饱和非饱和渗流分析。

6.1 土石混合体饱和非饱和渗流理论概述

影响降雨入渗的主要因素有岩土介质的入渗性能、初始含水率、地形地貌、植被以及降雨的强度和持续时间等。降雨入渗过程中，水分的渗漏是非饱和水流的运动过程，而渗透过程则是饱和水流的运动过程。对于天然堆积体边坡，土石混合体处于非饱和状态，其渗透特性和持水性能很大程度上影响了降雨过程中的入渗速率。

6.1.1 渗透性函数

对于非饱和介质，渗透系数受岩土材料的级配、孔隙比和饱和度（或含水率）等因素影响，尤其是饱和度影响更为强烈，因而常将渗透系数表示为饱和度或者含水率的单一函数。非饱和土力学中与渗透性相关的函数关系主要包括了渗透系数与饱和度关系、渗透系数与基质吸力关系、渗透系数与体积含水率关系。

用试验方法直接测定非饱和土渗透系数和孔隙水压力关系是一项非常复杂和困难的工作，通常通过获取土水特征曲线来间接获得渗透系数和孔隙水压力关系，另外一种方法是采用经验模型获得，常用的有 Green 和 Corey 模型（1971）、Van Genuchten 模型（1980）、Fredlund 模型（1994）等。

6.1.2　土水特征曲线

多孔介质中水的基质势或者吸力是含水率的函数，它们之间的关系曲线称为土水特征曲线。土水特征曲线一般反映了吸力、水力传导度、扩散度等参数与含水率的关系。目前还不能根据岩土介质的基本性质从理论上分析得出土水特征曲线，而只能用试验方法测定。进行非饱和渗流计算时，土水特征曲线定义为土体的含水率和吸力的关系曲线，土体含水率可以是体积含水率，也可以是饱和度，吸力可以是基质吸力，也可以是总吸力，它反映吸力作用下土体的持水性能。因此，土水特征曲线有两个特征值具有重要的意义：一是吸力进气值，二是残余含水率。

除了试验方法，获取土水特征曲线的另一方法就是运用经验数学模型，常用的有Gardner（1958）、Brooks 和 Corey（1964）、Van Genuchten（1980）、Fredlund 和 Xing（1994）。

6.1.3　饱和非饱和渗流控制方程

实际工程中，考虑降雨入渗应考虑非饱和区的作用，这样才能更好地反映实际情况。通常认为，在非饱和状态下 Darcy 定律仍然适用，$k(\theta)$ 为介质水力传导度，是含水率的函数。

均质各向同性介质的饱和非饱和渗流微分方程如下式：

$$\frac{\partial}{\partial x}\left(k_u \frac{\partial h_p}{\partial x}\right) + \frac{\partial}{\partial y}\left(k_u \frac{\partial h_p}{\partial y}\right) + \frac{\partial}{\partial z}\left(k_u \frac{\partial h_p}{\partial z}\right) + \frac{\partial k_u}{\partial z} = \left[C(h_p) + \beta S_s\right]\frac{\partial h_p}{\partial t} \quad (6.1\text{-}1)$$

式中：k_u——非饱和渗透系数 $k_u = k_s K_r(h_p)$，k_s 为饱和渗透系数；

　　　h_p——压力水头；

　　　C——容水度；

　　　S_s——单位贮存量，对于非饱和介质，$S_s = 0$；

　　　β——选择参数，饱和区域 $\beta = 1$，非饱和区域 $\beta = 0$。

解析时需要掌握土的土水特征曲线（体积含水率 θ-负的孔隙水压力水头 ψ）和非饱和透水系数（体积含水率 θ-比透水系数 K_r）。θ-ψ 可以进行实测来决定，而 θ-K_r 的测定方法比较复杂，一般根据土水特征曲线进行推定。Van Genuchten 将 θ-K_r 的关系用一个数值模型（VG 模型）来表示，

$$S_e = \left(\frac{1}{1 + (\alpha\psi)^n}\right)^m \quad (6.1\text{-}2)$$

$$S_e = \frac{\theta - \theta_r}{\theta_s - \theta_r} \quad (6.1\text{-}3)$$

$$m = 1 - 1/n$$

式中：S_e——有效饱和度；

　　　θ_s——最大体积含水率；

　　　θ_r——最小体积含水率；

α、m、n——模型参数。

将式(6.1-2)代入 Mualem 提出的土水特征曲线和非饱和透水系数的数值模型中，可以

得到比透水系数K_r，

$$K_r = S_e^{1/2}\left[1 - \left(1 - S_e^{1/m}\right)^m\right]^2 \tag{6.1-4}$$

在实际计算时，可以根据实测的土水特征曲线来求得 VG 模型的 4 个参数θ_s、θ_r、α、n并以此来反映土的非饱和渗透特性。

6.2 饱和非饱和渗流和稳定性计算方法

采用 Geostudio 系列软件的渗流分析模块 Seep/W 和边坡稳定性分析模块 Slope/W，进行了边坡在降雨工况下的渗流和稳定性分析。

Seep/W 模块可以根据颗粒分选性、土水特征曲线得到不同含水率下的土体渗透系数，从而进行不同降雨持时、降雨强度作用下边坡的饱和非饱和渗流计算。

在 Seep/W 模块中，地下水位为给定水头边界条件，边坡表部为入渗边界，即流量边界或者给定水头边界。若雨强小于表层土体渗透能力，按流量边界处理，大小为降雨强度。若雨强大于表层土体渗透能力，雨水入渗同时，一部分会形成坡面径流，在坡表面形成薄层水膜，此时按给定水头边界处理，一般可近似取其地表高程为水头值。Seep/W 中通过有限元计算得到的孔隙水压力结果，可以导入 Slope/W，从而实现稳态或瞬态的饱和非饱和工况下的边坡稳定性计算。

在 Slope/W 模块中，可以通过参数ϕ^b来设置非饱和抗剪强度参数。采用 Mohr-Coulomb 抗剪强度公式进行计算时，可以采用其改进形式来描述非饱和土的抗剪强度，即：

$$s = c' + (\sigma_n - u_a)\tan\varphi' + (u_a - u_w)\tan\phi^b \tag{6.2-1}$$

式中：s——抗剪强度；

    c'——有效黏聚力；

    σ_n——法向应力；

    u_a——孔隙气压力；

    φ'——有效摩擦角值；

    u_w——孔隙水压力；

    ϕ^b——因负压而强度变大的角度。

c'、φ'可以在饱和土试件中测定。ϕ^b常取 $15°\sim20°$。本次计算中ϕ^b取 $15°$。$\phi^b = 0$时，表明计算中不考虑负的孔隙水压力作用。

6.3 暴雨工况下滑坡堆积体渗流分析

6.3.1 水文地质条件

某滑坡堆积体所属区域为寒温带山地季风气候，气温低，降雨少，年平均气温 $-2.6\sim$

12℃；受纬度和垂直高差影响，立体气候特征明显。具有气温低、湿度小、降水少、蒸发量大、霜期长等气候特点。干旱少雨，多年平均降雨量为 494.7～522.4mm，两岸植被稀少。

地下水的补给来源主要为大气降水，排向澜沧江，澜沧江为区内最低排泄基准面。

某滑坡堆积体范围内地下水类型主要有基岩裂隙水和包气带内的上层滞水。

裂隙潜水分布广泛，赋存于基岩裂隙中。岩体透水性主要取决于结构面的发育程度和性状，结构面越发育，连通性越好，岩体透水性就越强。

某滑坡堆积体中的滑动带土主要物质成分为黏土，为相对隔水层，地下水在松散介质中运动遇到相对隔水层形成上层滞水，从地表松散的滑坡堆积体中流出形成泉水。通过现场地质调查和测绘，共在滑坡堆积体区发现了 18 处泉水出露点，主要出露于 11 号沟沟心、某沟沟心处及滑坡堆积体前缘，分布高程 2250～2450m。流量最大的为 9 号沟附近的 2 号泉，流量 30～50L/min。平硐在揭穿相对隔水的滑动带时有明显的地下水集中现象，例如 PD142 在 42.5m 揭露滑动带时水流的流量 5～6L/min，而 PD202 在 81m 揭露滑动带时水流的流量达到 60～70L/min。泉水点的出露高程如表 6.3-1 所示。

由于滑坡堆积体部位上层滞水主要受大气降水补给，其运移途径均较短，地表出露泉水的流量和钻孔中的水位随季节变化大，例如 2008 年 10 月底—11 月初由于降雨量大，随后泉水的流量明显增大，随降雨量变小和停止降雨，泉水流量则明显减小。此外，由于勘探平硐的施工揭穿相对隔水层，导致泉水流量的减小和钻孔地下水位的下降。

泉水点出露高程　　　　　　　　　　　　　　　　　　表 6.3-1

泉水点号	2	3	4	5	6	7	8	9	10
出露高程/m	2435	2350	2310	2465	2380	2240	2250	2315	2350
泉水点号	11	12	13	14	15	16	17	18	19
出露高程/m	2380	2310	2370	2440	2390	2405	2420	2355	2715

6.3.2　渗透特性和计算参数

堆积体主要成分为有机质土层、块石、碎石夹黏土、砂土、粉土等，分选性较好，表层天然含水率 1%～8%。滑带土成分主要为黏土，黏土质砾，黏土夹砾石、碎石，粉土夹砾石等。黏土可塑性较强，透水性差，为相对隔水层，滑带上部局部有上层滞水。滑带天然含水率 23%左右。

由于无试验资料，无法获得比较详尽的基质吸力-有效饱和度和基质吸力-渗透系数关系，因此，运用工程类比方法（表 6.3-2、表 6.3-3），根据某滑坡堆积体的特性确定 VG 模型参数进行渗流计算。计算采用某滑坡堆积体各分区的渗透性见表 6.3-4。

日本阿武隈川河堤及地基的渗透性　　　　　　　　　　表 6.3-2

分区	渗透系数/（m/s）	VG 模型参数			
		α	n	θ_s	θ_r
河堤	1.0e-5	0.020	3.0	0.50	0.05

续表

分区	渗透系数/（m/s）	VG 模型参数			
		α	n	θ_s	θ_r
钢板桩防渗漏	1.0e-6	0.010	2.0	0.35	0.10
表土	5.0e-6	0.010	2.0	0.55	0.10
冲积砂砾	4.0e-4	0.150	5.0	0.35	0.00
洪积砂砾	3.0e-5	0.150	5.0	0.35	0.00
冲积黏土	1.0e-7	0.008	1.0	0.60	0.15

台子上滑坡各分区的渗透性

表 6.3-3

分区	渗透系数/（m/s）	VG 模型参数			
		α	n	θ_s	θ_r
基岩	2.00e-7	0.010	2.0	0.55	0.10
强—弱风化带岩体	2.78e-7	0.010	2.0	0.55	0.10
滑带	5.56e-7	0.010	1.0	0.60	0.15
似基岩	1.11e-5	0.150	5.0	0.35	0.00
覆盖层	5.56e-7	0.010	2.0	0.55	0.10
挡土墙	1.11e-5	0.150	5.0	0.35	0.00

某滑坡堆积体各分区的渗透性

表 6.3-4

分区	渗透系数/（m/s）	VG 模型参数			
		α	n	θ_s	θ_r
堆积体	4.4e-5	0.042	5.0	0.39	0.02
滑带	3.0e-8	0.010	1.1	0.39	0.15
断层	1.0e-6	0.010	2.0	0.39	0.10
强风化岩体	9.0e-6	0.100	2.0	0.39	0.10
弱风化及微新岩体	1.5e-6	0.050	2.0	0.39	0.10

6.3.3 边界条件、初始条件

地下水位为给定水头边界条件，坡表为入渗边界。当降雨强度小于表层土石混合体饱和渗透系数时，按流量边界处理，入渗流量为降雨强度；当降雨强度大于土石混合体渗透系数，入渗率降低，形成地表径流或者积水，此时可根据坡表高程按水头边界处理，坡表为可渗出面。

由于地下水位低于滑带土，且滑带土相对隔水，对边坡内土体的含水率影响不大，初始含水率可以简化为均一含水率。因此，在天然地下水位情况下，采用初始微流量法，消去近坡表段较高的不正常的初始基质吸力，并赋予堆积体一定的初始含水率。经调整，天然状态下堆积体坡表初始孔隙水压力约为 −55kPa。

6.3.4　计算工况

据有关资料统计，在雨季期间累积降雨量在 50～100mm，日降雨量在 50mm 以上时就有小型的浅层滑坡发生。当累积降雨量在 150mm 以上，日降雨量大于 100mm 时，随着降雨量的增加，滑坡的数量也增多，中等规模的堆积层滑坡和破碎岩石滑坡开始出现。当一次暴雨过程的累积降雨量在 250mm 以上，日降雨量在 105mm 以上时，滑坡即开始大量发生，一些大型和巨型滑坡也大量出现。

国内一些滑坡堆积体的典型案例如表 6.3-5 所示（孙广忠，1988）。

雨后滑坡堆积体统计　　　　　　　　　　　　　　　表 6.3-5

名称	降雨类型	降雨历时	雨量	雨后滑坡历时	滑坡概况
马头嘴滑坡	暴雨	33h	270mm	50h	疏松土体，下伏基岩为粉砂岩相对隔水层
铜街子新华乡滑坡	连续降雨	190d	1650mm		表面为 20～50mm 厚的滑坡堆积物。下伏基岩为玄武岩、砂岩、泥岩
盐关滑坡	连续降雨	20d	266.5mm	3d	滑坡区地形较陡，覆盖层结构松散，下伏基岩泥岩、泥质粉砂岩
天宝滑坡	暴雨	37h	288.5mm	立即滑坡	系基岩上的堆积层滑坡，中部为老滑体的堆积物，滑坡上部堆积层厚 5～10m，下部厚 15～50m，平均厚 25m
沙岭滑坡	特大暴雨	3d 以上	400mm		第四纪堆积层，下伏基岩为砂岩夹薄层泥岩
阳泉矿区滑坡	连续降雨	9d	322.5mm		坡度较陡，地面有松软堆积物，斜坡岩体中具软弱岩层

根据水文站历史观测雨量资料，该地区日最大降雨量 78mm，月最大总降雨量 151mm。2008 年 10 月 20 日—11 月 5 日间古水坝址地区连续降雨（德钦 10 月 24 日 08 时—30 日 08 时累积降水量 140mm），其间出现 3 天 3 夜的连续暴雨（10 月 25—28 日，总降水量 134mm），是从预可研阶段以来，未曾有过的。当月总雨量达到 151mm，日最大降雨量达到 78mm，均为近 3 年来最大值，造成某滑坡堆积体产生新的扩展性变形，裂缝明显加宽，前缘剪出口局部出现渗水现象。

因此，计算中考虑降雨 3 天、雨停 5 天工况，前 10 小时降雨量 100mm（大暴雨），后 62 小时降雨量 50mm。3 天降雨量共计 150mm。

Ⅰ区考虑天然状况和开挖加固工况下 J-J′、A-A′、B-B′剖面在降雨工况下的渗流及稳定性情况，Ⅱ区考虑天然状况、加固（包括土工织物覆盖）工况下 D-D′、E-E′、G-G′剖面的渗流及稳定性情况。

6.3.5　典型剖面渗流分析

（1）A-A′剖面

天然边坡、开挖边坡 A-A′剖面模型示意见图 6.3-1、图 6.3-2。

图 6.3-1　天然边坡 A-A'剖面模型　　　　图 6.3-2　开挖边坡 A-A'剖面模型

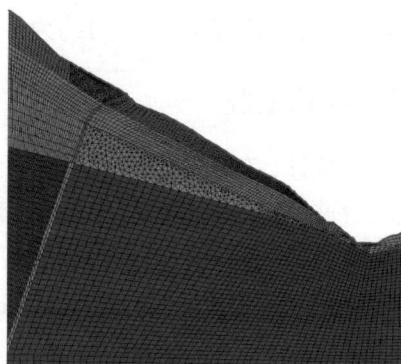

降雨以垂直入渗为主，暴雨持续 10 小时后，浸润前锋尚未到达滑带，滑带附近土体未达到饱和。降雨持续 2 天后，滑带上出现约 0.2～0.5m 厚的滞水层，分布高程为 2375～2453m、2250～2276m。降雨持续 3 天后，滑带上滞水层厚增至 2m 左右，范围进一步扩大，沿滑带方向流速较大，坡体含水率增加，负孔隙水压力增大，如图 6.3-3 所示。雨停后第 4 天，坡内负压减小（−5m 等值线向滑带靠近），滑面上水流速度减小，滞水层分布高程为 2355～2555m、2175～2293m，厚度最大约 5m，2175m 高程剪出口附近有水溢出，如图 6.3-4 所示。

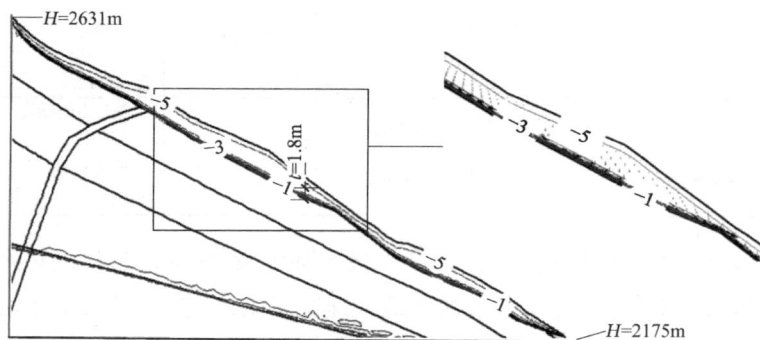

图 6.3-3　天然边坡 A-A'剖面降雨 3 天后的压力水头分布（单位：m）

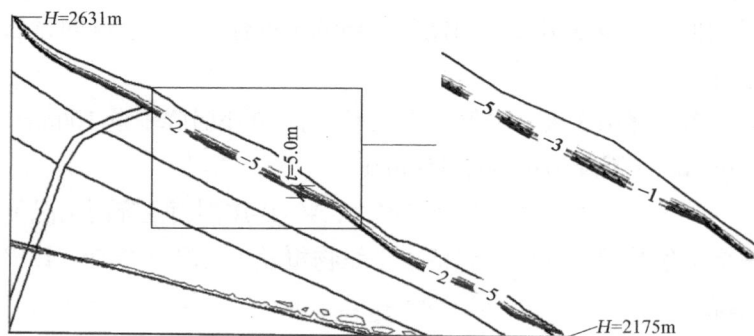

图 6.3-4　天然边坡 A-A'剖面雨停后第 4 天的压力水头分布（单位：m）

开挖后，残余堆积体较薄，滑带倾角较大，暴雨工况下，地下水排泄条件较好，未出现滞水层，强风化带浅表层负压增大，但是由于渗透性好，浅表层未出现饱和，如图 6.3-5 所示。

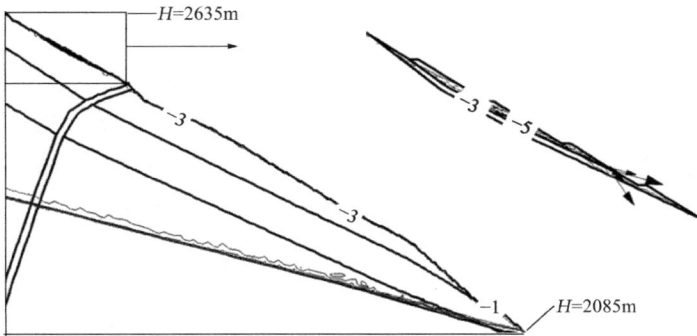

图 6.3-5　开挖边坡 A-A′剖面雨停后第 4 天的压力水头分布（单位：m）

（2）B-B′剖面

天然边坡在暴雨持续 10 小时后，滑带附近土体负压增大，尚未达到饱和状态，滑带上无滞水现象。降雨持续 2 天，高程 2200～2206m 滑带上首先出现约 0.5m 厚的滞水层。降雨 3 天，滞水层范围扩大至高程 2386～2547m、2198～2323m，平均厚 0.5m。雨停后第 4 天，2185～2656m 高程处几乎都有滞水层分布，高处厚度较小，低缓处最厚约 6m，剪出口附近有水溢出，如图 6.3-6 所示。

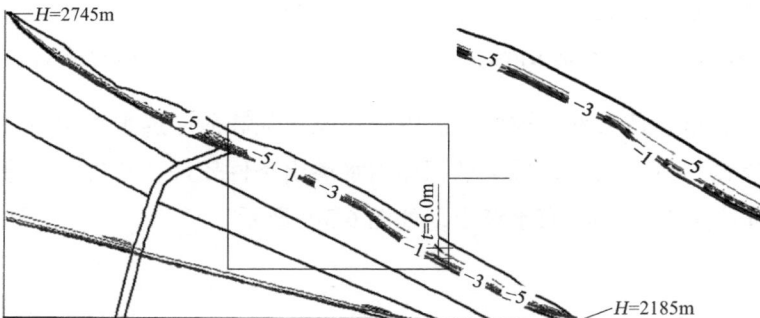

图 6.3-6　天然边坡 B-B′剖面雨停后第 4 天的压力水头分布（单位：m）

开挖加固后（大部分开挖、局部加固），降雨持续 3 天，残余滑带 2608～2686m 高程出现约 2m 厚的滞水层，2493m 处有水渗出，雨停后第 4 天滑带上滞水层分布高程 2557～2660m、2485～2518m，厚度约 3.5m，如图 6.3-7 所示。

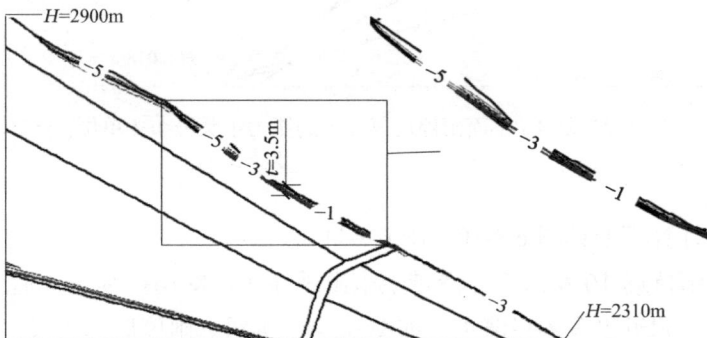

图 6.3-7　开挖边坡 B-B′剖面雨停后第 4 天的压力水头分布（单位：m）

（3）J-J′剖面

由于堆积体内降雨入渗量大，含水率小，且滑带坡度较陡，暴雨持续 10 小时后，滑带附近土体负孔隙水压力增大，但尚未达到饱和。降雨持续 1 天后，滑带附近出现薄层滞水，分布高程为 2383～2421m。降雨持续 3 天后，滑带上出现约 4.0m 厚的滞水层，分布高程为 2372～2483m，剪出口高程 2260m 出现渗水现象，滑面附近流速较大。雨停后第 4 天，滑带上出现约 5.8m 厚的滞水层，最厚处约 6.5m，分布高程 2361～2475m，如图 6.3-8 所示。

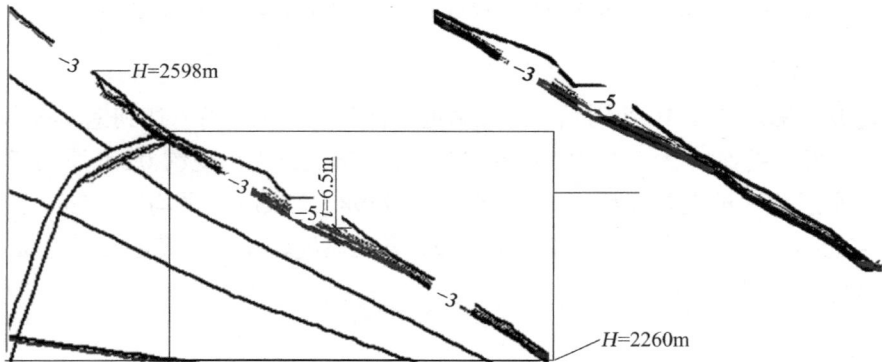

图 6.3-8　天然边坡 J-J′剖面雨停后第 4 天的压力水头分布（单位：m）

开挖加固后，堆积体大部分被挖除。由于强风化强卸荷层透水性较好，降雨入渗以垂直入渗为主。降雨持续 3 天后，残余堆积体内水渗出条件较好，滑带上无滞水，雨停后第 4 天滑带出露部位高程 2470m 有水渗出，如图 6.3-9 所示。

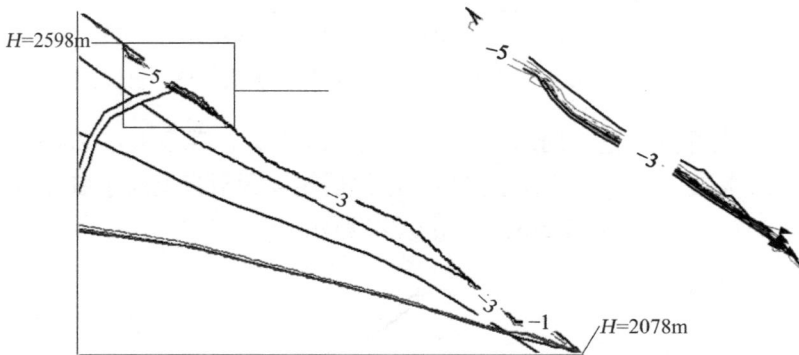

图 6.3-9　开挖边坡 J-J′剖面雨停后第 4 天的压力水头分布（单位：m）

（4）D-D′剖面

D-D′剖面渗流计算模型见图 6.3-10、图 6.3-11。

自然边坡在暴雨持续 10 小时后，滑带上未出现滞水。降雨持续 3 天后，滑带 2282～2300m 高程及剪出口附近出现零星滞水，如图 6.3-12 所示。雨停后第 4 天，滞水层范围扩大，平均厚度 2.5m，分布高程为 2630～3011m、2225～2561m。坡表及以下很大一部分地区仍处于非饱和状态，如图 6.3-13 所示。

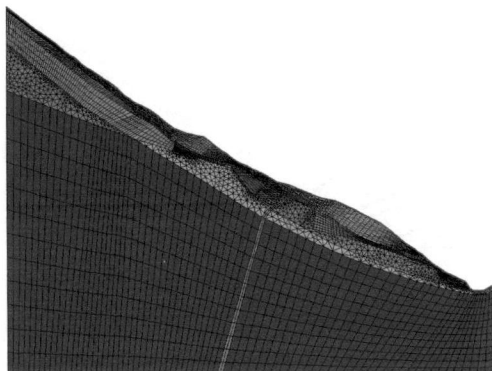

图 6.3-10　天然边坡 D-D′剖面模型

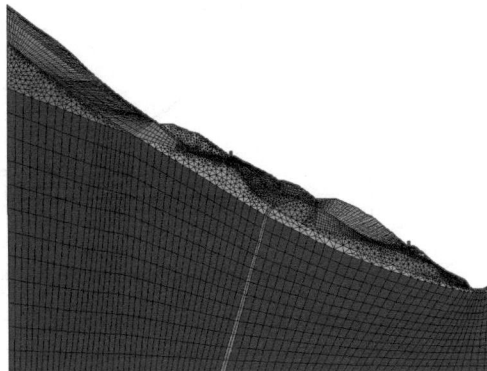

图 6.3-11　开挖边坡 D-D′剖面模型

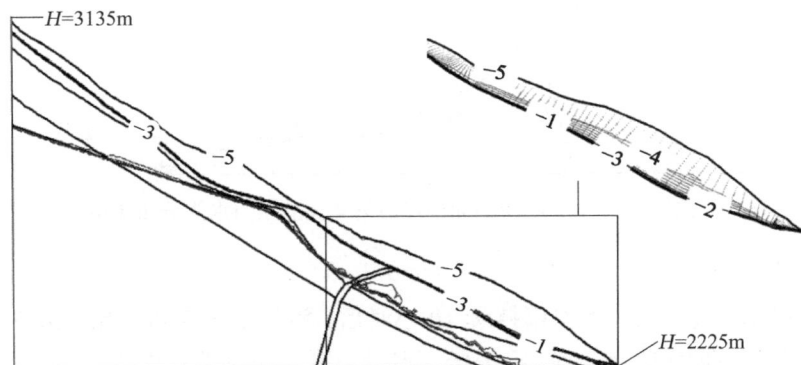

图 6.3-12　天然边坡 D-D′剖面降雨 3 天后的压力水头分布（单位：m）

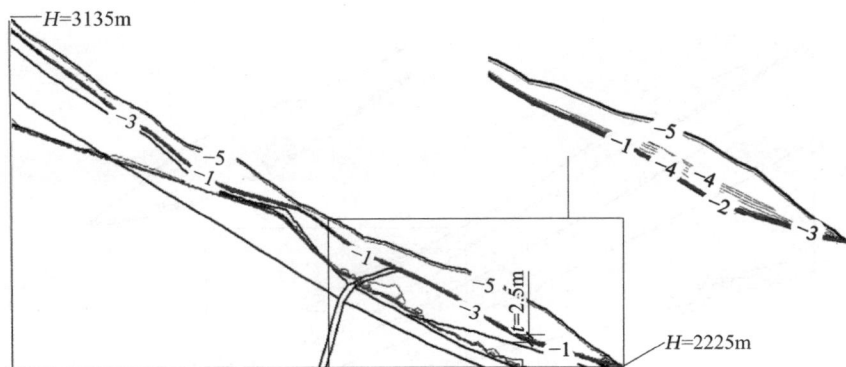

图 6.3-13　天然边坡 D-D′剖面雨停后第 4 天的压力水头分布（单位：m）

开挖加固（布设 4 排抗滑桩，土工织物铺设高程 2430～3130m）后，降雨持续 3 天后滑带上未出现滞水层，如图 6.3-14 所示。雨停后第 4 天亦未出现滞水层，土工织物隔水作用明显，如图 6.3-15 所示。

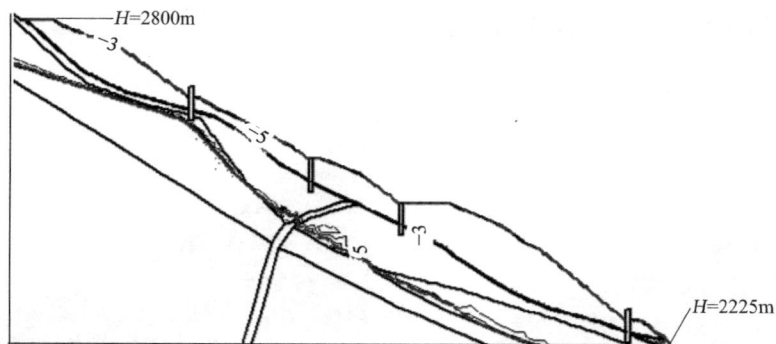

图 6.3-14　开挖加固后边坡 D-D′剖面降雨 3 天后的压力水头分布（单位：m）

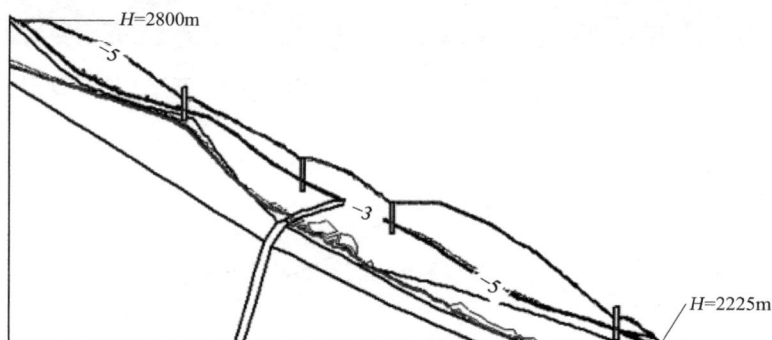

图 6.3-15　开挖加固后边坡 D-D′剖面雨停后第 4 天的压力水头分布（单位：m）

（5）E-E′剖面

该剖面堆积体厚度较大，在暴雨持续 10 小时后，滑带上无滞水现象，滑带附近负孔隙水压力增大。自然边坡在降雨持续 3 天后，滑带上开始出现薄层滞水，分布高程 2255～2368m。雨停后第 2 天薄层滞水分布范围迅速增大，厚约 1m，分布高程 2247～2592m。雨停后第 4 天滞水层厚度增加，平均厚度 3～4m，如图 6.3-16 所示。

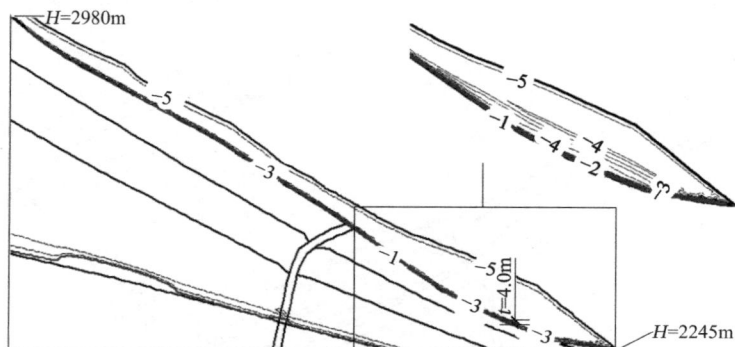

图 6.3-16　天然边坡 E-E′剖面雨停后第 4 天的压力水头分布（单位：m）

开挖加固后（布设 4 排抗滑桩，土工织物铺设高程 2222～2830m），降雨持续 3 天，堆积体内负孔隙水压力稍有增大，滑带上无滞水出现，土工织物隔水作用明显，如图 6.3-17 所示。

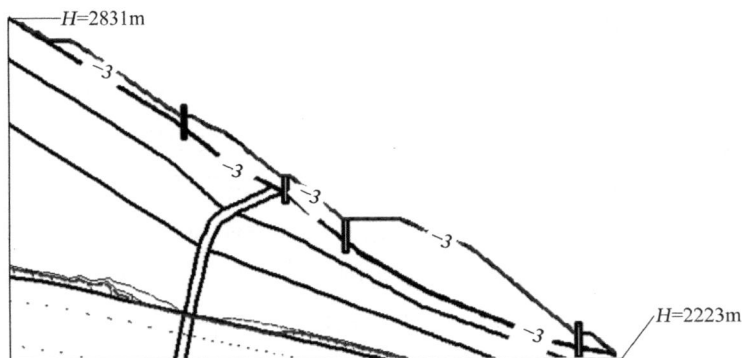

图 6.3-17　开挖加固后边坡 E-E′剖面降雨 3 天后的压力水头分布（单位：m）

（6）G-G′剖面

自然边坡在暴雨持续 10 小时后,滑带上无滞水现象。降雨持续 3 天后,滑带下部 2210～2230m 高程出现薄层滞水，雨停后第 4 天，滑面上出现平均 4.0m 厚的滞水层，分布高程 2200～2881m，如图 6.3-18 所示。

开挖加固后（布设 4 排抗滑桩，土工织物铺设高程 2200～2800m），降雨持续 3 天后，堆积体内负孔隙水压力稍有增大，滑带上未出现滞水层，土工织物隔水作用明显，如图 6.3-19 所示。

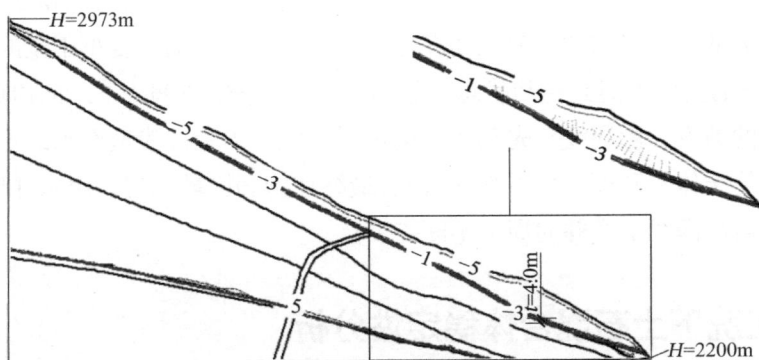

图 6.3-18　天然边坡 G-G′剖面雨停后第 4 天的压力水头分布（单位：m）

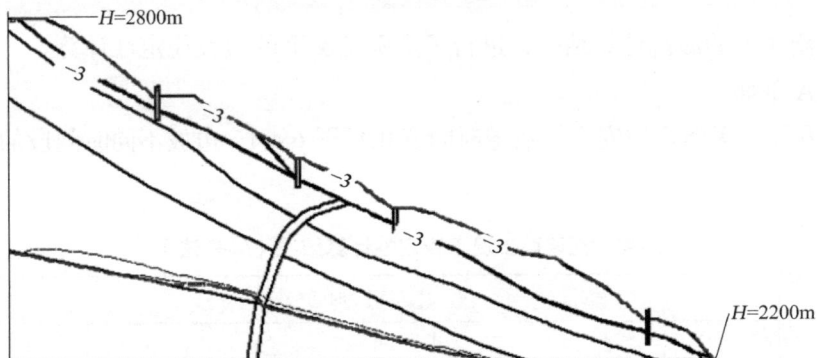

图 6.3-19　开挖加固后边坡 G-G′剖面降雨 3 天后的压力水头分布（单位：m）

6.3.6 渗流计算小结

降雨工况下，由于堆积体边坡渗透性较好，其饱和渗透系数较降雨强度大很多倍，边坡浅表部很难达到饱和，降雨以垂直入渗补给为主。坡体内负压值增大，含水率增加，随着雨水的不断入渗补给，滑带附近土体饱和度不断增加。由于滑带为相对隔水层，滑带附近水分补给方向以沿滑面向下为主，饱和后自由水流动方向为顺滑面向下。10 小时降雨100mm 情况下，坡体内负孔隙水压力增大，滑带附近土体基本无滞水，局部滑带上出现薄层滞水；3 天降雨150mm 情况下，滑带上出现滞水层，分布范围不均，上下厚度不均，低缓处厚度较大，陡峻处厚度较薄，个别剖面中（堆积体薄）滞水层最厚处达 6m。由于堆积体局部厚度较大，最厚处达 110m，滞水层厚度增加有滞后效应。降雨过程中，一般滑带下部先出现滞水，范围逐渐扩大，厚度逐步增加，在雨后达到最大。计算所得滞水位置可为排水措施提供依据。

某滑坡堆积体 I 区开挖后，堆积体大部分被挖除，残余堆积体滑带倾角较陡，地下水的渗出条件较好，不易出现滞水或出现滞水厚度小，强风化层岩体渗透性亦较好。II 区堆积体部分开挖，坡表采用土工膜防护，较大程度减少了降雨入渗量，并减缓了降雨入渗速度，计算表明，坡表铺设土工织物防渗对于减少滑带上的滞水量有较好效果。

通过渗流计算可以看出，某滑坡堆积体降雨入渗机制是，降雨初期雨水渗入边坡表层，表层堆积体饱和度增加到一定程度，并不一直增加，而是以大致相同的饱和度向下部推移，此时在饱和度增加部分与未增加部分之间存在一个渗润线。降雨强度小于土的渗透能力情况下，渗润线后方的土体未达到饱和状态。连续的雨水入渗使渗润线不断向边坡深部扩展，在渗透路径较短的地方，渗润线首先到达不透水层。此后由上部渗透而来的水分开始在这一界面上聚集致使土体饱和而产生了饱和区域，最终在饱和区域出现自由水并形成渗润线，即出现滞水，此后渗润线上升并向周围不断扩展。

6.4 暴雨工况下土石混合体稳定性分析

6.4.1 典型剖面稳定性计算

结合降雨 3 天的渗流计算结果，进行了降雨工况下的边坡稳定性计算。

（1）A-A′剖面

降雨工况下，天然边坡安全系数随时间变化见图 6.4-1，边坡不同时间段的安全系数如表 6.4-1 所示。

A-A′剖面降雨工况下稳定性计算结果（M-P 法）　　　　　　表 6.4-1

滑动期次	时间/d							
	1	2	3	4	5	6	7	8
一期滑坡	1.019	1.012	1.006	1.001	0.996	0.988	0.977	0.981

续表

滑动期次	时间/d							
	1	2	3	4	5	6	7	8
二期滑坡	1.025	1.014	1.011	1.006	1.001	0.988	0.981	0.985
三期滑坡	1.020	1.018	1.007	1.002	0.997	0.993	0.973	0.978

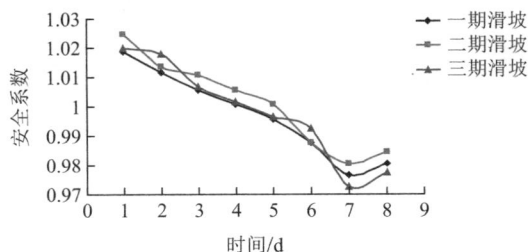

图 6.4-1　A-A′剖面安全系数随时间变化

雨停后第 4 天边坡安全系数达到最小，之后随着负压减小，安全系数逐步增大。雨后第 4 天边坡各期滑动和地下水位状况见图 6.4-2～图 6.4-4，安全系数见表 6.4-2。天然边坡 A-A′剖面一期滑坡安全系数 0.975，二期滑坡安全系数 0.980，三期滑坡安全系数 0.972。开挖后，残余堆积体较稳定，边坡最危险滑面穿过强风化带，安全系数 1.617，如图 6.4-5 所示。

A-A′剖面雨停后第 4 天的稳定性计算结果　　　　　　　　表 6.4-2

滑动期次	Ordinary 法	Bishop 法	Janbu 法	M-P 法	平均
一期滑坡	0.975	0.978	0.971	0.977	0.975
二期滑坡	0.981	0.981	0.976	0.981	0.980
三期滑坡	0.976	0.974	0.965	0.973	0.972
开挖加固	1.601	1.639	1.591	1.636	1.617

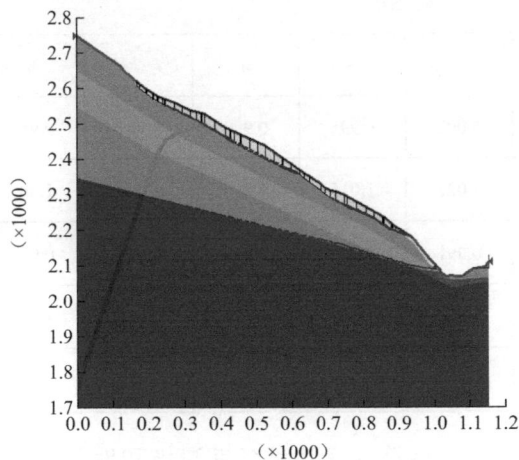

图 6.4-2　A-A′剖面一期滑坡　　　　　　　　图 6.4-3　A-A′剖面二期滑坡

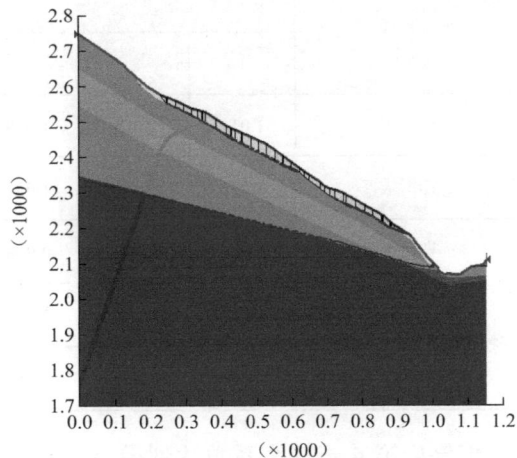

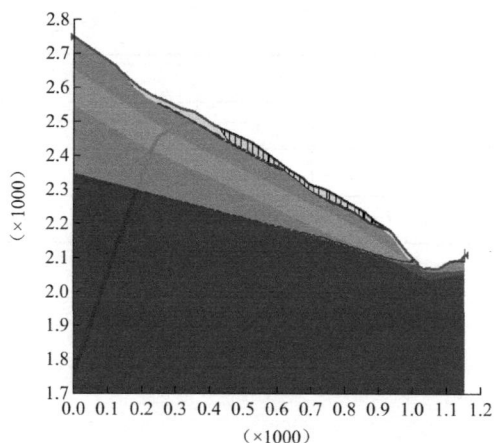

图 6.4-4　A-A′剖面三期滑坡

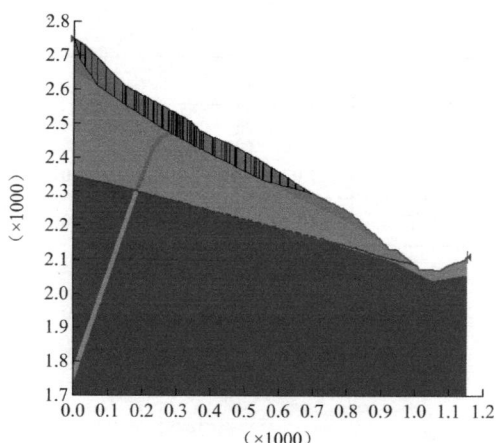

图 6.4-5　A-A′剖面开挖加固后滑坡

（2）B-B′剖面

降雨工况下，边坡安全系数随时间变化见图 6.4-6，边坡不同时间段安全系数见表 6.4-3。

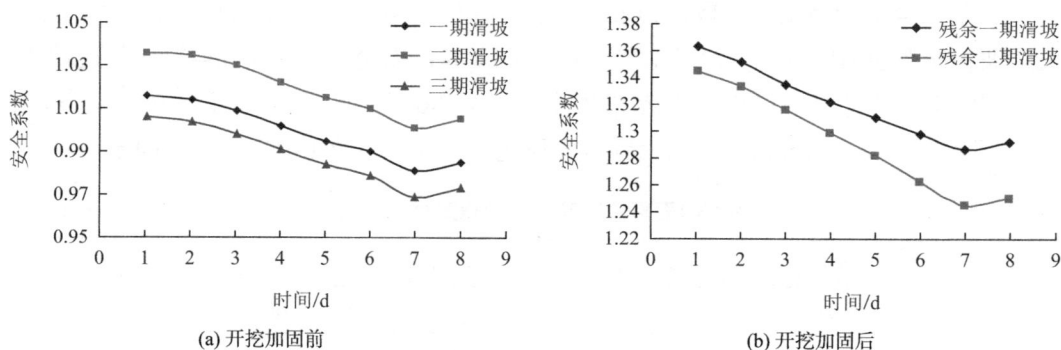

(a) 开挖加固前

(b) 开挖加固后

图 6.4-6　B-B′剖面安全系数随时间变化图

B-B′剖面降雨工况下的稳定性计算结果（M-P 法）　　　表 6.4-3

滑动期次		时间/d							
		1	2	3	4	5	6	7	8
一期滑坡		1.016	1.014	1.009	1.002	0.995	0.990	0.981	0.985
二期滑坡		1.036	1.035	1.030	1.022	1.015	1.010	1.001	1.005
三期滑坡		1.006	1.004	0.998	0.991	0.984	0.979	0.969	0.973
开挖支护	残余一期	1.362	1.350	1.334	1.321	1.309	1.297	1.286	1.291
	残余二期	1.343	1.332	1.315	1.298	1.281	1.262	1.245	1.250

雨停后第 4 天安全系数达到最小（表 6.4-4）。雨后第 4 天边坡各期滑坡和地下水位状况见图 6.4-7～图 6.4-11。天然边坡 B-B′剖面一期滑坡安全系数 0.987，二期滑坡安全系数

1.000，三期滑坡安全系数 0.971，开挖加固（布设 16 排锚索，1 排抗滑桩）后残余一期滑坡安全系数 1.284，残余二期滑坡安全系数 1.243。

B-B′剖面雨停后第 4 天的稳定性计算结果　　　　　表 6.4-4

滑动期次		Ordinary 法	Bishop 法	Janbu 法	M-P 法	平均
开挖加固前	一期滑坡	0.982	0.980	0.969	0.981	0.978
	二期滑坡	1.010	0.996	0.994	1.001	1.000
	三期滑坡	0.986	0.967	0.960	0.969	0.971
开挖加固后	残余一期	1.279	1.29	1.279	1.286	1.284
	残余二期	1.247	1.247	1.233	1.245	1.243

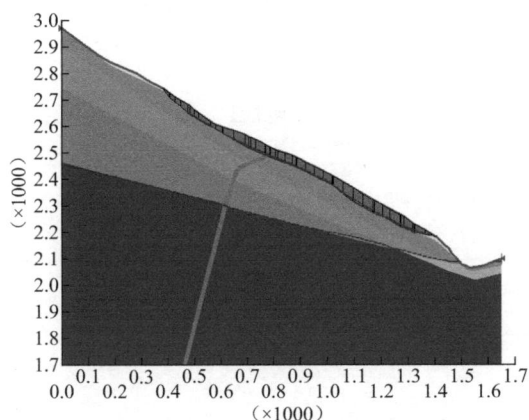

图 6.4-7　B-B′剖面一期滑坡

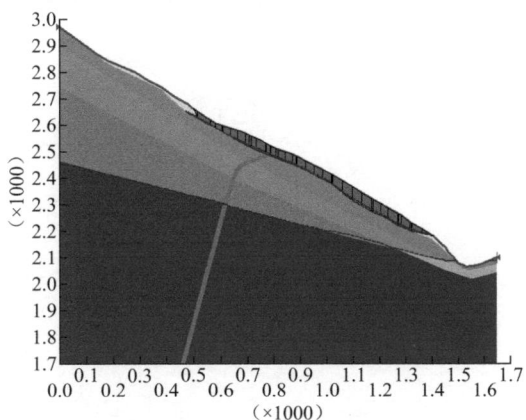

图 6.4-8　B-B′剖面二期滑坡

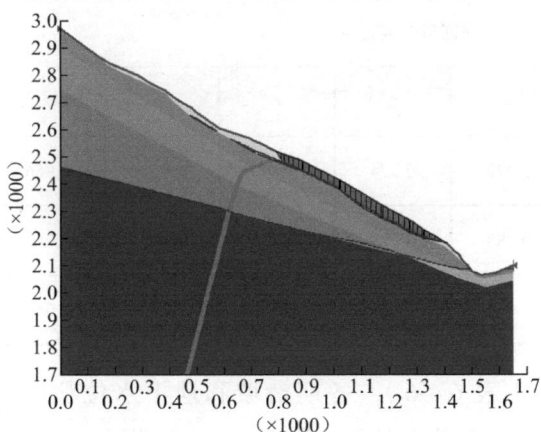

图 6.4-9　B-B′剖面三期滑坡

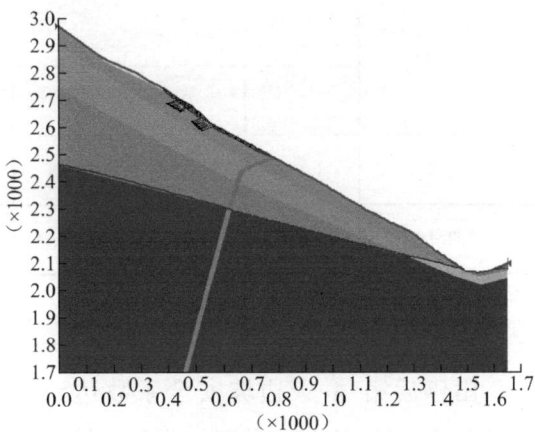

图 6.4-10　B-B′剖面残余一期滑坡

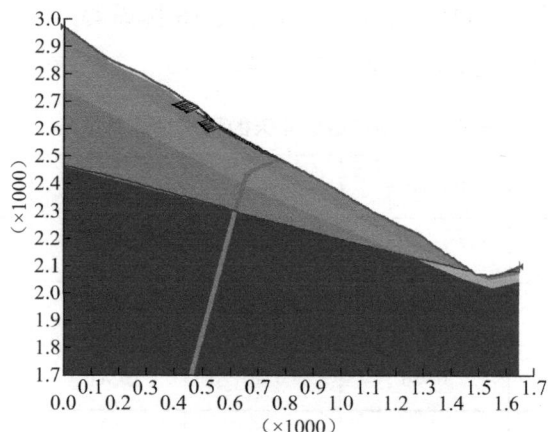

图 6.4-11　B-B′剖面残余二期滑坡

（3）J-J′剖面

暴雨工况下，安全系数随时间变化如图 6.4-12 所示，不同时间的边坡安全系数如表 6.4-5 所示。

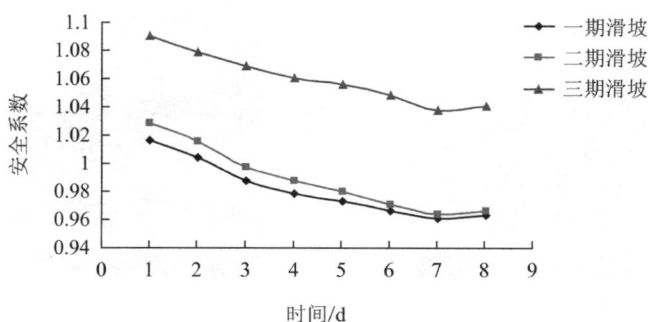

图 6.4-12　J-J′剖面安全系数随时间变化图

J-J′剖面降雨工况下的稳定性计算结果（M-P 法）　　　　　　　　表 6.4-5

滑动期次	时间/d							
	1	2	3	4	5	6	7	8
一期滑坡	1.017	1.005	0.988	0.979	0.974	0.967	0.963	0.966
二期滑坡	1.029	1.016	0.998	0.988	0.981	0.972	0.967	0.969
三期滑坡	1.090	1.079	1.069	1.061	1.056	1.049	1.042	1.045

雨停后第 4 天边坡安全系数达到最小（表 6.4-6），各期滑坡和地下水位状况见图 6.4-13～图 6.4-16。此时，天然边坡 J-J′剖面一期滑坡安全系数 0.961，二期滑坡安全系数 0.968，三期滑坡安全系数 1.042。开挖加固（布设 6 排锚索）后，降雨对边坡稳定性影

响较小，安全系数 1.261。

J-J′剖面雨停后第 4 天的稳定性计算结果

表 6.4-6

滑动期次	Ordinary 法	Bishop 法	Janbu 法	M-P 法	平均
一期滑坡	0.963	0.962	0.957	0.963	0.961
二期滑坡	0.982	0.965	0.958	0.967	0.968
三期滑坡	1.057	1.034	1.034	1.042	1.042
开挖加固	1.278	1.257	1.248	1.261	1.261

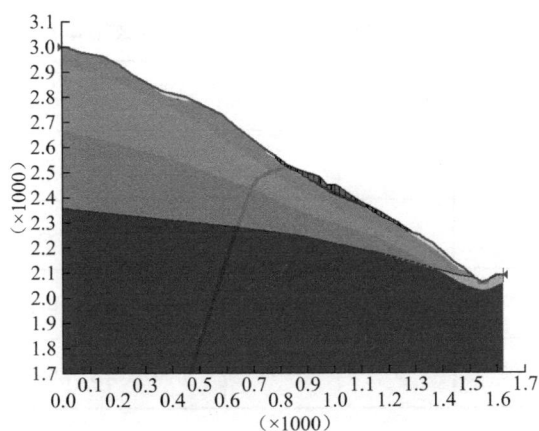

图 6.4-13　J-J′剖面一期滑坡

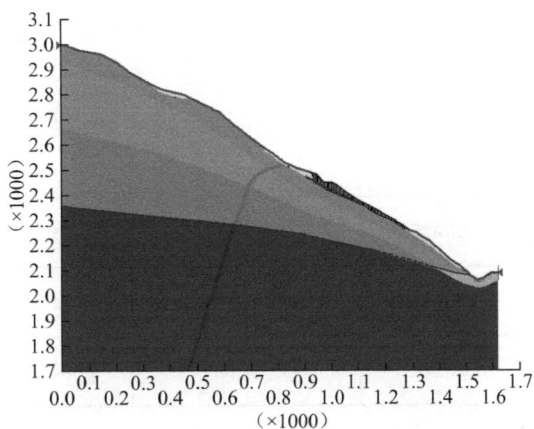

图 6.4-14　J-J′剖面二期滑坡

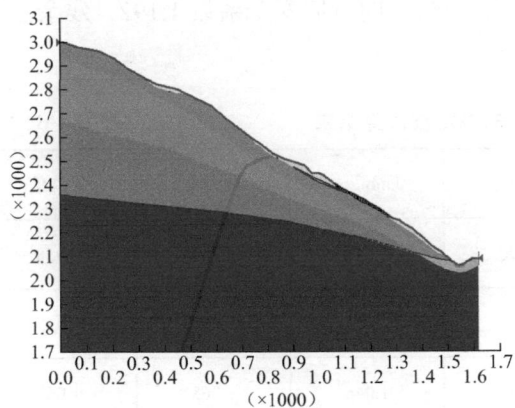

图 6.4-15　J-J′剖面三期滑坡

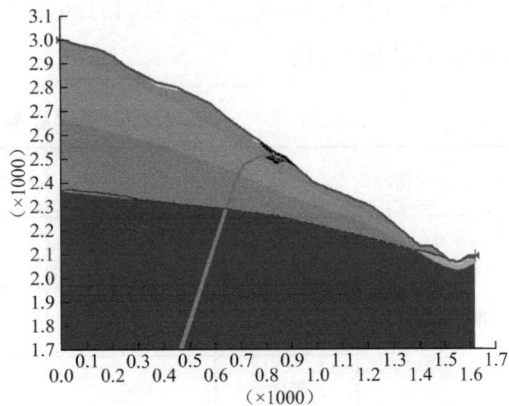

图 6.4-16　J-J′剖面开挖加固后滑坡

（4）D-D′剖面

暴雨工况下，边坡安全系数随时间变化见图 6.4-17，不同时间段的边坡安全系数见

表 6.4-7。

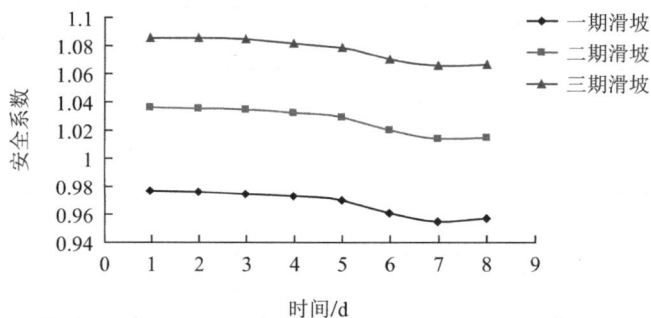

图 6.4-17　D-D′剖面安全系数随时间变化图

D-D′剖面降雨工况下的稳定性计算结果（M-P 法）　　　　　表 6.4-7

滑动期次	时间/d							
	1	2	3	4	5	6	7	8
一期滑坡	0.977	0.976	0.975	0.973	0.970	0.961	0.955	0.957
二期滑坡	1.036	1.035	1.034	1.032	1.029	1.020	1.014	1.015
三期滑坡	1.085	1.085	1.084	1.081	1.078	1.070	1.065	1.066

雨后第 4 天安全系数达到最小（表 6.4-8）。雨停后第 4 天的边坡各期滑坡和地下水位状况见图 6.4-18～图 6.4-22。天然边坡 D-D′剖面一期滑坡安全系数 0.958，二期滑坡安全系数 1.015，三期滑坡安全系数 1.061。开挖加固（布设 4 排抗滑桩，坡表铺设土工织物防渗）后，降雨工况下，边坡安全系数随时间变化较小，残余二期滑坡安全系数 1.192，残余三期滑坡安全系数 1.212。

D-D′剖面雨停后第 4 天的稳定性计算结果　　　　　表 6.4-8

滑动期次		Ordinary 法	Bishop 法	Janbu 法	M-P 法	平均值
开挖加固前	一期滑坡	0.947	0.990	0.939	0.955	0.958
	二期滑坡	1.016	1.028	1.001	1.014	1.015
	三期滑坡	1.072	1.062	1.046	1.065	1.061
开挖加固后	残余二期	1.219	1.183	1.170	1.196	1.192
	残余三期	1.250	1.196	1.190	1.212	1.212

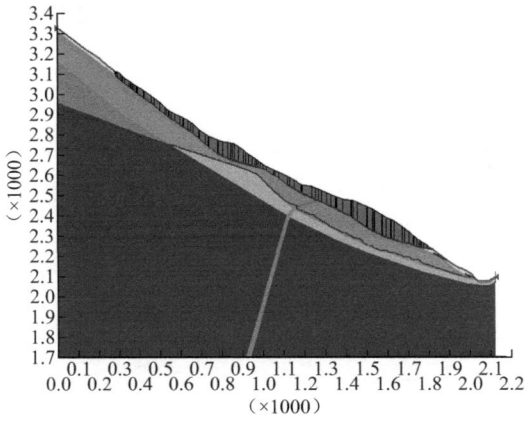

图 6.4-18　D-D′剖面一期滑坡

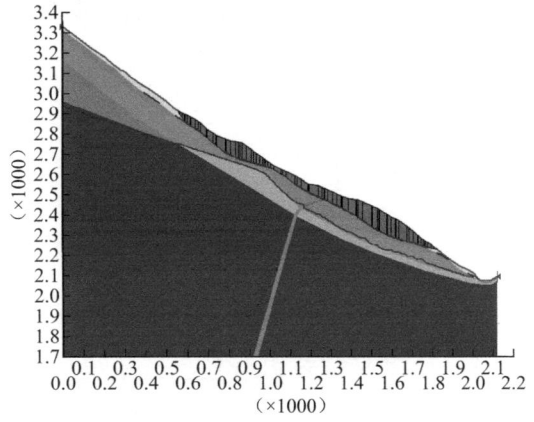

图 6.4-19　D-D′剖面二期滑坡

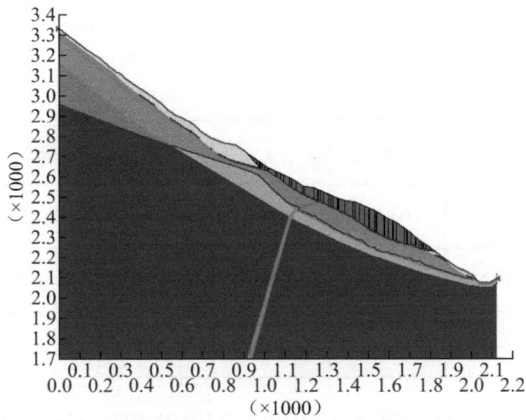

图 6.4-20　D-D′剖面三期滑坡

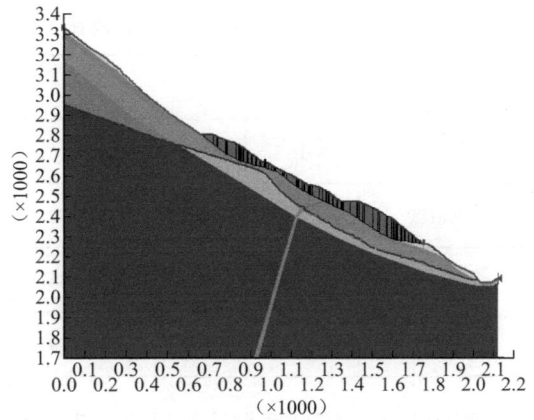

图 6.4-21　D-D′剖面开挖加固后残余二期滑坡

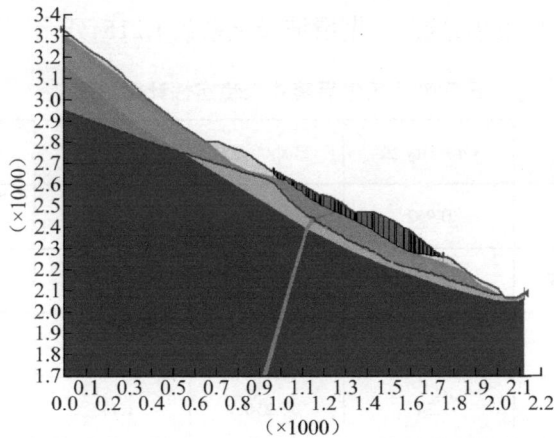

图 6.4-22　D-D′剖面开挖加固后残余三期滑坡

（5）E-E′剖面

暴雨工况下，边坡安全系数随时间变化见图 6.4-23，不同时间段边坡安全系数见表 6.4-9。

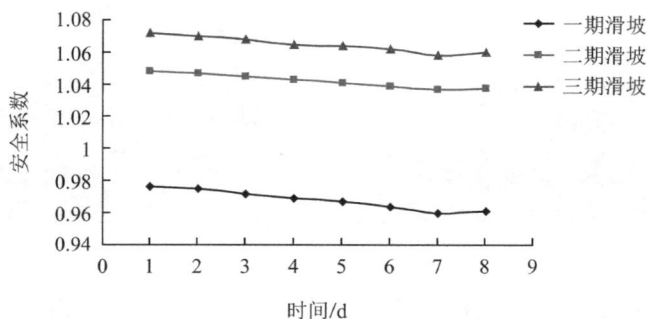

图 6.4-23　E-E′剖面安全系数随时间变化图

E-E′剖面天然边坡降雨工况下的稳定性计算结果（M-P 法）　　　　表 6.4-9

滑动期次	时间/d							
	1	2	3	4	5	6	7	8
一期滑坡	0.976	0.975	0.972	0.969	0.967	0.964	0.961	0.962
二期滑坡	1.048	1.047	1.045	1.043	1.041	1.039	1.038	1.039
三期滑坡	1.072	1.070	1.068	1.065	1.064	1.062	1.060	1.061

雨后第 4 天安全系数达到最小（表 6.4-10）。雨停后第 4 天边坡各期滑坡和地下水位状况见图 6.4-24～图 6.4-28。天然边坡 E-E′剖面一期滑坡安全系数 0.964，二期滑坡安全系数 1.036，三期滑坡安全系数 1.051。开挖加固（布设 4 排抗滑桩，坡表铺设土工织物防渗）后，边坡安全系数随时间变化很小，残余二期滑坡安全系数 1.215，残余三期滑坡安全系数 1.284。

E-E′剖面雨停后第 4 天稳定性计算结果　　　　表 6.4-10

滑动期次		Ordinary 法	Bishop 法	Janbu 法	M-P 法	平均
开挖加固前	一期滑坡	0.962	0.989	0.945	0.961	0.964
	二期滑坡	1.041	1.048	1.018	1.038	1.036
	三期滑坡	1.063	1.054	1.026	1.060	1.051
开挖加固后	残余二期	1.243	1.210	1.177	1.231	1.215
	残余三期	1.325	1.271	1.255	1.286	1.284

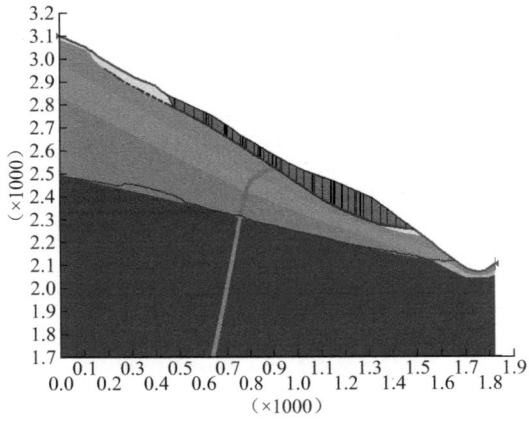

图 6.4-24　E-E′剖面一期滑坡

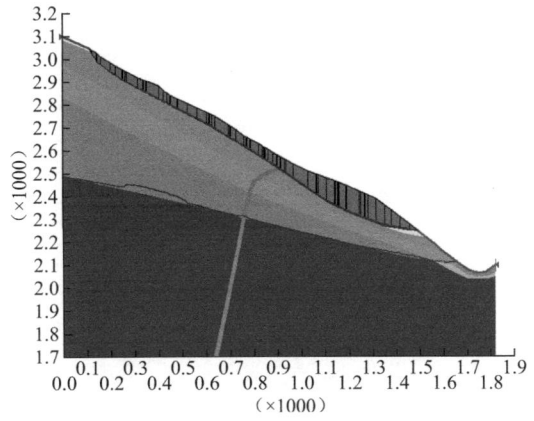

图 6.4-25　E-E′剖面二期滑坡

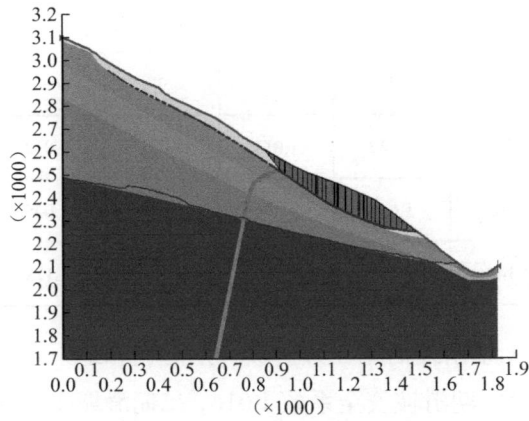

图 6.4-26　E-E′剖面三期滑坡

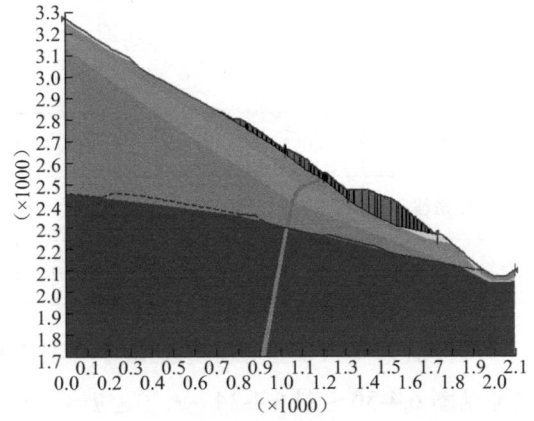

图 6.4-27　E-E′剖面开挖加固后二期滑坡

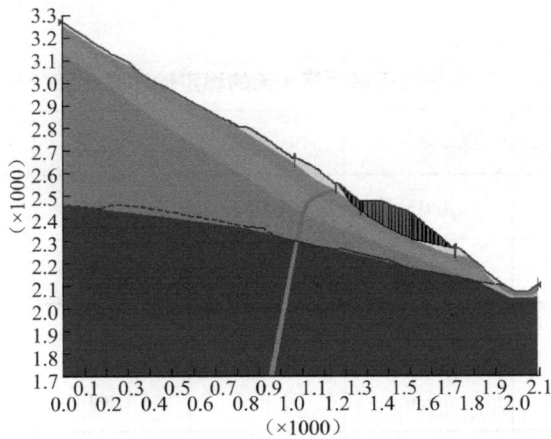

图 6.4-28　E-E′剖面开挖加固后三期滑坡

（6）G-G′剖面

降雨工况下，边坡安全系数随时间变化见图 6.4-29，不同时间段边坡安全系数见表 6.4-11。

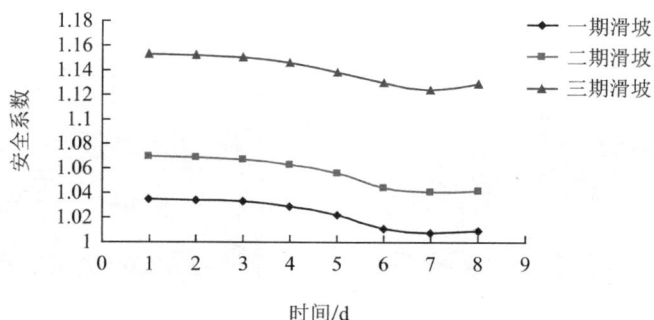

图 6.4-29　G-G′剖面安全系数随时间变化图

G-G′剖面降雨工况下的稳定性计算结果（M-P 法）　　　　表 6.4-11

滑动期次	时间/d							
	1	2	3	4	5	6	7	8
一期滑坡	1.035	1.034	1.033	1.029	1.022	1.013	1.011	1.012
二期滑坡	1.070	1.069	1.067	1.063	1.056	1.046	1.044	1.045
三期滑坡	1.153	1.152	1.150	1.146	1.138	1.130	1.124	1.129

雨停后第 4 天安全系数达到最小（表 6.4-12）。雨停后第 4 天边坡各期滑坡和地下水位状况见图 6.4-30～图 6.4-34。天然边坡 G-G′剖面一期滑坡安全系数 1.016，二期滑坡安全系数 1.048，三期滑坡安全系数 1.124。开挖加固（布设 4 排抗滑桩，坡表铺设土工织物防渗）后，降雨工况下，边坡安全系数随时间变化较小，残余二期滑坡安全系数 1.300，残余三期滑坡安全系数 1.408。

G-G′剖面雨停后第 4 天的稳定性计算结果　　　　表 6.4-12

滑动期次		Ordinary 法	Bishop 法	Janbu 法	M-P 法	平均值
开挖加固前	一期滑坡	1.013	1.035	1.003	1.011	1.016
	二期滑坡	1.051	1.060	1.037	1.044	1.048
	三期滑坡	1.134	1.125	1.112	1.124	1.124
开挖加固后	残余二期	1.320	1.308	1.260	1.312	1.300
	残余三期	1.456	1.380	1.353	1.443	1.408

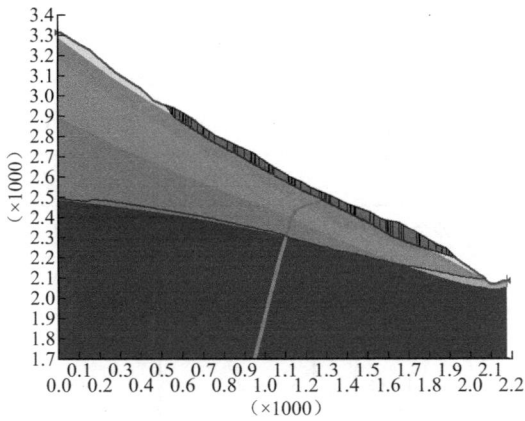

图 6.4-30 G-G′剖面一期滑坡

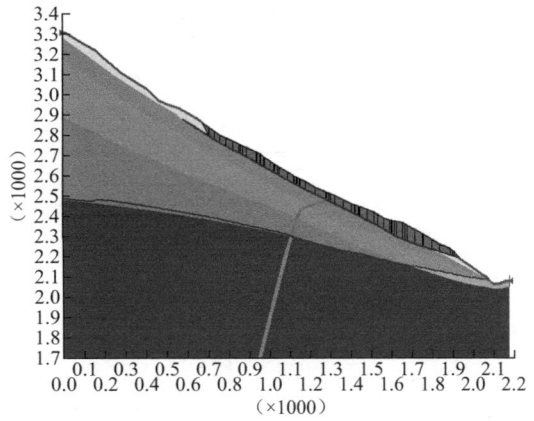

图 6.4-31 G-G′剖面二期滑坡

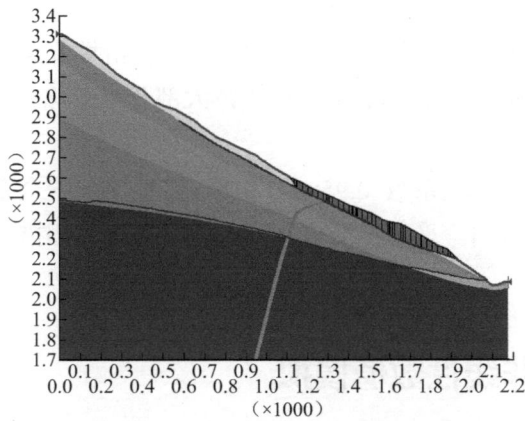

图 6.4-32 G-G′剖面三期滑坡

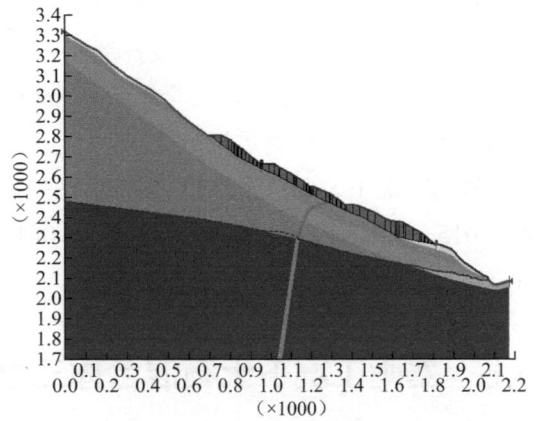

图 6.4-33 G-G′剖面开挖加固后残余二期滑坡

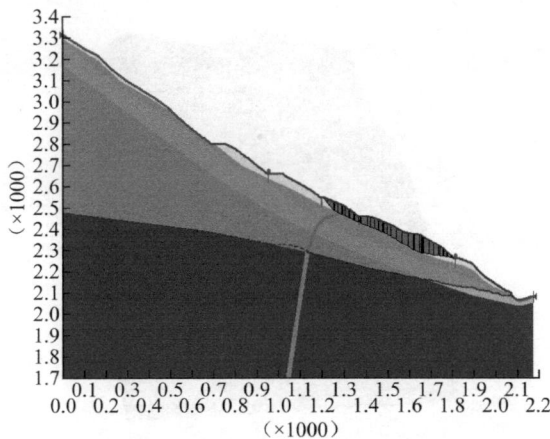

图 6.4-34 G-G′剖面开挖加固后残余三期滑坡

6.4.2　稳定性计算小结

结合饱和非饱和渗流计算结果，对Ⅰ区、Ⅱ区边坡典型剖面进行了暴雨工况下的稳定性分析，结果见表 6.4-13。

暴雨工况边坡安全系数计算结果表 6.4-13

剖面		开挖加固前			开挖加固后		
		一期滑坡	二期滑坡	三期滑坡	残余一期滑坡	残余二期滑坡	残余三期滑坡
Ⅰ区	J-J′	0.961	0.968	1.042	1.261		
	A-A′	0.975	0.980	0.972	1.617		
	B-B′	0.987	1.000	0.971	1.284	1.243	—
Ⅱ区	D-D′	0.958	1.015	1.061	—	1.192	1.212
	E-E′	0.964	1.036	1.051	—	1.215	1.284
	G-G′	1.016	1.048	1.124	—	1.293	1.408

暴雨工况下，Ⅰ区天然边坡各剖面一期滑坡安全系数 0.961～0.987，二期滑坡安全系数 0.968～1.000，三期滑坡安全系数 0.971～1.042。开挖后，Ⅰ区堆积体大部分被挖除，经加固，边坡安全系数满足规范要求。

暴雨工况下，Ⅱ区天然边坡各剖面一期滑坡安全系数 0.958～1.016，二期滑坡安全系数 1.015～1.048，三期滑坡安全系数 1.061～1.124。采用抗滑桩、土工膜覆盖等加固措施后，边坡安全系数满足规范要求。

6.5　暴雨工况下土石混合体三维非线性数值模拟

对自然边坡暴雨工况下的某滑坡堆积体进行三维非线性数值模拟分析，暴雨工况采用底滑面加 5m 水头模拟，如图 6.5-1 所示。

图 6.5-1　堆积体整体三维数值计算模型

6.5.1　天然状况计算结果

对天然状况下堆积体整体三维非线性数值模拟计算，计算结果如下：

天然状况下，堆积体最大主应力和最小主应力分布情况（以拉应力为正）如图 6.5-2、图 6.5-3 所示。最大主应力范围为 $-6.76 \sim 0.13$MPa，最小主应力范围为 $-29.88 \sim -0.05$MPa。塑性区（图 6.5-4）主要分布于滑带土、一期滑坡体后缘，三期滑坡前缘剪出口区域，且在堆积体边界局部出现拉应力区。

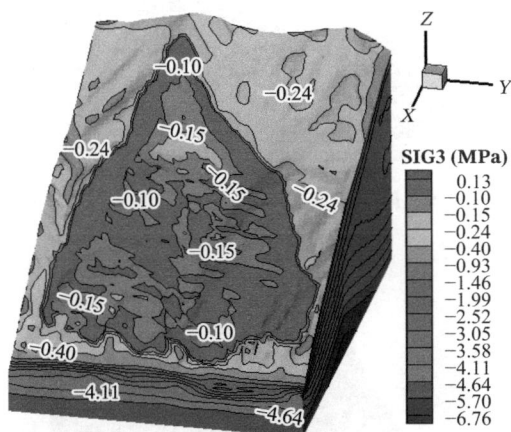

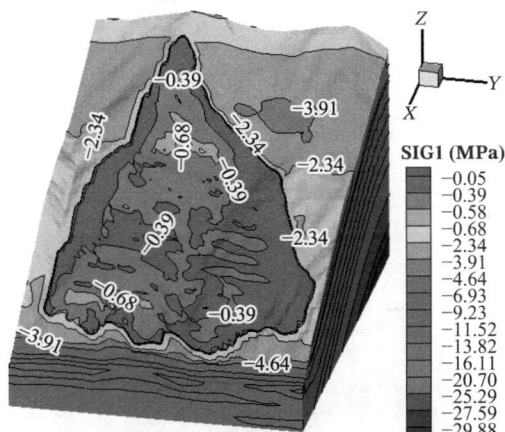

图 6.5-2　最大主应力分布图（应力单位：MPa）　图 6.5-3　最小主应力分布图（应力单位：MPa）

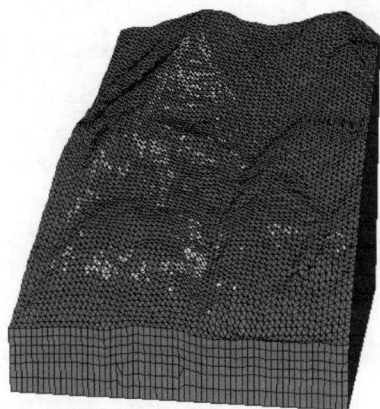

图 6.5-4　堆积体塑性区分布

6.5.2　暴雨工况计算结果

暴雨工况下，堆积体最大主应力和最小主应力分布情况（以拉应力为正）如图 6.5-5、图 6.5-6 所示。堆积体一期滑坡后缘、堆积体中上部边界大部分为拉裂区，这些区域的堆积体表层为拉应力，最大主应力范围为 $-6.75 \sim 0.18$MPa，最小主应力范围为 $-29.86 \sim 0.07$MPa；最大位移为 157mm（图 6.5-7），位于Ⅱ区一期滑坡后缘拉裂区；塑性区（图 6.5-8）主要分布于滑带土、一期滑坡体后缘，三期滑坡前缘剪出口区域。

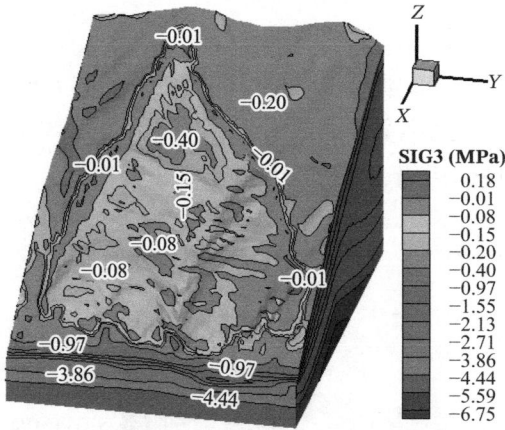

图 6.5-5 最大主应力分布图（应力单位：MPa）

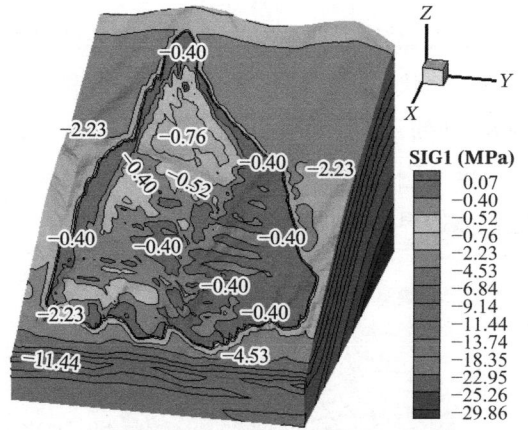

图 6.5-6 最小主应力分布图（应力单位：MPa）

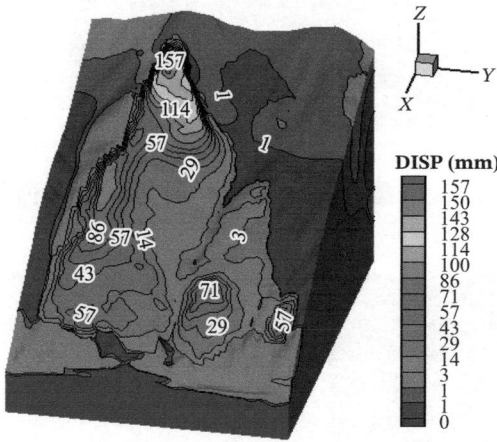

图 6.5-7 暴雨工况堆积体整体位移

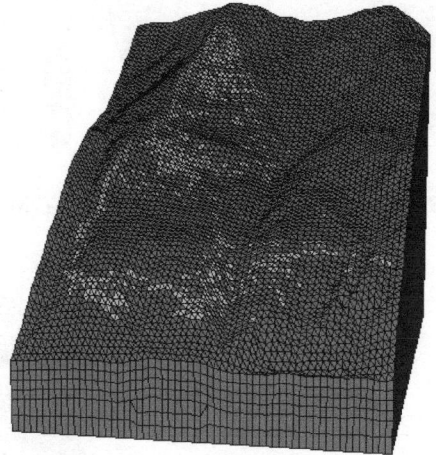

图 6.5-8 暴雨工况堆积体塑性区分布

6.6 小结

　　某滑坡堆积体分布范围广，方量大，尤其是前缘厚度较大。堆积体渗透性较好，滑带成分以黏土为主，相对隔水。边坡地处干旱、半干旱地区，地下水位位于滑带以下，堆积体内部处于非饱和区，基质吸力较大，含水率较低。因此在天然状态下，负孔隙水压力对边坡的稳定具有一定的贡献。降雨后，基质吸力减小，坡体重度增加，滑体和滑带强度降低，对边坡稳定不利。

　　通过对滑坡堆积体土石混合体渗透参数的研究，进行了暴雨工况下的饱和、非饱和渗流分析。计算表明，堆积体尤其是前缘厚度较大，10 小时降雨量 100mm 后，坡体内负孔隙水压力增大，相对隔水层滑带上的土石混合体基本无滞水，但是局部滑带上出现薄层滞水；3 天降雨量 150mm 后，滑带剪出口附近首先出现滞水，雨停后第 4 天左右，滑带上厚度达到最大，此时安全系数最小。滞水层平均厚度约 3m，最厚处达 6m。

I 区堆积体的处理措施主要是开挖。经较大规模开挖后，暴雨对其残余少量堆积体影响不大，II 区边坡经过土工膜铺盖后，降雨入渗量减少，滑带上部滞水层明显减少。计算所得滞水位置可为排水措施提供一定参考。

通过暴雨工况下边坡的饱和非饱和渗流计算，进行边坡稳定性分析，天然边坡各剖面安全系数 0.958～1.124，II 区安全系数比 I 区稍大。I 区开挖加固后，暴雨工况下的安全系数 1.243～1.617，II 区施加土工织物覆盖等措施后在暴雨工况下的安全系数 1.192～1.408，皆满足规范要求。

采用底滑面加 5m 水头进行暴雨工况下的滑坡堆积体三维非线性数值模拟，得出了滑坡堆积体在暴雨工况的位移、应力变化及塑性区分布。在天然情况下，某滑坡堆积体一期滑动面附近坡度陡，滑坡体有下滑趋势，一期滑坡体底滑面已经基本处于塑性区，但由于 II 区下部堆积体稳定性情况良好仍能保持稳定；暴雨工况下，滑坡体受非饱和渗流、参数降低等因素的影响塑性区扩展，沿河谷出现了明显的剪出口，后缘出现拉裂区，I 区三期滑坡体塑性区扩展最为明显，这表明某滑坡堆积体的稳定性受降雨控制，同时也证明了所采用参数的合理性。

参 考 文 献

[1] 张士龙. 卵砾石地层隧道盾构刀具选型研究[J]. 铁道建筑, 2013, 31(4): 91-93.

[2] 代仁平, 宫全, 周顺华, 等. 土压平衡盾构砂卵石处理模式及应用分析[J]. 土木工程学报, 2010, 43(5): 292-298.

[3] 汤劲松, 刘松玉, 童立元, 等. 卵砾石土抗剪强度指标原位直剪试验研究[J]. 岩土工程学报, 2015, 37(S1): 167-171.

[4] 王俊, 何川, 李栋林, 等. 砂卵石地层地下水对盾构隧道影响的离散元流固耦合分析[J]. 隧道建设, 2016, 36(6): 710-716.

[5] STARK N, HAY A E. Pebble and cobble transport on a steep, mega-tidal, mixed sand and gravel beach[J]. Marine Geology, 2016, 382(12): 210-223.

[6] WYRICK J R, PASTERNACK G B. Geospatial organization of fluvial landforms in a gravel-cobble river: Beyond the riffle-pool couplet[J]. Geomorphology, 2014, 213(5): 48-65

[7] 董云, 柴贺军. 土石混合料室内大型直剪试验的改进研究[J]. 岩土工程学报, 2005, 27(11): 1329-1333.

[8] 黄广龙, 颜荣华, 周峰, 等. 预应力高强混凝土支护桩抗弯试验研究及计算方法探讨[J]. 建筑结构, 2012, 43(4): 113-116.

[9] 黄广龙, 周建, 龚晓南. 矿山排土场散体岩土的强度变形特性[J]. 浙江大学学报（工学版）, 2000, 34(l): 54-58.

[10] 孙锋, 张顶立, 陈铁林, 等. 土体劈裂注浆过程的细观模拟研究[J]. 岩土工程学报, 2010, 32(3): 475- 480.

[11] 韩世莲, 周虎鑫, 陈荣生. 土和碎石混合料的蠕变试验研究[J]. 岩土工程学报, 1999, 21(3): 196-199.

[12] 赫建明. 三峡库区土石混合体的变形与破坏机理研究[D]. 北京: 中国矿业大学（北京）, 2004.

[13] 武明. 掘进巷道穿采空区支护技术研究[J]. 煤炭与化工, 2017, 40(9): 89-91.

[14] TASUOKA F, SHIBUYA S, SATO T et al. Dicussion on "The use of hall effect semiconductors on geotechnical instrumentation"[J]. Geoteehnieal Testing Journal. ASTM, 1990, 13(l): 63-67.

[15] SHIBUYA, TATSUOKA F, KONG X J. Elastic Deformation Properties of Geomaterials[J]. Soil and Foundations, 1992, 32(3): 18-23.

[16] YSUDA N, MATSURNOTO N. Dynamic deformation characteristics of sands and rock fill materials[J]. Canadian Geotechnical Journal, 1993, 30(3): 747-757.

[17] 马林建, 刘新宇, 许宏发, 等. 循环荷载作用下盐岩三轴变形和强度特性试验研究[J]. 岩石力学与工程学报, 2013, 32(4): 850-856.

[18] 吴东旭, 姚勇, 梅军, 等. 砂卵石土直剪试验颗粒离散元细观力学模拟[J]. 工业建筑, 2014, 44(5): 79-84.

[19] 罗振林. 隧道勘探中砂卵石地层钻进数值计算[J]. 公路工程, 2017, 42(3): 266-273.

[20] 马腾. 基于离散元数值模拟的砂卵石地层盾构掘进刀盘磨损特性研究[J]. 铁道标准设计, 2017, 61(11): 86-92.

[21] 刘新建, 张倍, 边金, 等. 砂卵石地层管幕施工中地层扰动的数值模拟[J]. 黑龙江科技大学学报, 2017, 27(3): 516-521.

[22] 高明忠, 龚秋明, 赵坚. 卵石几何特性对其地层变形性能的影响[J]. 北京工业大学学报, 2010, 36(3): 310-315.

[23] 周家文, 杨兴国, 符文熹, 等. 脆性岩石单轴循环加卸载试验及断裂损伤力学特性研究[J]. 岩石力学与工程学报, 2010, 29(6): 1172-1182.

[24] 赵延林, 万文, 王卫军. 类岩石材料有序多裂纹体单轴压缩破断试验与翼形断裂数值模拟[J]. 岩土工程学报, 2013, 35(11): 2097-2109.

[25] DEBECKER B, VERVOORT A. Experimental observation of fracture patterns in layered slate[J]. International Journal of Fracture, 2009, 159: 51-62.

[26] 曹平, 曹日红, 赵延林, 等. 岩石裂纹扩展-破断规律及流变特征[J]. 中国有色金属学报, 2016, 26(8): 1737-1761.

[27] 范文臣, 曹平, 张科. 压剪作用下节理倾角对类岩石材料破坏模式的影响[J]. 中南大学学报（自然科学版）, 2014, 45(4): 1237-1243.

[28] 魏元龙, 杨春和, 郭印同, 等. 单轴循环荷载下含天然裂隙脆性页岩变形及破裂特征试验研究[J]. 岩土力学, 2015, 36(6): 1649-1658.

[29] PRUDENCIO M, JAN M V S. Strength and failure modes of rock mass models with non-persistent joints[J]. International Journal of Rock Mechanics and Mining Sciences, 2007, 44(6): 890-902.

[30] 王敏, 万文, 赵延林. 双轴拉伸条件下张开型裂纹的数值模拟[J]. 矿业工程研究, 2013, 28(1): 7-10.

[31] 李九红, 王雪, 赵钦. 无网格伽辽金法在裂纹扩展中的应用研究[J]. 西安理工大学学报, 2008, 24(4): 476-479.

[32] 王水林, 冯夏庭, 葛修润. 高阶流形方法模拟裂纹扩展研究[J]. 岩土力学, 2003, 24(4): 622-625.

[33] 赵延林. 裂隙岩体渗流-损伤-断裂耦合与工程应用[M]. 徐州: 中国矿业大学出版社, 2012.

[34] 尤明庆, 苏承东. 大理岩试样循环加载强化作用的试验研究[J]. 固体力学学报, 2008, 29(1): 66-72.

[35] 梁正召, 李连崇, 唐世斌, 等. 岩石三维表面裂纹扩展机理数值模拟研究[J]. 岩土工程学报, 2011, 33(10): 1615-1622.

[36] 贾宇峰, 迟世春, 林皋. 考虑颗粒破碎的粗粒土剪胀性统一本构模型[J]. 岩土力学 2010, 31(5): 1381-1388.

[37] 孙海忠, 黄茂松. 考虑颗粒破碎的粗粒土临界状态弹塑性本构模型[J]. 岩土工程学报, 2010, 32(8): 1284-1290.

[38] 张嘎, 张建民. 岩粒土与结构接触面统一本构模型及试验验证[J]. 岩土工程学报, 2005, 27(10): 1175-1179.

[39] 潘家军, 程展林, 余挺, 等. 不同中主应力条件下粗粒土应力变形特性试验研究[J]. 岩土工程学报, 2016, 38(11): 2078-2084.

[40] 褚福永, 朱俊高, 殷建华. 基于大三轴试验的粗粒土剪胀性研究[J]. 岩土力学, 2013, 34(8): 2249-2254.

[41] WAN R G, GUO R G. A pressure and density dependent dilatancy model for granular materials[J]. Journal of Engineering, 1999, 39(6): 1-12.

[42] SWOBODA G, YANG Q. An energy-based damage model of geomaterials I: Deduction of damage evolution laws[J]. International Journal of Solids and Structures, 1999, 36(12): 1735-1755.

[43] KACHANOV M L. A microcrack model of rock inelasticity part I: Frictional sliding on microcracks[J]. Mechanics of Materials, 1982: 1(6): 19-27.

[44] ALONSO E E, ITURRALDE E F O, ROMERO E E O. Dilatancy of coarse granular aggregates[J]. Experimental Unsaturated Soil Mechanics, 2007, 112: 119-135.

[45] 迟世春, 贾宇峰. 土颗粒破碎对罗维剪胀模型模拟的修正[J]. 岩土工程学报, 2005, 27(11): 1266-1269.

[46] 王水林, 冯夏庭, 葛修润. 高阶流形方法模拟裂纹扩展研究[J]. 岩土力学, 2003, 24(4): 622-625.

[47] 耿丽, 黄志强, 苗语. 粗粒土三轴试验的细观模拟[J]. 土木工程与管理学报, 2011, 28(4): 24-29.

[48] 贾学明, 柴贺军, 郑颖人. 土石混合料大型直剪试验的颗粒离散元细观力学模拟研究[J]. 岩土力学, 2010, 31(9): 2695-2703.

[49] 李世海, 汪远年. 三维离散元计算参数选取方法研究[J]. 三维离散元计算参数选取方法研究, 2004, 23(21): 3642-3651.

[50] 徐天有, 张晓宏, 孟向一. 堆石体渗透规律的试验研究[J]. 水利学报, 1998, 35(1): 80-83.

[51] 朱宏图. SM 植物胶和 SD 系列金刚石钻进工艺在深厚砂卵石层的应用[J]. 探矿工程-岩土钻掘工程, 2008, 35(3):13-15.

[52] 吴志强, 李春英. 液动冲击回转钻进技术的应用与体会[J]. 探矿工程（岩土钻掘工程）, 2009, 36(S1):135-137.

[53] 邱流忠. 对山区河床砂卵石层工程地质钻探技术的探讨[J]. 中南公路工程, 1994(4): 49-5l.

[54] 李正昭. 复杂地层金刚石取心跟管钻进技术[C]//探矿工程（岩土钻掘工程）技术与可持续

发展研讨会论文集, 2003: 197-200.

[55] 田小波, 史晓亮, 贺立军. 砂卵石层孕镶金刚石钻头设计与制造思考[J]. 西部探矿工程, 2002(3): 97-98.

[56] 王勐. SM 植物胶护壁金刚石钻进方法在工程勘察中的应用[J]. 西部探矿工程, 1998, 10(5): 59+75.

[57] 徐德亮. 在砂卵石层中用植物胶金刚石钻进实现高质量取心[J]. 勘察科学技术, 1997(2): 40-42.

[58] 罗武. 卵砾石地层钻探施工方法[J]. 新疆有色金属, 2003(3): 20-21+23.

[59] 张新德, 白永胜, 杨宇明. 空气潜孔锤跟管钻进在卵石地层中的应用效果[J]. 西部探矿工程, 2001(4): 96.

[60] 陈六一. 偏心跟管潜孔锤钻进在河床卵石层中的应用[J]. 探矿工程, 1998(4): 20-21.

[61] 陈凯, 李庆庆, 顾敏智. 砂卵石地层金刚石钻进工艺[J]. 山西建筑, 2015: 41(11): 76-78.

[62] 郭庆国. 粗粒土的工程特性及应用[M]. 郑州: 黄河水利出版社, 1998.

[63] 杨长维, 程盼盼. 北京砂卵石地层盾构机选型与设计[J]. 工程建设与设计, 2016(1): 94-96.

[64] 张莎莎. 戴志仁. 兰州地铁穿黄段盾构隧道关键技术研究[J]. 现代隧道技术. 2015, 52(6): 20-27.

[65] 西北勘测设计研究院. 兰州市城市轨道交通 1 号线一期工程 KC-1 标段初步勘查报告[R]. 西安: 2011.

[66] 桂金祥, 李建强, 王佳亮. 成都地铁 4 号线二期盾构隧道漂卵石专项勘察分析[J]. 隧道建设. 2017, 37(4): 476-485.

[67] 杨书江, 孙谋, 洪开荣. 富水砂卵石地层盾构施工技术[M]. 北京: 人民交通出版社, 2011.

[68] 李海峰. 卵石含量高、粒径大的富水砂卵石地层中盾构机选型研究[J]. 现代隧道技术, 2009, 46(1): 57-63.

[69] 杨书江. 富水砂卵石地层土压平衡盾构长距离快速施工技术[J]. 现代隧道技术, 2009, 46(3): 81-88.

[70] 闵文, 孙云志, 王启国. 水电工程坝基砾卵石层工程地质特性研究——以金沙江上江—其宗河段河床砾卵石层为例[J]. 人民长江, 2013, 44(5): 36-39.

[71] 李晓, 廖秋林, 赫建明, 等. 土石混合体力学特性的原位试验研究[J]. 岩石力学与工程学报, 2007, 26(12): 2377-2384.

[72] 彭凯, 朱俊高, 张丹, 等. 粗粒土与混凝土接触面特性单剪试验研究[J]. 岩石力学与工程学报, 2010, 29(9): 1893-1900.

[73] 董云, 柴贺军. 土石混合料剪切面分形特征的试验研究[J]. 岩土力学, 2007, 28(5): 1015-1020.

[74] 董云, 柴贺军, 杨慧丽. 土石混填路基原位直剪与室内大型直剪试验比较[J]. 岩土工程学报, 2005, 27(2): 235-238.

[75] 王玉杰, 赵宇飞, 曾祥喜, 等. 岩体抗剪强度参数现场测试新方法及工程应用[J]. 岩土力学. 2006, 27(2): 336-340.

[76] 魏燕珍, 邓辉, 谢轲, 等. 滑坡堆积体粗粒滑带土强度参数确定方法研究[J]. 工程勘察, 2013(6): 23-27.

[77] 贾学明, 柴贺军, 郑颖人. 土石混合料大型直剪试验的颗粒离散元细观力学模拟研究[J]. 岩土力学. 2010, 31(9): 2695-2703.

[78] 胡黎明, 马杰, 张丙印. 散粒体间接触面单剪试验及数值模拟[J]. 岩土力学. 2008, 29(9): 2319-2322.

[79] 徐文杰, 胡瑞林, 曾如意. 水下土石混合体的原位大型水平推剪试验研究[J]. 岩土工程学报, 2006, 28(7): 814-818.

[80] 张建海, 何江达, 宋伟. 地应力对现场大剪试验的影响[J]. 四川大学学报（工程科学版）, 2000, 32(3): 29-33.

[81] 赵兵, 黄荣. 成都地区砂卵石的抗剪强度探讨[J]. 价值工程, 2011, 30(18): 61-62.

[82] 刘军, 徐海波, 卓慧英. 土的直剪试验影响因素分析[J]工程勘察. 2010(S1): 148-151.

[83] 曹培, 王芳, 严丽雪等. 砂砾料动残余变形特性的试验研究[J]. 岩土力学. 2010, 31(S1): 211-215.

[84] 黄松元. 散体力学[M]. 北京: 机械工业出版社, 1993.

[85] 张虎元, 刘吉胜, 崔素丽, 等. 石英砂掺量对混合型缓冲回填材料抗剪强度的控制机制[J]. 岩石力学与工程学报. 2012, 29(12): 2533-2542.

[86] 郭庆国. 粗粒土的工程特性及应用[M]. 郑州: 黄河水利出版社, 1998.

[87] KAWAKAMI H, ABE H. Shear characteristics of saturated gravelly clays[J].Proceedings of the Japan Society of Civil Engineers, 1970(183): 55-62.

[88] PATWARDHAN A S, RAO J S, GAIDHANE R B. Interlocking effect sand shearing resistance of boulder sand large size particle sina matrix of fines on th eBasis of large scale direct shear Tests[C]// Proc 2nd Southeast Asian Conference on Soil Mechanics, Singapore, 1970: 265-273.

[89] 刘建锋, 徐进, 高春玉, 等. 土石混合料干密度和粒度的强度效应研究[J]. 岩石力学与工程学报, 2007, 26(S1): 3304-3310.

[90] 赵川, 石晋旭, 唐红梅. 三峡库区土石比对土体强度参数影响规律的试验研究[J]. 公路, 2006(11): 32-35.